自然と科学の間で繰り広げられる大いなるジレンマ

絶滅できない動物たち

Resurrection Science

Conservation, De-Extinction and the Precarious Future of Wild Things

M・R・オコナー

大下英津子［訳］

ダイヤモンド社

RESURRECTION SCIENCE

by

M. R. O'Connor

©Science Source/amanaimages

Kihansi spray toad

キハンシヒキガエル【野生絶滅種】

タンザニア・キハンシ渓谷にのみ生息していた小さな黄色いカエルは、経済成長と環境保護のあいだで板挟みとなり野生絶滅した。現在、アメリカの2つの動物園から元の環境に戻す取り組みが懸命に行われている（第1章）

©Lynn M Stone/NaturePL/amanaimages

Florida panther

フロリダパンサー　【近絶滅種】

大きく数を減らし、遺伝的多様性が失われつつあったこのピューマの亜種は、人間が放った別種のピューマと交雑することでかろうじて生き延びている（第2章）

©NATURE'S IMAGES/amanaimages

White Sands pupfish

ホワイトサンズ・パプフィッシュ 【絶滅危惧種】

メダカの類縁の淡水魚であるこの魚は、人工の池を含むアメリカの4か所にだけ生息している。わずか30年で別種へと進化したこの種は、新しい種として保護すべきなのか（第3章）

©Nick Hawkins/NaturePL/amanaimages

North Atlantic right whale

タイセイヨウセミクジラ【絶滅危惧種】

1970年代に再発見されたこの謎多きクジラは、果たして人間には本当に自然を保護する能力があるのか、問いかけている(第4章)

©ZSSD/amanaimages

Hawaiian crow

ハワイガラス【野生絶滅種】

かつてハワイ諸島の森を飛び交っていたこの「聖なるカラス」は、もはや人間の飼育下でしか生息できない。枝を使ってエサを探すなどの「文化」は、冷凍保存された遺伝子から再生できるのだろうか(第5章)

Northern white rhinoceros

キタシロサイ 【近絶滅種】

1. スーダン(Sudan)
キタシロサイ最後の雄であるスーダン。残念ながら、2018年3月19日に安楽死した。残された彼の精子は、種の復活に寄与するだろうか(第6章)

2. スニとナジン(Suni & Najin)
地球上に残された最後の2頭のうちの1頭、雌のナジン(左)。雄のスニ(手前)は2014年に自然死した。ケニアのこの保護区では、密猟から守るため、武装した警備員がつきっきりで「保護」している(第6章)

Passenger pigeon

リョコウバト【絶滅種】

50億羽はいたというリョコウバトは、人間が原因でたった100年で絶滅した。今、絶滅させせた張本人である人間によってDNAから「復元」されようとしている（第7章）

Homo neanderthalensis

ネアンデルタール人 【絶滅種】

わたしたち人間の近い親戚であるネアンデルタール人の「復活計画」は、もはやSFの世界の話ではない（第8章）

はじめに——「生命維持装置」につながれた黄色いカエル

子どもだった1990年代、わたしは世界がもうすぐ破滅する、と何度も思った。通っていたカリフォルニア州の公立校では、干ばつのときは歯みがきに水をできるだけ使わないようにと教わった。熱帯雨林の焼失や酸性雨といった環境危機のニュースも目にした。だが、世界は「6度目の大絶滅」の真っ只中という意見ほど、想像のなかで気味悪く迫ってくるものはなかった。この表現は、1990年代初めにケニアの著名な古人類学者、リチャード・リーキーが、種が消滅してゆく現象を説明するのに用いたものだ。そして「6度目の大絶滅」というコンセプトが社会全体に受けいれられると、メディアの報道や環境保護運動は重視され、切実さを帯びるようになった。

わたしが中学生になるころには、イギリスの自然保護主義者のノーマン・マイヤーズなどの予測が耳に入ってきた。マイヤーズの見込みでは、当時存在していた種の半分は21世紀のあいだに絶滅する。ハーバード大学の生物学者であるエドワード・O・ウィルソンは、毎年2万7000種が絶滅していると推定した。これらの数字を理解しようとした者で、途方に暮れない者はいない。子どもにしてみれば、1時間ごとに種が3つ消滅するなんて理解の範疇を超えている。こんなにたくさん消滅できるだけの種が地球上に存在していたなんて、わたしも知らなかった。とはいうものの、数値はしっかりと頭に刷りこまれ、わたしはふたつの信念から種の運命を真剣に案じるようになった。

第一に、絶滅はよくないことだ。

第二に、絶滅から種を救うのはいいことだ。

ニューヨークの「爬虫類の部屋」が突きつけた禁断の疑問

数年前、わたしはブロンクス動物園の「爬虫類の部屋」の裏手にいた。小さな窓ガラスから中を覗くと、陸生飼育器《テラリウム》がずらりと並んでいた。結露ができたテラリウムの側面越しに、緑の苔をよじのぼっている十数匹の黄色いカエルがいるのが、ぼんやりながらもわかった。キハンシヒキガエルだ。もっとそばで見たかったが、部屋は立入禁止だった。中に入れるのは、カエルの世話をしている爬虫両生類学者だけだ。彼らですら、入室前に靴底を漂白剤で消毒しなければならない。

防疫になった部屋にいるこのカエルは、きわめて希少で、世界でもふたつしか残っていない個体群のひとつだ。もうひとつの個体群も捕獲されて保護されている。このカエルの故郷であるタンザニアの熱帯雨林の滝には、水力発電ダムができた。そして現在、このカエルはテラリウムに閉じこめられ、人工噴霧システムでぬかりなく水分を保たれ、餌用に特別に飼育された虫を与えられている。まるで病院で生命維持装置につながれた患者を覗いているようだった。

その1年後にわたしは、カエルを絶滅の危機から救うのにこれだけの手間をかけているのに興味を抱き、キハンシヒキガエルのエピソードの中心人物数人に話を聞くためにタンザニアに行った。保全生物学についていろいろ学べると期待していたが、気づいたら、国内政治、開発経済学、人種による格差、官僚の言い訳の集中講義を受けていた。環境保護がいいことなのは当たり前というわたしの信念は、実は社会的、文化的なバイアスだったのだ。キハンシヒキガエルが繁殖していたタンザニア奥地の熱帯雨林にたどりついたときには、昔なら野蛮と思ったに違いない考えを抱いていた。

「人間はこのカエルを絶滅するに任せるべきだったのではないか」

かつての生息地だった2ヘクタールばかりの湿地を眺めながら、キハンシヒキガエルは進化の気まぐれの産物ではないか、という考えが浮かんだ。キハンシヒキガエルは、滝に完璧に適応したからこそ素晴らしいのであり、ものすごく珍しいからこそ美しい。だが今では、災害が次々と襲う世界に浮かぶ、小さな潜水球に閉じこめられているようなものだ。その状態は絶滅よりましかと問われたら、わたしは「はい」と答える自信はない。

しかも、東アフリカの僻地の想像を絶する貧しさを考えたら、カエルの保護に莫大な金額が投じられているのは、ほとんど残酷としかいいようがない。わたしはこのタンザニアの地で、種を守るのは悪役とヒーローが登場して最後はきれいに決着がつくという単純な話ではない、と知ってしまったのだ。

わたしは、タンザニアのカエルについてレポートしたのちに、絶滅の危機に瀕した種とそれを保護するほかの事例にも目を向けはじめた。悲しいことに、どの種を取りあげるかで困ることはなかった。専門的には興味深く、と同時に一方で倫理的には複雑という点では、どれもいい勝負だった。自然保護について包括的な文章を書くことが目標ではなかったので、絶滅寸前、もしくは絶滅してしまった生きもののドラマティックな例に絞った。

これらの物語の極端な性質によって、わたしたちのなかで変わりつづける対自然界の倫理観と関係の核心である次の問いがくっきりと浮かびあがる。人間の存在と種の存続がいがみあうことも少なくない時代に、どうすれば人間と種は共存できるのだろう。生きものの生態が技術によってますます支配されてゆく未来に向かうにつれ、わたしたちは「どの自然」を保護すべきだろうか。自然はわたしたちの利益に資するために存在しているのか、それとも自然自体に保護する価値があるのか。

生きものの生態の大部分は説明がついたという一般的な認識とは裏腹に、科学者は遺伝子、生態、進化間の複雑な関係を垣間見せてくれる素晴らしい事実を今なお発見しているということを、わたしは知った。地球上で急激に環境が変化している時代――工業化、グローバリゼーション、人間の居住地域のスプロール化〔無秩序、無計画に都市が拡大していくこと〕が抑制されることなく進んでいるからだ――において、こうした発見は知の驚異どころではない。わたしたちがほかの種を絶滅させるのをどうすれば防げるかのカギを提示してくれているのだ。

ごく最近まで、人間は種の絶滅を真剣に受けとめていなかった。歴史を振り返ると、わたしたちがいかに無関心だったかを示す証拠がここかしこに残っている、ドードー、オオウミガラス、24本の脚をもつガラパゴス島のヒトデ、ハイイロハマヒメドリ、バンクスアイランドオオカミなどがいい例だ。文明のどの時点にせよ、種が絶滅することもあり得るなんて、誰ひとりとして考えてもみなかった。子どものころ、わたしの心に植えつけられた環境の倫理観は、100年前のほとんどの人にはおそらく意味不明だろう。なにしろ当時は、地球の恵みは人間が生きていくためにあるという考えが幅を利かせていたのだから。

種は尊重されるべきという倫理観が現代人の心に芽生えたのは、20世紀初めに、ジョン・ミューア、ヘンリー・デイヴィッド・ソロー、アルド・レオポルドといった人物の作品が登場してからだ。1960年代に環境運動が盛んになると、種を救う議論の要となったのは絶滅の脅威だった。絶滅は保全生物学の「顔」と称されてきた。(1) 保全生物学は、地球の生態系を人間が乱したことで表面化した影響が専門家によって記録されていた1970年代後半に誕生した学問領域だ。この時代は新しい地質年代だと言われてきた。人間も自然の力になったのだ。人新世という名前がついたこの時代のノアは、種を救うことにキャリアを賭けている保全生物学者だ。

保全生物学は危機管理の学問だ。これをいち早く見通していたひとり、マイケル・スーレは、保全生物学と生物科学との関係は、生理学に対する手術、政治学に対する戦争のようなものだ、と形容した。6度目の大絶滅に直面しているとすれば、保全生物学者がふさぎこんだ人間の集まりになるのも不思議はない。自然保護主義者も、この分野は絶望の文化を生むと自ら認めている。ときに、この悲観主義が根本的な原因をさらに悪化させる。「専門家とメディアが常時流しつづけている恐ろしいメッセージによって、環境破壊が喫緊の課題というのが社会にとって常態化してしまう。そんな社会が実際に行動を起こすには、災害の規模が拡大するしかない」と、生物学者のロナルド・スウェイスグッドとジェームズ・シェパードは２０１０年に書いている。[2]

実際には、わたしが子どものころ耳にしていた6度目の大絶滅についての悲惨な予測は、おおかた外れた。一般的に、個々の種は平均して約１００万年続くと考えられており、わたしたちが6度目の大絶滅の真っ只中にいるというのは、この背景絶滅率を基準にしている。２０００年、国連のミレニアム生態系評価は、今や絶滅率は「正常な」背景絶滅率の１０００倍であり、１万倍になる可能性もあると予測した。だが、過去５００年で、完全に消失したいわゆる「完全絶滅」種の数は９００に満たない。鳥類や哺乳類の絶滅率は、実際には18世紀から19世紀のピーク時から下降線をたどっていると示す分析もある。１９００年には鳥類と哺乳類の絶滅率は年間１・６パーセントだったが、現在は０・２パーセントにまで下がっている。

絶滅に瀕した生きものを救うことは「保全」か、それとも「干渉」か？

実際、何が起こっているのだろう。今が6度目の大絶滅の真っ只中なのであれば、どうして種がもっと絶滅しないのか。

実は専門家は、推定絶滅率と実際の絶滅率には乖離があると知っていて、これは「絶滅の負債」によるものだとしている。種は生息地を失ったり個体群の規模が小さくなったりすると「確実に」絶滅するが、実際に絶滅するまでしばらく時間がかかるという考えかただ。[3] だが数年前に、ファンリャン・フーとスティーヴン・ハベルというふたりの研究者が、この乖離は計算ミスが一因であると突きとめた。生息地の消失と関連づけて種の喪失を推算するときの共通の式では、絶滅率を最大160パーセントにしている。フーとハベルがこの結論を2011年に『ネイチャー』誌に発表したが、受けとめ方は千差万別で、大論争に発展した。

その数年後、『サイエンス』誌が論文を掲載した。論文の著者たちは、発見されるか命名される前に消滅している種が無数にあるという説に異議を唱えた。異議を唱えられた説は、地球上には3000万から1億種存在するという、よく引用される統計に部分的に基づいているが、この論文の著者たちは、実際に地球上に存在するのはおそらく500万種前後だと主張した。彼らは、「保全生物学者や生態学者と顔を合わせると、絶滅率が心配だという話をしないことがない。大量の種がまだ発見されておらず、分類に従事する人員は減るばかりだと聞かされる」と書いている。[4]「人間が原因で多くの種が大量絶滅の段階に置かれていることに反論するつもりはないが、実際に絶滅した種は、確実に消滅すると思われていた数よりずっと少ない。現実的な挽回作戦をとれば、ほとんどの種は今世紀中に名前がつくだろう」

現在の絶滅率が過大に見積もられていたのは、間違いなく朗報だ。だが、過去に見積もられていた率で絶滅が進行しているわけではないと安心していると、生息地消失の問題の解釈を誤りかねない。手つかずの自然は減る一方で、それに伴って人間の影響を受けていない野生動物も減っている。

2009年に欧州委員会と世界銀行がある調査結果を発表した。そこには、現在、地球上の土地のわずか10パーセントしか「僻地」に該当しないとあった。[5]「僻地」とは都市から48時間以上かかる土地を指す。人間とその活動が世界全体に広がり、人間が資源を採取し、作物を植え、都市や道路を建設すると、多数の種がかつての生息地のごく一部でしかない狭い土地に閉じこめられる。これらの種は、孤立した個体群としてかろうじて生きのびるものの、勢力を拡大する場所もほとんどなく、遺伝的適応度を失い、気候変動、病気、自然災害に対してますます無防備となる。トラの生息地は100年前と比べて7パーセント以下になった。カリブーは過去100年で生息地の半分を失った(6)。

世界自然保護基金は、1990年以来、脊椎動物の種の個体群は平均して半分になったと見ている。人間が原因の地球温暖化が、生息地の消失と個体数の縮小に拍車をかけた。今や、気候変動の影響を免れた土地は世界にほとんど残っていない。そして数千年前と変わらず、気候変動は種に選択圧をかけている。環境の変化に耐えられず、かといってすぐに移動も適応もできない生きものにとって、生きのびられるかどうかはひとえに人間の干渉次第ということも珍しくない。

ある推測によれば、絶滅率を抑制するには今後200年で4000種から6000種もの脊椎動物を飼育下繁殖させる必要があるという。このような差し迫った事態に直面して、これらの種を救うために何か手を打たなければ、という切実な思いは、行動する理由としては倫理的に思える。だが、打つ手によっては、種の進化に甚大な影響を及ぼす。

『種の起源』を1859年に刊行したとき、ダーウィンは、自然選択による進化は数百万年かかる漸進的なプロセスだと考えていた。ところが、本書で取りあげたニューメキシコ州のホワイトサンズ・パプフィッシュのように、たった数十年という猛スピードで自然選択が起こる例もある。つまり、人間は期せずして、地球の生物多様性の進化に影響を及ぼす実験を行っているということだ。絶滅を推しすすめるのと同じ力――人間が原因の地球温暖化、生息地の劣化、乱開発、病気、侵入種――が、種の進化の道筋を決めている。さらに、わたしたちがどの生きものを優先するか、その生きものの救済方法をどう選ぶかも、結果として生物圏を弄んでいることになる。

保全生物学で主流だった思想は絶滅を防ぐことであり、種が完全に保護された状態――人間の直接的な管理から解放された状態――に戻ることを期待すればじゅうぶん、というものだった。だが保全生物学者は、気候変動の時代ではこの期待はもはや現実的でないと悟っている。アダムとイヴが堕落する前の手つかずの自然に戻るのは――そもそもそんなものが実際にあったとすればの話だが――不可能だ。

「今後数百年先の世界を予測するのは難しいが、残念ながら、地球上の生きものは管理されることになるだろう」と、保全生物学者のブラッド・ホワイトはわたしに語った。「動物園や家畜のような完全管理にはならないかもしれないが、その方向に進んでいる」

進化生態学者のマイケル・キニソンは次のように説明した。「初めのころの目標は、生命体を環境から救うことだった。その生きものを捕獲して、きちんと世話をして、飼育方法があまり偏っていなければ問題ではない。だが、生命体は捕獲後の環境に順応するという理解が、今ではもっと広まっている。生命体を救おうとする過程で、わたしたちはその生命体を変えてしまっている」。皮肉なことに、現代では種を救おうとするわたしたちの干渉が深まれば深まるほど、その種の「野生」性と自律性が失われていく。

わたしたちの上に大きくのしかかっている倫理上の問題は、人間は、自分たちが種に及ぼしている進化の影響を認識したうえで、そうなってほしいと望む方向に意識的に進化を誘導したり、操作したりすべきか否かだ。

ときに「規範的進化」や「指向性進化」とも呼ばれるこうした進化は、今後、環境の影響を生きのびていくうえで助けとなる特徴を、種に植えつけるかたちをとる可能性がある。もしくは、動物を別の場所に移したり、回復力の高い新しい交配種をつくりだしたりする可能性もある。このように生物学的プロセスを操作するのは、自然保護主義者にとっては悪魔と取り引きするようなものだ。彼らはもともと、人間と自然を切り離して考えていた。

「進化に干渉しているという話とは、この地球で何が特別かという核心を突いた話ということだ」とインタビューで語ったのは、生物学者で現代進化研究所設立者のスコット・キャロルだ。キャロルは、応用進化生物学という生まれたばかりの分野の草分けであり、規範的進化の懐疑論者に対して、いずれにせよもうそうなっているのだから、と指摘する。「今こうして生きて呼吸している瞬間にも、無計画かつ無意識のうちに規範的進化は進行している。わたしたちはきちんと考えぬかれた方法を提案しているのだ。わたしたちが認識能力のある進化生命体にならないと、地球との持続可能な関係を築けるとは思えない」

「復活の科学」に携わる人間たちの物語

人間によるバイオエンジニアリングの例で、最もわかりやすいのは「脱絶滅」だ。絶滅した種を蘇らせる力であり、いつの日か絶滅した種を再び地球に戻すことを目指す。「復活の科学」の技術は現実となり、実用化される日も近い。

科学者は、ヨーロッパムフロンやリビアヤマネコなど絶滅の危機に瀕した動物のクローン作成に成功しただけでなく、すでに絶滅してしまった動物を蘇らせようとしている。２００９年、スペインの科学者はピレネーアイベックスを代理母の家畜ヤギの子宮を使って蘇らせることに成功した。ただ、このクローンは生まれてほんの数分で死んでしまった。また、マンモスを復活させる取り組みが世界各地で進行中だ。絶滅動物を現代の風景に復活させようというこれらの試みは、興味深い倫理的な主張、すなわち、人間は大昔から近年までの祖先の乱開発を償う道義的な責任があるという主張を土台としている。

リョコウバトを例にとろう。リョコウバトを復活させる試みは、わたしたちが生態系の問題を解決する科学の力に寄せる絶大な信頼と、形而上学的な意味における危機的状況の両者の象徴となった。人間の創意工夫によって実験室で生まれた鳥は、自然のもとで自然選択によって生まれた鳥と同じだろうか。または、これは社会学者が生物学的対象化（人間によって生命がモノ化されるプロセス）と呼ぶ行為なのだろうか。

１９８２年にロバート・エリオットは「自然を捏造する」という論文を発表した。この論文は、人間に乱され、傷つけられた生態系は復元できるし、そうして復元された生態系は自然と同じ価値があるという考えを批判している。エリオットは、自然は「その起源、その歴史に関係する価値が減じられることなく取りかえられるものではない」と断じた。(7) どうやらわたしたちは、自然における起源を尊重すべきかどうか決めなければならないようなのだ。

脱絶滅は、種の存続のために闘うときの地道な作業とは無関係と見なしている科学者もいる。ある生物学者は「この仕事をしている人間にとって、リョコウバト復活の話は不愉快なだけです」と吐きすてた。「新聞記事の宣伝ですよ」。脱絶滅は可能という考えかたそのものが、絶滅の危機に瀕している種やその生息地を守ろうとする市民と政策立案者の意欲を削ぐのでは、と真剣に懸念されている。

脱絶滅に取り組んでいる個々の人間は素晴らしいし、見ならうべき刺激的な人々もいることはいる。だが、人間が現存の種とやっとのことで共存している時代に、復活させた動物を世界に戻す方法を示した者はそういない。

フロリダパンサーは、かつては20世紀半ばに絶滅したと考えられていた。しかし、残っていた個体群が伝説の捕食動物ハンターによってフロリダ南部で発見されたときには、重度の近親交配の症状が現われていた。１９９０年代初めに遺伝子救済作戦が実施されると数は増えたものの、現在はかつての生息地のごく一部でしかない狭い面積に閉じこめられている。その周りを、増えつづけるフロリダ州民が取りかこむ。「パンサーが再発見された当時より丈夫になったという意味では成功したといえるが、パンサーは檻のなかで育てられているようなものだ」と見ているのは、パンサーなどの捕食動物を長年追跡してきたロッキー・マクブライドだ。

わたし自身、これまで絶滅の物語にずっと向きあってきて、「６度目の大絶滅」という表現は、減少の一途をたどる生物の多様性の問題の規模と本質を把握するのに役に立たないと思うようになった。あまりに画一的な考えかただ。何か恐ろしいことが地球上の生物に起こっていると気づいているのに、問題の複雑さは完全にわたしたちの理解の範疇を超えている。大量絶滅という概念は、圧倒的な力でわたしたちを打ちのめす。罪の意識や恐怖の感情を引きだしたあげく、100万人の死は悲劇ではなく統計上の数値だというのと同じように、無力なただの事実になりさがる。

だから、これから紹介する物語では、ひとつひとつの現象に血肉を与えたつもりだ。どの現象も、わたしたちの意識の端にひっかかっているものの、直接見たり体験したりするチャンスはめったにない。これらの物語は、現在、生命維持装置につながれているごく一部の動物、すでに姿を消してしまった動物と、その動物を発見し、研究し、追跡し、捕獲し、愛し、執着し、哲学的に考察し、救いだし、復活させようとする人間の物語だ。

絶滅できない動物たち

目次

Resurrection Science
contents

第1章 カエルの箱舟《アーク》の行方

「飼育下繁殖」された生きものは自然に帰れるのか？

Kihansi spray toad

キハンシヒキガエル

第2章

保護区で「キメラ」を追いかけて

異種交配で遺伝子を「強化」された生きものは元と同じか？

Florida panther

フロリダパンサー

第3章

たった30年で進化した「砂漠の魚」

「保護」したつもりで絶滅に追いやっているとしたら？

White Sands pupfish

ホワイトサンズ・パプフィッシュ

第4章 1334号という名のクジラの謎

「気候変動」はどこまで生きものに影響を与えているのか？

North Atlantic right whale

タイセイヨウセミクジラ

第5章

聖なるカラスを凍らせて

「冷凍標本」で遺伝子を保護することに意味はあるか？

Hawaiian crow

ハワイガラス

第6章

そのサイ、絶滅が先か、復活が先か

「iPS細胞」でクローンをつくれば絶滅は止められるのか？

Northern white rhinoceros

キタシロサイ

第7章 リョコウバトの復活は近い？

「ゲノム編集」で絶滅した生きものを蘇らせることは可能か？

Passenger pigeon

リョコウバト

第8章

もう一度〝人類の親戚〟に会いたくて

「バイオテクノロジーの発展」がわたしたちに突きつける大きな問い

Homo neanderthalensis

ネアンデルタール人

第1章　キハンシヒキガエル　*Kihansi spray toad*

カエルの箱舟《アーク》の行方

「飼育下繁殖」された生きものは
自然に帰れるのか?

新種ハンター、アフリカの「ガラパゴス諸島」へ

焼けつくような暑さのある日の午後、キム・ハウエルはタンザニアのダルエスサラーム大学の研究室にいた。そこには、生物学者としてのハウエルの40年のキャリアで蓄積された生物の残骸が、ところ狭しと置かれている。彼は、棚の上でバランスを保っているびんの列から、ガラスの小びんを取りだした。

「これだよ。そんな大事なものには見えないだろう?」

薄い琥珀色の液体に浮いていたのは、小さなカエルだ。皮膚の色は茶色味を帯び、鼻が尖っていて、外見からすると確かに大事な存在には思えなかった。びん底眼鏡をかけた白髪の心優しいハウエルは、もっと面白そうなびんをほかにも持っていた。別のびんに浮いているコウモリとヘビはどちらも、生きものなら何にでも興味があるハウエルの研究対象だ。

だが、この小さなカエルほど貴重なものはないかもしれない。このカエルは、ワシントン条約で最も規制が厳しい「附属書Ⅰ」に記載されている。この附属書は、サイやトラなど世界で絶滅が深刻に懸念されている希少種のためのものだ。ハウエルは、この小さい両生類を世界で最初に発見した人物で、ネクトフライノイディーズ・アスパージニスと名づけた。ラテン語で水しぶきを意味する「アスパーゴ」からヒントを得た名前だ。

これはハウエルが発見した種の第1号ではない。「これまでクモと条虫などの新種も発見した。

わたしにちなんで名づけられたものもある」とハウェルは語った。彼が発見した生きものには、トガリネズミの新種や鳥類の亜種がある。「ほかには何があったかな」と彼は声に出して、数十年前までさかのぼって発見した生きものを思いだそうとした。「トカゲもあった。それから、あの鳥はイエローストリークト・グリーンブルと呼ばれていたはずだ。トカゲは、ライゴダクチラス・キムハウエリ〔日本語名はカンムリマルメヤモリ〕と呼ばれている」

新種を発見するのはどんな気持ちですか、と訊いてみた。「新しいものを見つけると胸が躍る。それを見たことがある最初の人間とまではいわないにしても、それを説明したり、写真に撮ったり、『うん、これはたぶん新種だ』とわざわざ言ったりする人間は誰もいなかったんだから」。とはいえ、新奇さは次第に薄れる、とハウエルは指摘する。「小型生物を研究している学者が新種を発見するのは、わりとよくある話だ。昆虫の研究者だったら新種は何百と見つかる。ダニやマダニも同様だ。だが、ゾウや水牛の研究となると新種発見のチャンスは当然ぐっと下がる」

ダルエスサラーム大学のハウエルのオフィスは、彼が生まれ育ったマサチューセッツ州ピッツフィールドとはまるで別世界だ。ハウエルが生まれ故郷の小さい工業都市から脱出するきっかけは、コーネル大学への入学だった。学費を自分で稼いで脊椎動物学で学位を取得したのだが、学費を稼ぐために、コーネル大学の自然音研究所で働いていた。彼はそこで、20世紀初めにアフリカで記録用に収集した鳥の声の録音を保管するという仕事をしていた。彼は自分もアフリカの地を踏みたいと思っていたが、4年後、その実現にヴェトナム戦争が一役買うことになる。

良心的兵役拒否者として、アメリカ政府が承認した別の業務につかなければならなくなったハウエルは、1969年に「辺境の地ザンビアというワイルドカード」を選び、僻地の小学校で理科を教えた。教員になって1年目の終わりに、今度は北上してタンザニアに行き、南アフリカのアパルトヘイト難民の子どもの学校で教えはじめた。そしてこの地に永住することに決めた。以来タンザニアに住み、妻とともに娘を育て、ダルエスサラーム大学で教鞭を執っている。

1990年代初め、ハウエルは地元の新聞の珍しい求人広告に目をとめた。広告を出したのはノルコンサルタントというノルウェーのエンジニアリング企業で、環境コンサルタントを募集していた。「完了予定の水力発電プロジェクトがあって、この会社は鳥について調査する人間を探していた」とハウエルは語る。「現場ははるか遠くで、行ったことがなかった。どこにあるのかすら知らなかったんだ」

ハウエルはノルコンサルタントに応募書類を送ったが、2年近く音沙汰がなかった。ところがある日突然、ひとりの男性がハウエルのオフィスにやってきて、ウズングワ山塊の水力発電ダムに関する調査に興味はないか、と切りだした。ウズングワ山塊は、タンザニアとケニアをまたぐ東アーク山脈の南端にある。「『もちろん』とふたつ返事で引きうけた。誰も足を踏みいれたことがない土地に行ってお金までもらえる仕事なんて、めったにないからね」

当時、ダルエスサラームからウズングワ山塊に行くのは1日がかりだった。未舗装の道を行くのだが、この道は1968年に中国の初期のアフリカ開発プロジェクトだったタンザニア・ザンビア鉄道の線路にほぼ沿っていた。この地域の村人は、バナナの木々、サトウキビ畑、キロンベロ谷の緑豊かな氾濫原を通る線路を歩道にしている。東アーク山脈は、先カンブリア代の基盤岩でできていて、なかには32億年前にさかのぼるものもある。約3000万年前に、地殻に裂け目ができて亀裂が入り、断層が形成され、岩を押しあげた結果、現在は三日月のような弧を描いて東アフリカに屹立している。隆起によって東アーク山脈は西アフリカから中央アフリカに広がるギニオ・コンゴリアン熱帯雨林と隔てられ、列島のような原生林が誕生した。気温が一定し、近くにインド洋があって降雨量も多いため、原生林の状態は安定していた。

東アーク山脈は、ときにアフリカの「ガラパゴス諸島」と呼ばれる。13か所もの山の「島」があるからだ。それぞれに固有の種と生息地があるが、いずれも元は同じ地質学的イベントと気候に属している。これらの「島」は、孤立していたおかげで、それぞれ自然選択の実験場となっており、世界に類を見ない独特の種の軌跡と固有性が生まれた。生物学者は現在、東アーク山脈で脊椎動物を96種、植物の固有種を800種以上（アフリカンヴァイオレットだけでも31種）記録している。気候が安定していることも絶滅率の低さに寄与したのかもしれない。

科学者は、原生林で見つけた遺伝子学的に古い種の数によって絶滅率を測る。東アーク山脈に生息する鳥の一部のDNA分析を実施したところ、系統は2000万年も昔の中新世初期にさかのぼることがわかった。動物相の多くは、アフリカ大陸よりもマダガスカルとのつながりが深い。東南アジアが発祥の亜種と特徴を共有している鳥もいるそのつながりは、パンゲアという単独の大陸が世界を覆っていた時代にさかのぼる。

生物学的多様性の保護と貧困撲滅の気まずい対立

ウズングワ山塊の奥深くで川は森を貫き、険しい渓谷を経由して滝を形成した。上流から下流まで、渓谷の距離は約3・2キロメートル、高低差はおよそ1000メートルだ。キハンシ川として知られるようになったこの川は、タンザニアを流れるほかの川とは違い、乾季も水量が減ることがなかった。渓谷にある滝は1年じゅう勢いが衰えることがなく、数キロ離れたところからでも緑濃い熱帯雨林を背景に段々になって流れおちる光景が見える。荘厳な眺めだが近づくことはできない。

1984年ごろに、タンザニア政府はこの滝を水力発電プロジェクトの候補地として検討に入った。極度の電力不足に悩まされているタンザニアにとって、この滝は大容量発電所を設置するにふさわしい特徴をもれなく備えているように思われた。「重要な要因がふたつあります」と、水資源専門家のラフィク・ヒジリは語る。「まず水量が安定していること、次に落差が大きいこと。キハンシはどちらも合格です。安定した水量という点では、タンザニアでわたしたちが知っているなかでも一、二を争うと思います。また、落差はただただ見事です」

ハウエルをはじめとする生物学者のチームが環境アセスメントをするよう雇われたのが、このタンザニア政府の水力発電プロジェクト——出資元は世界銀行——だった。だが、現地に到着してすぐに、ハウエルたちは何かがおかしいと気づいた。「わたしたちの現地調査は、文字どおりブルドーザーが背後から迫っている状態で行われた」と回想するのはジョン・ガーストルだ。1994年にハウエルのオフィスにやって来た人物で、ノルコンサルタント向けにアセスメントを行っていた。ガーストルの説明によれば、ふつうは環境アセスメントが完了するまで、このような大規模な開発プロジェクトはスタートしない。確かに世界銀行は1991年に環境アセスメントを委託したが、そのアセスメントは、後にまったくもって不十分だという判断が下された。

不十分だとされたその50ページの薄いアセスメント報告書は、ケニアの博士課程の学生によってまとめられた。この学生は、10日間のキハンシ周辺地域調査に2度出向き、村人に聴きとり調査を行った。村人に携帯用図鑑の鳥と哺乳類の絵を見せ、どの生きものが森にいるのかを確認したのだ。報告書の最後で学生は次のようにまとめている。「失われる面積はごくわずかであり、環境にとっても重大な喪失ではないし、どの固有種も絶滅のおそれはまずないと思われる。これらの固有種は、ウズングワ山塊の森林のほかの部分にも生息しているからだ。生息地の消失は、発電による経済的利益を考えれば代償としては小さい(1)」

タンザニア国家環境管理局の上級職員アンナ・マエンべは、当時のタンザニアには環境アセスメントに関する法的要件がなかった、と弁解した。「環境アセスメントを行ったのは、銀行から融資等を受けるためでした。政府の支援があったわけでも、法律で条件として定められていたわけでもありません」

世界銀行は環境アセスメントの内部方針を定めていて、キハンシプロジェクトは「カテゴリーA」という評価だった。完全なアセスメントが必要という意味だ。「それ［アセスメント］を実施しようという動きはありましたが、問題は、期待したほど徹底的には実施されなかったということです」と語ったのは、在タンザニアの世界銀行環境シニア・スペシャリストのジェーン・キバッサだ。

1994年、この水力発電プロジェクトへの融資が世界銀行の理事会で審議された。このとき、プロジェクトのダム着工のためのタンザニア政府への2億ドル融資を承認した際の検討材料のひとつが、この環境アセスメントだった。だが、欧州投資銀行やノルウェー、スウェーデン、ドイツの開発機関が1年後に資金援助者に加わると、彼らはそのアセスメントにいい顔をせず、自分たちが参加する条件として新たなアセスメントの実施を要求した。「やや遅きに失したのは否めない」とガーストルが語った。「すでにプロジェクト開始の決定は下されていたからだ。輪番停電がずっと続いており、何がなんでも発電容量を増やさなければならないという理屈だ。事態はそれくらい深刻だった」

タンザニアは、今も昔もたいてい暗い。ダルエスサラームのショッピングモールで買い物していると、突然停電になって、買い物客は真っ暗ななか、デパートのレジの列に並んだまま待たされる(うまくいけば発電機が稼働するまでですむ)。停電はよくある頭痛の種というだけではない。電気が前触れもなしに止まることが1週間に何度もあり、いったん停電したら何時間も続くため、商業活動や学校の活動も中止しなければならなくなる。

2009年には、半自治が認められているザンジバル諸島が3か月も停電するという事態になった。タンザニア本土の送電網とは海底ケーブルでつながっているが、この海底ケーブルが老朽化してメンテナンスもろくにされていなかったために、機能しなくなったのだ。ザンジバルの村人は、自分たちの子ども時代のほうが電気の供給が安定していて、電気料金も安かった(ので、水道も冷蔵設備もちゃんと稼働していた）と回想する。

問題の規模は甚大だ。国連開発計画によれば、1日2ドル未満で暮らしている人口が73パーセントもいるタンザニアで、電気が使えるのは、都市部だと39パーセント前後なのに対し、地方だとたった2パーセントだ。タンザニアの1人あたりの電気使用量はサハラ以南の国と比べても少ない。コンゴ民主共和国は長年の内戦で混乱が続いているが、タンザニアよりも電力事情はいい。朝鮮民主主義人民共和国（北朝鮮）ですらタンザニアより発電量が多い。

「タンザニアは長いこと、そして今でも、近代的エネルギーへの投資がまったく足りていない」と語るのは、世界銀行タンザニア・ウガンダ・ブルンジ担当局長だったジョン・マッキンタイアだ。「商品を保存したり、医薬品を低温に保ったりするコールドチェーンが利用できないということだ。電力不足の間接的な影響はほかにもある。電気があれば人々は夜働ける。これは暑い国では重要なことだ。単純に労働力をひたすら追加投入すればいいという方法がとれない場合に、労力の節約になる」

だが、生物学的多様性の保護と貧困撲滅の対立は、直接的で気まずい。「これらの国には電気が必要だと国際社会は理解しなければならない」とマッキンタイアは主張する。「富裕国が『うちの国は電気が豊富にあるけれど、そちらの国は環境のさまざまな外部要因のせいで電気がない』と言ってすむ問題ではない」。マッキンタイアは電力不足と生産性の低下を結びつけているが、ほかの専門家はもっと突っこんで、アフリカの貧困の根底に電力不足があると見ている。アメリカ人エコノミスト、ポール・ローマーは、アフリカは貧しいから電力が不足しているのではないと考えている。「安定した電力供給は教育、生産性、雇用の創出にきわめて重要だ。アフリカの多くは電気がないから貧しいと言ったほうが正確だ(2)」

タンザニアの半官半民の電力会社、タンザニア電力供給公社は、経営のお粗末さと能率の悪さで有名だった。1990年、世界銀行は「タンザニア第6次電力プロジェクト」という開発援助計画の策定に着手した。これは、タンザニア電力供給公社が市場経済へと大きく舵を切るのを支援する目的で始まった。世界銀行によれば、この計画によってタンザニア電力供給公社の魅力を高めて民間投資家を惹きつけ、インフラを一新して、貧しい国民に電気がない生活を強いる悪しきならわしに終止符を打つはずだった。これは世界銀行が積極的に実施した融資だ。タンザニアは1962年に世界銀行グループに加盟し、以来62億ドルの融資を受けてきた。ウズングワのキハンシ水力発電プロジェクトが、世界銀行の新しい計画の大部分を占めていた。完成すればタンザニアの発電容量は4割以上増える。

ついにたどりついた滝裾で
——小さなカエルとの波乱含みの出会い

キム・ハウエルをはじめとする生物学者のキハンシ調査の競争相手は、世界銀行が金を出したタンザニア電力供給公社のブルドーザーだった。

新たな環境アセスメントを行っているハウエルと生物学者チームが動植物相を調べるために現地入りしたときは、森でテント生活だった。彼らのキャンプからそう遠くないところで、水力発電プロジェクトは拡張し、世界じゅうから大勢の人々が集まっていた。中国人の労働者が山のふもとからダム建設予定地まで通じる道を敷設した。労働者宿泊所は小都市さながらだった。診察所やパブは、イタリア、ポルトガル、南アメリカ、スペイン、スウェーデンの労働者で大繁盛、ノルウェー人は地下人工発電設備の担当で、モーリシャス人は食堂を運営していた。南アフリカ人は山頂で作業していた。400メートル近い立坑を掘っているのだ。これが山の中心を流れる水の経路を変更して水をタービンへと送り、その落下エネルギーを電気に変える。彼らは岩を手工具で削り、岩屑をバケツに入れて運び出していた。

ダム建設が環境に与えた影響はすぐに現われた。自分も利益の分け前に与りたいと思ったタンザニア人がゴールドラッシュのように現地に殺到し、野生動物を駆逐してしまったのだ。「前は氾濫原にカバがたくさんいたが、今は1匹もいない」。ダム建設現場で働いているノルウェー人のエンジニア、シュタイナー・エヴェンソンはそう話し、銃を掲げて次々と発砲する人間の真似をした。「彼らがカバを全部殺してしまったが誰も気にしない。カバはやたら大きくて危険だから」。ミクミ国立公園から連れてこられた猟区管理官が、数が増えてきた人間を守るため、ダム建設中にライオンの雄3頭を殺したこともあったそうだ。

生物学者チームは、地面にバケツの罠をしかけてヘビ、ネズミ、両生類を捕まえたものの、新種も固有種も見つからなかった。バケツに入ってくるのは、東アーク山脈のほかのところでも見つかるものばかりだった。ただ、徒労を続ける彼らの背後には、どうしてもたどりつけない場所があった。滝だ。滝に行けないという事実により、新しいアセスメントを出したところで絶対完璧にはならないことを痛感せざるを得なかった。

「生態系の観点からすれば、滝裾は渓谷全体で最も素晴らしい部分のはずだ」と話すのは、南アフリカの昆虫学者で新しい環境アセスメントを行っているピーター・ホークスだ。「滝裾には乾季の終わりに行ったが、そのときも水しぶきが巨大なとばりのように立ちこめているのが見えた」。振り返って、なぜ滝に近づけなかったのかについては、生物学者のあいだでも意見が分かれている。地元のガイドが村人の違法伐採の現場を見られたくなくて学者たちをわざと違う場所に連れていった、というのがホークスの言い分だ。一方、ハウエルは、滝に行くためのまともな道がなかったせいだと思っている。滝について「音も聞こえるし、見えるんだ」と話す。「水しぶきがあがっているところまで行こうとして2度落ちたことが、メモに書きとめてある」

1995年12月、生物学者のチームは全3冊のアセスメントを公表した。「ダムについてはそれほど否定的ではない。確かに、渓谷が枯れたら生物の一部を失いはするだろう」とハウエルは総括している。「ただし断わっておくが、わたしたちは水しぶきがあがっているところに足を踏みいれることができなかった」

環境アセスメントは完了したが、ガーストルは、長期的なモニタリングのために、チームでキハンシに継続的に集まるべきだと考えた。1996年12月に、彼らは計画のためのワークショップをしに集まり、キャンプに落ちついた。ガーストルは、どれくらい滝の近くまで行けるか試してみようと提案した。驚いたことに、新しい道ができていた。おそらく、タンザニア電力供給公社が滝のそばに雨量計を設置するので整備したに違いない。

滝は、各人が想像していたものとまったく違っていた。「我々が到着すると、水しぶきが盛大に飛んでいて、周囲90メートルに生えている木はどれもずぶ濡れだった」とホークスが語った。「傾斜した草地があって太陽の光が降りそそいでいて、という光景が目の前に開《ひら》けた。思っていたのと全然違う。想像していたより、はるかに珍しいものだった」

到着してすぐに、ハウエルはよく茂っている湿った植生に手を突っこんで1匹のカエルを引っぱりだした。「『黄色いカエルだ。新種に違いない』と言ったんだ。みんなで何度も見た。わたしはオフィスに持ちかえって顕微鏡で詳しく観察した。これは絶対新種だと思った。タンザニアにいるほかの種は全部知っていたからね」

世界銀行が融資したダムの完成が近づくにつれて、カエルが被る影響が生物学者チームに明確になった。「すぐにわかったよ。すぐにね」とハウエル。「このカエルは絶滅する」

絶滅の何が問題なのか?

種の価値とは何か。国際自然保護連合によれば、この500年で約900種が野生で絶滅、もしくは完全に絶滅した。それがなぜ問題か。この問いが環境倫理学の中心となっている。環境倫理学とは、1970年代初めにヨーロッパ、オーストラリア、アメリカの大学に誕生した哲学的な学問領域だ。当時は、種の保護を決める法律と環境運動が、公民権運動や女性解放運動など進歩的な社会の大義とともに広がっていた。1973年にはアメリカで種の保存法が成立した。この法律では、動植物の絶滅のリスクと「その動植物が国と国民に与える美的価値、生態的価値、教育的価値、楽しむ対象としての価値、科学的価値」が滅ぶリスクが存在することを認めている(3)。

生態系が危ないという認識が高まると、環境倫理学者は、現代の環境危機は根本的には哲学的な問題というアメリカの自然保護主義者、アルド・レオポルドの発言を、あらためて世に知らしめようとした。残念ながら、世の中に登場してきた環境運動と種を保護する法律は、哲学的観点からすると穴だらけだ。自然保護の議論は、自然が人間にとって価値があればこそだが、種に明確な価値がない場合はどうするのだろう。種の利益が人間の利益と真っ向から対立する場合はどうするのか。この問いにどう答えるべきかという一貫した合理的議論がなかった。

その一方で、種の保存法は、成立するとさっそく最高裁で裁判を引きおこした。スネイル・ダーターという8センチメートルに満たない淡水魚がリトルテネシー川で発見されたが、この魚の回遊ルートが、1億1900万ドルをかけたダム建設予定地に運悪くひっかかり、一般家庭やビジネスに電気を供給する妨げになっていた。最高裁はダム建設の中止を命じたが、その後議会が判決に従わないことを決議し、スネイル・ダーターは別の川に移された。強大な経済的利益の前では、目立たない希少種の保護は相変わらず取るに足らないことと見なされているのは一目瞭然だった。

種の保存法が成立した1973年、オーストラリアではリチャード・シルヴァンが「新しい環境倫理の需要はあるか」という論文を発表した。哲学者で自然保護主義者のシルヴァンは、圧倒的な影響力を及ぼしている欧米思考の枠組みは人間偏重主義が特徴だと考えていた。歴史を通じて自然が完璧かどうかを測る究極の尺度は、人間にとって役に立つかどうかだ、という論旨だ。礼拝者が自分たちの大聖堂を崇拝するように自然を崇拝していた超越主義者でさえ、人間中心の視点から逃れられなかった。ラルフ・ウォルドー・エマーソンは、自然についてこう書いている。「自然は奉仕するために創造された。救世主が乗っているロバのように、人間の支配に辛抱づよく甘んじる」[4]

シルヴァンは論文で「地球最後の生き残り」という思考実験を示した[5]。あなたが地球最後の生き残りになったとしよう。世界のシステムは崩壊した。自分が死ぬ前に、世界じゅうの生物をすべて滅ぼして地球には何も残らないようにしようと決意したとする。それは道義に反するだろうか。自然の価値は人間の役に立つかどうかで決まると信じていれば、答えは「いいえ」だ。だがわたしたちは当然ながら、世界を破壊するのはひどいことで、とても考えられないと直感で悟っている。

この感情が、まったく新しい倫理――原始的でも、神秘主義でも、審美的でも、経済的でもなく、もっと言えば科学的でもない倫理――を具体的な言葉にする必要があるというシルヴァンの主張の源になっている。「人間の関心と好みは、何が環境にとって望ましいかを決めるうえで納得できる根拠を示すにはあまりに偏狭だ」とシルヴァンは書いた[6]。自然は人間の道徳的な対象となるに値する自らの価値観を有する必要があるし、種そのものが倫理の対象にならなくてはいけない。のちにこの概念に名前がついた。「内在的価値」だ[7]。シルヴァンの論文は内在的価値を言葉で表わした最初期の作品であり、そこで説明された考えが、その後長い年月をかけて環境倫理学という領域を形成することとなる。

自然はわたしたちのために設計されたのではないし、その価値は経済用語でも、科学用語でも、もっと言えば精神的な用語でも説明できないという考えかたは、今でも相当過激だ。その名残はジョン・ミューアの文章に窺える。ミューアは「わたしたちは、世界は人類のために特別に創造されたと教わったが、この主張は事実で完全に裏づけられているわけではない」と述べた。[8] とはいえ、1970年代になるまで、シルヴァンが挙げた、度を超す人間偏重主義に異を唱えるケースはめったになかった。内在的価値を擁護する概念を生みだすことが、大半の環境哲学者の「理論上の探求」となった、とJ・ベアード・キャリコットは書いた。[9]

内在的価値の最も熱心な擁護者は、アメリカ南部の長老教会の若手の牧師で、のちに環境倫理学の父と呼ばれるホームズ・ロールストン3世だった。彼の思想は磐石で、彼とは正反対の意見の者であっても、道徳論の一大革命と目されているこの思想を避けて通ることはできない。ロールストンにしてみれば、自然の価値は客観的で、人間の価値とは無関係だ。自然はわたしたちが存在する前からあり、わたしたちが消滅したあとも残る。彼は、1993年の「自然の価値と価値の本質(Value in Nature and Nature of Value)」というタイトルの小文でこう書いている。

科学者がいなければ科学は、信じる者がいなければ宗教は、くすぐる者がいなければくすぐったいという感覚は存在し得ないのだろう。だが、立法者がいなくても法律は、歴史家がいなくても歴史は、生物学者がいなくても生きものは、物理学者がいなくても物理学は、創造する人間がいなくても創造性は、物語の語り手がいなくても物語は、達成する人間がいなくても達成は、そして価値を決める人間がいなくても価値は存在することが可能だ……。客観的なこの観点からだと、主観的な何かがあるということがわかる。生態系が危機に瀕しているこの時代に、哲学的に害を及ぼす何かが。それは、ある種が自らを絶対的な存在と見なし、自然のその他一切の価値を、自分にとっての価値を生みだす力があるか否かで測る座標軸に従って生きることだ。[10]

今や80代前半になったが、ロールストンは執筆と世界の旅を続けている。２００３年にはテンプルトン賞を受賞した。近年ではダライ・ラマ14世と南アフリカの平和運動家のデズモンド・ツツに与えられた賞だ。ロールストンは自然への愛を公言している。シェナンドー渓谷の3代目説教師として大恐慌時代のヴァージニア州の田舎で育ったロールストンは、学部生で物理学、天文学、数学を勉強し、その後スコットランドのエジンバラ大学に進んで神学で博士号を取得した。教員生活のスタートはコロラド州で、家族で引っ越して、フォート・コリンズのコロラド州立大学で哲学と宗教学の教授として45年間教壇に立った。シラバスでは、基礎コースの環境倫理学を「地球の生命体のコミュニティで責任ある人間として生きるとはどういう意味かを知る冒険」と説明している。[11]

動物園のトラは、もう「トラ」とは呼べない？

わたしは、キハンシヒキガエルのような種の絶滅と保全の例を理解するために、環境倫理学者と話がしたかった。

科学者で作家のスティーヴン・ジェイ・グールドはこう言っていた。「お飾りとしての生物を保全するのであれば、保全に向けるわたしたちの努力は道徳的な価値がほとんどない。人間がイボガエルや地を這う虫を同じように心配したら感心するが」[12]。グールドは、種をありのままに観賞し、そこから自然の多様性を学んで「ようやくわたしたちは、実際的な意味でも精神的な意味でも大いに自分たちのためになるわけだが、トマス・ヘンリー・ハクスリーが当時『自然界における人間の位置』と言っていたものを理解する」と書いた[13]。

だがわたし自身は、電力不足のタンザニアに生息する小さなヒキガエルが挑戦状を突きつけた保全の理由に共感を覚えた。その話を倫理学者たちにすると、ロールストンの意見を聴くべきだとアドバイスを受けた。

わたしがロールストンに初めて話を聞きに行ったのは、彼がインドから帰国したばかりのときだった。彼はインドで野生のベンガルトラを見てきたところだった。ベンガルトラは絶滅危惧種で、世界でも2500頭を割っていた。それは背筋がぞくりとする体験だったと言う。「君が今話している相手は、自然な状態の動物が見たい人間だ」。南部独特のアクセントでロールストンは言った。「わたしもデンヴァー動物園に行くことがあるが、動物が気の毒だ。環境エンリッチメント〔飼育動物の福祉と健康のために、飼育環境に変化を与え、動物に選択肢や刺激を与えて望ましい行動を引きだす〕は行われているかもしれないが、動物は駆けまわることも獲物を捕まえることもできない。動物園のトラはもうトラとは呼べない。やるべきことができないんだから」

これがロールストンのお決まりのセリフだというのは、じきにわかった。動物が「やるべきことをやる」——口にするのは簡単だし、軽薄にさえ思える。

だが、この表現には深い道徳的な姿勢が含まれている。ロールストンにとって、生きものはみな究極の目的《テロス》、生態系における働きがある。世界との関係において生きものは果たすべき役割がある。ロールストンの保全の倫理は、究極の目的《テロス》を守るというのが根底にある。自然のなかでトラが狩りをするのであれ、ロッキー山脈でセイヨウオキナグサが咲いているのであれ。「ありのままの種を慈しみ、大切にする気持ちを持たなければならない。種そのものに価値があり、保護するに値する。究極の目的《テロス》や内在的価値は、きちんと作用する環境倫理のために必要だ」

ロールストンによれば、価値は生命体の個体レベルだけでなく、種レベルでも、生態系にも、進化プロセスにも存在する。たとえば、ハチの内在的価値は、その存在を繁殖させることだ。「ハチーハチーハチ」という系譜が、時を経て個体から個体へと続いてゆく。「種の系統は、必須の生物系であり、総体的な存在だ。これを構成するのに欠かせない要素が個々の生命体だ」とロールストンは１９９３年に書いている。「種は生命体の特定の形態を守り、世界に道を拓こうとし、再生して死（絶滅）に抵抗し、時を経ても規準となる存在の状態を維持する。個体は種がその存在を後世に広めていく手段であるという言い分も、胚や卵子は個体がその存在を広めていく手段であるという言い分も、どちらも筋が通っている。価値は動的な形態で存在している。個体は価値を受けつぎ、それを体現し、後世に伝える」[14]

１９８０年代初めには、内在的価値は環境運動の語彙に組みこまれた。１９８２年の国連の世界自然憲章は、あらゆる「形態の生命はかけがえのない存在であり、人類に対する価値にかかわらず尊重されることが保証される」と定めた[15]。１９９２年、ロールストンはリオデジャネイロの国連環境開発会議に出席した。その後、生物多様性条約が発効し、参加国は「生物多様性の内在的価値」

を確認した[16]。

1990年代は、地球温暖化、汚染、資本主義によって大規模な生態系崩壊が起こるという人々の恐怖心が募り、それに伴って環境への危惧と保全の大義への支持が広まった時代だった。欧米の一般市民は、ホームズ・ロールストン3世が道を歩いていてもわからないだろうが、すべての生態系と生物多様性（1980年代の造語）は保護される当然の権利があるという彼の思想は主流になった。自然保護主義者で自称環境戦士のデイヴ・フォアマンが、1990年代の保全活動の特徴を4つ挙げたとき、真っ先に出たのが学問としての哲学だった[17]。保全生物学でも、局所的な環境保護団体でも、彼自身の過激な組織「アース・ファースト！」でもなかった。

すべての理論と同じように、内在的価値に反対する者は当然いる。道徳的多元主義者は、唯一の普遍的な環境倫理という考えかたに異を唱える。がちがちのエコロジストは、自然や野生は人間とは切り離された別の存在という概念に抵抗する。社会的構成主義者は、自然という概念は文化的に相対的だと思っている。エコフェミニストは、自然と女性のどちらも虐げてきた、哲学に根強く残る家父長制を受けいれない。そして最後に、一部の者は、環境倫理学は生態系の実際の危機を解決するのに避けては通れない単純作業から隔離された象牙の塔で安穏としていると思っている。

1990年代初めに、多くの哲学者が新しい陣営を形成し、それを環境プラグマティズムと名づけた。彼らは、「現実の世界」の危機の解決に哲学で貢献することを研究の中心に据えた（環境哲学者は「今も昔も、熱帯雨林が燃えているにもかかわらず、デカルトの亡霊（自分ほど疑ってかかり、考えぬいた人間はいないから自分は正しいという態度）と踊りつづけるのではないか」と、自身も環境プラグマティズム支持者であるブライアン・ノートンは心配している[18]。

環境プラグマティズム支持者の努力にもかかわらず、環境倫理学と応用化学がきちんと橋渡しされることはなかったと言って差しつかえないだろう。種の存続が脅かされているから手遅れになる前に何かしなければというプレッシャーが強い現在、政策決定作業にとって哲学は無関係で邪魔な存在であり、政治や経済の現実の苦境に対処していくときの障害でしかない。

オーストラリアのニューイングランド大学の環境科学者、ジョン・レモンズは、2007年のエッセイでこう書いた。「環境専門家の視点からすれば、完全に発展した環境倫理も、政策形成や意思決定に資するよう積極的に活用された環境倫理もない[19]」。種をいつ、どのように保護するかという問いに答えるために、哲学的な概念を選ぶパークレンジャーや野生動物学者はほとんどいない。政治家は言うに及ばず、だ。

「すべては巨大なひとつの動物園になる」——人新世につきまとうジレンマ

環境倫理学が生まれてから40年が経ち、研究の焦点も変わった。生態系の危機によって、初期の倫理学者や自然保護主義者を悩ませた、野生や風景をどのように守るかといった問題の枠を超え、富裕層と貧困層の経済格差、国際人権、環境正義の概念という問題が浮かびあがる。地球温暖化は70億人もの人間が原因の問題であり、地球の隅々にまで影響を及ぼしているという事実も、変化の一大要因だった。

「現在の問いは、人間が支配する世界になるのは避けられないという事実を踏まえたうえで、わたしたちは道徳規範を変える必要があるかどうかだ」とロールストンはわたしに語った。「わたしたちは人新世〔ひとしんせい、または、じんしんせいと読む〕の時代に突入しており、人間が何でも管理する方向に環境倫理学も焦点を大きく移すべきだと主張している人間は多い。今から100年後、150年後に地球温暖化の影響を受けていない土地などないし、手つかずの自然も残っていない。すべては巨大なひとつの動物園になる」。当然ながら、彼はこの予測をけっして喜んでいない。

地球を管理するのは、技術に長けた人間という種のための理想郷の運命と見る向きもある。だがロールストンは違う。「わたしたちは、この惑星のあちらこちらを管理することに関して不得手だった。わたしは、可能な限り、現在の自然は手つかずで残したい。動物がやるべきことをやれる状態にしたい。引きつづき自然選択が作用するようにしたい」

危機が次々と浮上して、生物構成バランスを崩しそうな種が増えるにつれ、人間と自然との現代的な関係について回る多数の道徳的な難問が未解決で残ることになる。種の保全を人間の要求よりも優先すべきか。科学者は種の絶滅を防ぐためにどこまでやればいいのか。わたしたちが救ったあとで、種ははたして野生に戻れるのか。

これらは、キム・ハウエルがタンザニアの熱帯雨林にある滝の底から小さな黄色いカエルを取りだしたときに浮上したジレンマのごく一部にすぎない。

ダムか、カエルか

キハンシヒキガエル（2年後に『アフリカン・ジャーナル・オヴ・ハパトロジー』でこう命名され、正式な説明がなされた）は、とりたててカラフルなわけでも、可愛いわけでも、見た目が気持ち悪いわけでもない。皮膚は艶がなく、からし色で、それはそれは小さくて、大きさは5セント硬貨くらいだ。キハンシヒキガエルは、卵からおたまじゃくしという段階を経ずに、最初から完全にカエルの形で生まれてくる。紫がかった子どもカエルは、ペン先に乗るくらい小さい。

キハンシヒキガエルで何よりすごいのは、生息地への適応ぶりだ。5エーカーほどの湿地で、流れおちる水が岩を打って跳ねるときの水しぶきと風の組みあわせが、それまで誰も見たことのない微気候を生んだ。のちに滝の水量を調査すると、約75万リットルの水しぶきが毎日発生していた。滝の轟音のなかで互いの声が聞こえるように、キハンシヒキガエルは独自の聴覚コミュニケーションを発達させた。一般のカエルと異なり、キハンシヒキガエルは体の外側に鼓膜がない。だが内耳はあり、内耳で超音波——人間の聴覚の上限を超えた周波数——を感知できる。

生物学者は、キハンシヒキガエルが生きのびられたのは、超音波と視覚のコミュニケーションが合体したしくみのおかげだと考えている。このしくみにより、人間で言えば耳をつんざくロックコンサートに相当する音量の環境に生息していても、キハンシヒキガエルはつがう相手を見つけられる。

また、キハンシヒキガエルがこの湿地に完璧に適応しているのは、無数の微細な水滴にすっかり依存しているからでもある。熱帯雨林の中心でシャワーが出っぱなしの状態だ。「たいていのヒキガエルは頑丈だ」とハウエルは話す。「典型的な両生類だからだ。『両』『生』類という名前からもわかるように、水の中と水の外という両方の環境で生きられる。だが、キハンシヒキガエルは違う。気の毒なことだが」

その後の現地調査によって、この新種は何千匹といることが判明した。勢いが強い水しぶきに守られているおかげで、真に脅威となる捕食動物がいなかったからだ。周辺の熱帯雨林の鳥すら寄ってこない。

だが水しぶきのせいで、調査条件は想像を絶するほど過酷だった。「怖かったよ」と語るのは、タンザニアきっての爬虫両生類学者で、東アーク山脈を長年研究しているチャールズ・ムスヤだ。傾斜のきつい濡れた岩肌を進んでいくのは危ない。足元の地面はぬかるんで軟らかく、ゼリーのようだ。地面を踏むと1メートル先まで振動が伝わる。

さらに、滝から流れおちる水の冷たさで、現地調査では凍えそうになった。「体を温めるために熱帯雨林まで歩いていったものだ」とピーター・ホークスは回想する。「あらゆる手段を試した。ウェットスーツ、セミドライウェットスーツ、ジャージ6枚重ね、ウェットスーツの上にレインコート、考えられる限りの手段を尽くした。それでも湿地で1日過ごしたら体は冷えきっている。そこから出ると気温は35度だ」

ジョン・ガーストルによれば、「[キハンシヒキガエルのことが]判明すると、我々はすぐにダムプロジェクトに関わっている世界銀行とタンザニア電力供給公社に連絡した。『このカエルの生存を保証する条件がなければ、これ以上調査を進められない』とね」

だが、土地固有の珍しいカエルであろうとなかろうと、2000年に完成予定のダムプロジェクトが中止されることはなかった。タンザニア電力供給公社は、はっぱをかけて工事を進めていった。当時、全国的な干ばつが原因で同公社では負荷制限を実施していた。システムが需要に追いつかないという事態を避けるために、停電の実施を余儀なくされていたのだ。

一方、1998年の時点で、ノルウェーの開発団体であるノルプランは、キハンシヒキガエルが重大問題になる可能性を認識しており、キハンシヒキガエルを救う手立てを探りはじめた。ノルプランの上層部は、キハンシヒキガエルの個体群の一部移転、人工スプレーシステムの設置、飼育下繁殖、キハンシヒキガエルが生きのびるのにじゅうぶんな滝からのバイパス水路などの選択肢を検討した。当時、タンザニア電力供給公社は滝に対して暫定的な水利権しか与えられていなかった。そのため、ノルプランはダム用に川の流れを変更する許可を得ることができた。

だが問題は、バイパス水路の流量として1秒あたり7・7立方メートルを維持しなければならないことだった。同公社はバイパス水路の流量に抗議し、流量を1秒あたり1・5立方メートルに減らすべく、ロビー活動を行った。キハンシヒキガエルに与えられる水は、彼らにとってはすなわち失われた電力であり、失われた利益だった。ノルプランが提案書を持っていくと、タンザニア電力供給公社はキハンシの生態系の固有性が必要以上に強調されていると批判した。

種の保護は「誰」の利益になるのか?

皮肉なことに、新種が発見されてほんの数か月後に、タンザニアは生物の多様性に関する条約を批准していた。この条約は、国内の生物多様性を保護するよう批准国を法的に拘束する。

このような法制と環境保護行為そのものが、東アフリカでは議論の的だ。この地域では、生態系の保全の歴史は、外国によるパターナリズム(強い立場の者が弱い立場の者の意志に反して介入・干渉すること)、人種差別、被植民地の屈辱に満ちている。

1903年、東アフリカに駐在していたイギリス植民省の役人が、世界最初期の動物保護組織の運営を始めた。帝国野生動物相保護協会(現在は動植物相協会)と命名されたこの組織の目的は、娯楽目的の狩猟のために指定された場所で動物を保護することだった。これにより、生活のために狩りをしている人間は実質的に締めだされた、と人類学者のジャネット・チャーネラは語る。

この結果、1920年代初めにタンザニアにセレンゲティ国立公園が設立され(マサイ族は1959年に公園から立ち退きになった)、チャーネラが説明するように、国際自然保護連合といった組織の、さらには絶滅のおそれのある野生動植物の種の国際取引に関する条約(ワシントン条約)の先例かつ土台となった。タンザニアの国土の32パーセントが公園と保護区として保護されている。これは世界有数の数値だ。

だがこの国は、国土保全と国土利用のバランスがなかなかうまく取れず、誰が国土を利用するかという点でも苦慮している。2014年、タンザニア政府は、セレンゲティ国立公園東部のおよそ2600平方キロメートルの土地を「野生動物の回廊」にすると発表した。この地域は、遊牧民であるマサイ族は立入禁止だが、アラブ首長国連邦を本拠とするサファリツアー会社は利用可能だ。
こうした複数の理由から、東アフリカの自然保護となると強い疑いの目が向けられ、皮肉な発言も多い。保全は誰の利益になるのか。生物多様性の保護は貧しいコミュニティの現実と乖離しているし、国立公園や保護された自然はグローバルエリートの利益にしかならない――この問題を解決しようと、ここ数年、一部の自然保護主義者が動いている。環境保護のツールとして貧困削減と経済発展を進めようとしているのだ。貧困層の生活水準の向上は最終的に自然保護のためにもなると信じて、林業と農業を勧めることもある。
「新自然保護」とも呼ばれるこのやりかたは、保全生物学の草分けであるマイケル・スーレなど古参の学者の集中砲火に遭った。2013年、スーレは『コンサヴェーション・バイオロジー』という学術誌にこう書いた。「豊かになれば人間は自然に対して優しくなるという意見には何の裏づけもない。彼らのエコロジカル・フットプリントは、ほぼ彼らの消費量に応じて増加することからもわかる……もし実施されたら、新しい自然保護措置は世界全体で生態系の崩壊を早め、何千種類もの動植物を絶滅に追いこみ、長期的に計りしれない被害を人類にもたらすと言わざるを得ない」[20]
スーレは、人道主義に突き動かされている自然保護主義者は、自然が人間にとって大いに価値あるときしか自然保護を要求しないだろうと懸念していた。その懸念は当たったどころではないという。そこまでわかっているにもかかわらず、こうした懸念そのものが緊張を生じさせている。その原因は、欧米の白人の専門家が、欧米諸国で何世代にもわたって行われてきたことを、タンザニアのような発展途上国に禁止を求める場合が珍しくないという点にある。

希少なキハンシヒキガエルの場合、少なくとも最初のころは、保護するのは誰の利益のためでもないように思われた。世界銀行はノルプランが推奨した緊急措置に乗り気ではなく、キハンシヒキガエルの発見をようやく正式に認めたのは1998年3月に開催された援助資金提供者の会議の席上だった。

ハウエルは、その会議で人騒がせな輩扱いされたと振り返る。「彼らはわたしにずばり『そのカエルがほかでも見つかっていないと、なぜわかるのか?』と訊いてきた……もちろん、すぐにほかの場所も探したに決まってるじゃないか。そんなの科学者の初歩の初歩だ。科学者なら、このカエルは本当に、サッカー場程度の狭い場所にしかいないのか、それともほかの地域にも生息しているのか、確実を期すものだ。わたしたちだって、ほかのところも探したが、見つけられなかった。キハンシヒキガエルがそこにしかいない理由は明白だ。そしてそれはまさに、タンザニア電力供給公社がキハンシ川を選んだ理由でもあった。乾季でも水の流れが絶えないからだ」。ハウエルは世界銀行のやりかたが許せなかった。彼らの思いやりのなさは、アフリカの国で都合の悪い規則に従わざるを得ないときの無礼な態度の現われに感じられた。

水力発電所の建設プロジェクトは着々と進んでいた。ところがあるとき、世界銀行の態度が一変した。1999年11月、当時の総裁ジェームズ・ウォルフェンソンのもとに環境保護団体のフレンズ・オブ・ジ・アースから手紙が届いた。誰かがこの団体にキハンシヒキガエルの話を密告したのだ。フレンズ・オブ・ジ・アースは、世界銀行は自行の環境方針に違反すれすれだと指摘した。こんなことが世間に知れたら悪夢以外の何ものでもない。キハンシヒキガエルの保護は、世界銀行にとって突如、重要事項となった。

ぎりぎりの救出劇

この騒動のさなか、2000年にアメリカの著名な生物学者であるビル・ニューマークが世界銀行のコンサルタントとして登場した。ニューマークは、保全を目的とした「島」間の移動を容易にするために、国立公園など保護地域を結ぶ手段である野生動物の回廊の専門家だ。

ニューマークが最初に広く尊敬されるようになったのは、1980年代の大学院生時代だった。アメリカ西部で研究していたときに、自然保護区は当初の目論見どおり生物多様性を保護しているどころか、種を、とくに哺乳類を消滅させていることを発見したのだ。自然保護区が狭すぎて種を維持できないのが原因だった。この発見が1987年に『ネイチャー』誌に掲載され、ニューマークは影響力の大きい自然保護主義者になった。

世界銀行は、ニューマークを雇うことにした。ゾウの移動のために国立公園を結ぶ回廊を設ける仕事をいくつも請け負い、さらにタンザニアの鳥の絶滅パターンを研究していたニューマークを雇うことで、キハンシヒキガエルをどうすれば救えるか探れると思ったのだ。ニューマークは、初めて東アーク山脈を訪れた25年以上前のことをわたしに話してくれた。「その一帯は、わたしが足を踏みいれた地域のなかで最も遠く、最も貧しかった。人が訪ねた形跡も、調査が行われた形跡もなかった。だからこそ、さまざまな新種を発見できている」

ニューマークの意見では「これくらい生態系に優しいダムはない。水はすべて川に戻り、分岐しているのはたった5キロメートルだ。だがその5キロメートルの流域に、キハンシヒキガエルが生息していた」。

２０００年、ダムのタービン3基がすべて稼働した6週間後、ニューマークは滝裾が98パーセントも縮小したと知った。渓谷では、キハンシヒキガエルが滝のふもと近くに固まっていた。数週間で、キハンシヒキガエルの推定個体数は2万匹から1万２０００匹に減った。ニューマークは世界銀行の総裁室に直接報告することになっており、彼はすぐさま人工スプレーシステムの設置と飼育下繁殖の個体群の形成を提言した。スプレーシステムのほうはすぐに作業が始まった。ゴムホースと10個ほどのスプリンクラーヘッドがついた、なかなかよくできた簡易式重力送りの灌漑システムだった。

しかし、飼育下繁殖プログラムについては、タンザニア政府が輸出許可を出さなかった。政府の環境部局の担当者であるアンナ・マエンべによれば、もしキハンシヒキガエルがワクチンや薬の主成分にでもなれば、タンザニアは、貴重になるであろう天然資源の支配権を失ってしまうという懸念からだった。「わたしたちは――ここでいう『わたしたち』とはタンザニアのことです――、キハンシヒキガエルを誰かがわたしたちの代わりに保護するくらいなら、いっそここに残して調査しようという意見で一致しています」とマエンべは説明した。

アメリカでは、ブロンクス動物園（野生動物保護協会が所有）とオハイオ州のトレド動物園が、キハンシヒキガエルの個体群の世話をすると申しでた。だが、タンザニアはいっこうに折れる気配がなかった。ようやく折れたのは、ある情報筋によれば、タンザニアが協力しなければ将来的に世界銀行が開発プロジェクトに出資しなくなるかもしれないと脅されたからだ。２０００年は選挙の年で、再選を目指していた当時のタンザニア大統領ベンジャミン・ムカパに、世界銀行のある高官から次のような電話がかかってきた。「当選のお祝いを言う代わりに、例のカエルの話について電話で尋ねるなんてことを総裁にしていただくのは気が進まないんですがね」

タンザニア政府は輸出許可を出し、ムカパは再選された。その後、ブロンクス動物園の動物学者ジェイソン・サールは、キハンシヒキガエルを渓谷から空輸するためにタンザニアに到着した。「タンザニアの多くの政治家は『いったい何をそんなに大騒ぎするんだ？　こんなちっぽけなヒキガエルと国民にふるうことができる権力とを天秤にかけようっていうのか？』って言いたそうだった」とサールはわたしに話した。「このヒキガエルが電力供給より大事だと言い張る人間は誰もいないだろう」。キハンシでサールは５００匹捕獲し、中に濡れたペーパータオルを入れたアルミ箔で内張りした箱にカエルをしまい、アメリカに戻った。道中死んだのはわずか1匹だった。

タンザニア国民は、世界銀行の融資で運営される飼育下繁殖の開始をけっして歓迎していなかった。ある新聞記事はこう訴えた。「タンザニアの5歳未満の子ども、妊娠中の母親、退職した老人が大勢困窮して命を落としているというのに、キハンシヒキガエルという小さな両生類にあれほどの大金をかける価値があるのか」(21)

自然保護主義者の一部も不満を口にした。「このヒキガエルの絶滅をその目で見たい集団は多かったはずだ。世界銀行に対して間違いなく訴訟を起こせる問題だったのだから」と、わたしに言った人もいた。

飼育下繁殖された生きものは「野生」に戻れるのか？

保全の手段としての飼育下繁殖には賛否両論ある。とはいっても、今さらという感じは否めない。動物園と水族館は長年にわたって絶滅の危機に瀕した種の管理人の役割を果たしてきたのだから。カリフォルニアコンドル、アメリカシロヅル、クロアシイタチ、アラビアオリックス、チュウゴクワニトカゲが、いずれも差し迫った絶滅の危機を免れたのも、生物学者が管理のゆきとどいた環境に連れてきたからだ。こうした環境で、生物学者はこれらの個体群と遺伝材料を管理することができた。

1973年の種の保存法以降、「動物園の園長として、集めた動物の管理以上の仕事をしたいという人が増えた」と語るのは、スミソニアン国立動物園名誉研究員のクリス・ウェマーだ。「人間は野生動物を救えるという思い入れは、それは強かった」。だがたいてい、飼育下繁殖の支持者は熱心になりすぎて「それぞれの種の要求を細かく検討しなかった。飼育下繁殖そのものが目的になっていた。自然環境や野生動物を心配している人々は心底うんざりしていた」

「箱舟《アーク》」もいつも効果を発揮するわけではない。遺伝的適応度（生殖可能年齢まで生きのびた個体が産んだ子の数によって測定）の損失の発生は、飼育下繁殖の個体群では早く、数世代で生じて子孫が途絶える確率が高い。飼育されている状態だと個体群内部で形質の選択が行われ、この環境下の生存率は上昇するが、野生の生存率は上がらない。とはいえ、そもそもこれらの生物が自然に戻されることがあれば、の話だが。

大半の飼育下繁殖プログラムの目的は、動物を再導入することだが、飼育下繁殖の動物が、実際に自立した、つまり「野生に」戻ったケースは数えるほどしかない。アメリカシロヅルは、今でも人間のパイロットから移動のしかたを教わらなければならない。両生類になると再導入の成功率は格段に下がる。ある調査では、飼育下繁殖ののちに再導入された58種のうち無事に野生環境で成長したのは18種、そのうち自立できたのは13種だった。

もっと言えば、飼育下繁殖プログラムで育てた１１０種のうち、52種はそもそも再導入の予定がなかった。これらの種が生息していた生態系がなくなってしまったのだ。動物を生まれ育った場所で保全する生息域内保全という方法の支持者は、再導入の予定なしに飼育下繁殖を行うことこそが飼育下繁殖において最も致命的だという。絶滅のリスクをできるだけ減らそうとするあまり、環境よりも動物を救うことが主眼になっている。

「動物が再導入できるかどうか、確実なことは絶対にわかりません」と、テネシー州オースティン・ピー州立大学の環境倫理学教授、マーク・マイケルは語る。「『ある種を野生から捕獲しても、再導入できる見込みがほとんどないのであれば、捕獲すべきではない』という環境保護論者は多い」。だが、飼育下繁殖の支持者は、種を消滅させるよりは地球上に存続させたほうがいいという考えの持ち主だ。たとえ動物園に残る動物が、マイケルが言うように基本的には「見世物」扱いだとしても。

キハンシヒキガエルの飼育下繁殖の始まりは、ほかの多くのプログラムと同じで、野生の個体群に万が一何かがあったときの保険だ。渓谷のキハンシヒキガエルの数は、人工スプレーシステムが設置されてからいったん回復し、１２５０匹前後から1万７０００匹を超えた。だがシステムを維持するには、５人以上の監視グループを常駐させる必要があった。彼らは地元のタンザニア人で、食料を熱帯雨林に持ちこんで常設キャンプを設置した。キハンシヒキガエルが増えすぎて、監視者は踏んづけないようにするのが大変だった、とニューマークは振り返る。

話をアメリカに戻すと、動物園に連れてきたキハンシヒキガエルが次々と死にはじめ、個体群を維持するという重圧が動物園の飼育係にのしかかっていた。「両生類の薬は、鳥や哺乳類の薬に比べるとずっと遅れている」と教えてくれたのは、ブロンクス動物園の「爬虫類の部屋」を管理している爬虫両生類学者のジェニー・プラムックだ。

キハンシヒキガエルは病気に弱く、普段なら多産なこのカエルが子どもを産んでいないことに飼育係は気づいた。キハンシヒキガエルは、完全殺菌された部屋でほかの種から隔離されており、飼育係は全身消毒しないと部屋に入れない。問題の解決には何か月もかかった。水の濾過システム、餌、しまいには電球まで取りかえた。紫外線の電球によってキハンシヒキガエルのビタミン値は上がり、子どもも生まれるようになった。だが、飼育下繁殖全体の個体数は70匹に激減し、種の遺伝子プールが縮小した。個体数が少ない動物は可能性に翻弄される。生きのびて病気や悪環境に順応する能力が衰え、生物学者が近交弱勢と呼ぶ状態になる。増殖率と生存率が下がり、個体群内部で有害な遺伝物質の量が多い、すなわち遺伝的荷重が大きい状態になる。

もはや倫理を議論している暇はない
——カエルツボカビ症の猛威

アメリカで動物園の飼育係が飼育下繁殖の個体群を生かしておこうと悪戦苦闘しているとき、キハンシでは最悪の事態が発生していた。「我々はスプレーシステムが壊れたらどうなるかと、ずっと思っていた」とニューマークは言う。生息地を維持するために川から引っぱってこなければならない最低水量は、どれくらいなのだろう。２００３年６月、テストが２度行われ、再び滝から勢いよく水が流れた。１週間後、キハンシヒキガエルの数が減りはじめた。７月には約１５０匹に落ちこみ、８月に見つかったのはたった２匹だった。

そして、誰もが恐れていたことが現実となった。野生のキハンシヒキガエルは絶滅した。何があったのか正確なことは謎に包まれている。一説によれば、勢いよく水を流したために、上流にある農場の殺虫剤で汚染された堆積物が流れてきた。また、水しぶきが散る湿地帯でサスライアリを発見し、キハンシヒキガエルはこのアリの餌食になったのではないかと推測する者もいた。

だが、最も可能性が高い理由が最も不可解だった。カエルツボカビ症、もしくは単にツボカビと呼ばれる謎の病気の発生だ。アメリカの専門家は１９９０年代からカエルツボカビ症の存在を認識していたが、正式に記録されたのは１９９９年だった。約１０００種類のカビが世界各地の湿った土壌や落ち葉に存在するが、カエルに影響を及ぼすのは1種類だけだ。カエルツボカビ症になると、カエルの皮膚は硬く、厚くなる。両生類は酸素イオン、ナトリウムイオン、カリウムイオンをその多孔性の皮膚経由で摂取しており、皮膚の穴が詰まると心臓が止まる。

世界両生類アセスメントは絶滅危惧ⅠA類として400種類以上を掲載、122種類をおそらくは絶滅と記載した。多くはカビが原因だった。「ある集団に属するメンバー全体がそっくり消滅しているのです」と、ワシントンにあるスミソニアン国立動物園の科学研究員、ブライアン・グラトウィックは語る。「わたしたちはみな同じ場所で暮らしています。ゾウ、パンダ、毛深い生きものたちと同じ場所に。人によっては、カエルをみんな一緒くたにしたがりますが、一口にカエルといってもら6000種もあります。同一条件で比較するなんて、それこそ絶滅しそうなパナマゴールデンフロッグをパンダと一緒にするようなものです」

調査の結果、カエルツボカビ症が発見されなかったのはニューギニアとボルネオだけだった（2015年まではマダガスカルからも見つからなかった）。中南米の疫学地図を見ると、カエルツボカビ症の蔓延はまるで津波さながらだ。北に侵入し、ときに数週間でさまざまな種を全滅させる。

専門家のなかには、気温や海面水温の変化と個体群の損失とを関連づけて、地球温暖化と急に猛威をふるいだしたカエルツボカビ症とを結びつけた者もいた。もしかして、気温が上がるとカエルツボカビ症に対するカエルの免疫が落ちるのでは？　もしかして、気温が上がるとカエルツボカビ症の破壊力が強くなるのでは？　カエルツボカビ症を干ばつと結びつける者もいた。この疫病については、絶対確実なことは誰も言えない。「疫学の歴史書がまた書きかえられるだけのこと」と言うのは、南アフリカの爬虫両生類学者であるチェ・ウェルドンだ。

ウェルドンは、起源を特定できればカエルツボカビ症の謎が解けると考えている。そこで、南アフリカの博物館に保管されている両生類の標本の調査に着手した。すると100年前にもカエルツボカビ症は存在していたことがわかった。「それだけじゃない。南アフリカに存在していた種がカエルツボカビ症を発症した証拠はほとんどなく、皆無といっても差しつかえない。もし生物がカエルツボカビ症に対する耐性を獲得していたらどうなると思う？　その生物は病気と共進化する」

ウェルドンは、アフリカ由来のカエルツボカビ症を蔓延させた筆頭容疑者は、アフリカツメガエルだと考えている（アフリカツメガエルはカエルツボカビ症に感染しても発症しない）。このカエルは水生で爪があり、人間の女性の妊娠判定に使われていた。妊娠した人間の女性の尿を注射すると、アフリカツメガエルは産卵する。1934年にこの事実が発見されると、野生のアフリカツメガエルが何万匹と捕獲され、世界各国に輸出された。40年間かけて、野生化したアフリカツメガエルの個体群がイギリス、アメリカ、チリに棲みついた。「これはやりかけのジグソーパズルの一部だ」とウェルドンはわたしに話した。「多くの病原菌はそれぞれの種に固有だ。ところが、カエルツボカビ症に関しては両生類の特定の種限定ではない。その意味でこれは実に珍しい」

2007年、ケヴィン・ジッペルという爬虫両生類学者が、カエルツボカビ症に対応するために「両生類の箱舟」プロジェクトを開始した。ジッペルは、カエルツボカビ症の解決策が見つかるまで、絶滅の危機に瀕しているカエル500種を隔離しようと考え、5000万ドル以上の寄付を集めようとしている。両生類の保全を目的としたものでは、信じられないくらい巨額のプロジェクトだ。この隔離戦略が、飼育下繁殖をめぐる保全のありかたを変えている。ジッペルをはじめとする大勢の自然保護主義者は、生息域内保全か生息域外保全か、特定の種は大規模介入するに値するかという倫理上の問いに答えている暇はない。「これが窮余の一策と認めるのは、わたしたちが初めてだ」とはジッペルの弁だ。

いざ、キハンシ渓谷へ

ある春の土曜日、わたしはタンザニアの爬虫両生類学者のチャールズ・ムスヤとともにダルエスサラームからキハンシに車で向かった。ムスヤによれば、1980年代まで、ウズングワ山塊のどの地域もそうだが、山塊の一地方であるサンジェと呼ばれる地域に生物学者が入ったことはなかったそうだ（東アーク山脈という名称が使われはじめたのは1985年からだ）。

生物学者は、足を踏みいれてすぐに、絶滅の危機に瀕しているサル、サンジェマンガベイを新たに見つけた。その後、タンザニア政府は国立公園を制定して森を守れという圧力にさらされた。その結果、それまで薪、薬用植物、儀式、埋葬で森を利用していた村人が森から閉めだされた。現在、政府は妥協案として、週に1日か2日、村人が自由に利用できるよう森を開放している。村によっては、村人が家族の墓を維持できるように、森の決まった区画に入れるようにしている。

10時間後（うち7時間はシナモンパウダーのような色で一見軟らかそうな、あちこちくぼんだ泥道と、麓の丘陵地帯に直結する急カーブの右折）、わたしたちを乗せた車は舗道に出た。山を上っていくと、コンクリート製の堅牢な住宅群が見えてきた。さらに奥に進むと、プール、バー、イギリスのサッカーの試合を放映している液晶テレビ完備の、敷地内に広がるように建てられたゲストハウス棟があった。ここは、タンザニア電力供給公社の従業員とその家族、エンジニア、外国人の客を収容している。あと数日すれば、ビル・ニューマークとジェニー・プラムックを含む生物学者の一団が、近くの小さい空港に到着し、全員で渓谷まで徒歩で登ってくる予定だ。

その日の夕食がすみ、気づいたら、わたしは50代初めのノルウェーのエンジニアであるシュタイナー・エヴェンソンと話しこんでいた。「チビのカエルを探しに来たのかい？」と彼が訊いてきた。「あれは高くつくカエルだよ。世界一高価なカエルだ」。わたしは、厳密にはカエルを探しに来たのではなく、カエルを探している人を観察しに来た、と答えた。

エヴェンソンは東アフリカで30年間働いていて、キハンシには1990年代に3年半住んだことがあるという。ダムが建設されていたときのことだ。「このカエルの何がそんなに特別なんだ？」と彼が質問したので、そんな大したことでは、ただ、滝がね、とわたしが打ちあけた。彼はほとほと嫌気が差しているようだった。「大勢の科学者と生物学者を飛行機で呼んで、このチビガエルを探すよう金を払っているのは誰なんだ？　いい加減にしてくれよ。その金を4基のタービンに使うべきだったのに」

翌日、わたしはSUVに乗ってムリンバという最寄りの町に行き、生物学者一行のために必要な品を買った。途中で通訳とはぐれてしまったので、それからの数時間を運転手と少年と一緒に木陰の小さな木のベンチに座って過ごした。3人で、買ってきた焼きトウモロコシとスライスしたパイナップルを分けあった。

お互い退屈で、言葉が通じないので黙っているしかなかったこともあり、わたしたちは目の前で繰りひろげられる村の暮らしを眺めていた。木陰で男たちはチェッカーを楽しみ、ある女は少女の髪の毛を三つ編みにし、腰の曲がった老人はわたしたちのようにトウモロコシを食べていた。90代にはなっているであろう髪の毛が黄色くなった男性が、亀よりも遅々とした歩みで、わたしたちの前を通った。道の反対側では、若い母親が生まれたばかりの赤ん坊を抱っこしていた。

わたしたちがようやく帰路につこうとすると、この母親が、乗せていってもらおうとSUVに乗りこんできた。自宅から20キロメートル近く離れたここまで、咳止めを買いにやって来たと言う。プラスチックのジャガイモ袋のてっぺんに2か所穴を開けて取っ手をつけた彼女のバッグには、毛布と、薬を入れて丁寧に新聞紙で蓋をした箱が入っていた。

帰り道、キハンシに近づくと、初めて滝がちらりと姿を見せた。当時、タービン3基のうち2基が修理で運転を停止していたので、滝の水量は比較的多く、ダム建設前の水準にかなり近い状態だった。わたしは、滝は隠れて見えないと思っていた。林の奥に隠れて密かに流れているのだと思っていたのだ。ところが、水は太陽の光を受けて輝き、遠くからでもくっきりと見えた。滝は力強く、大きかった。

翌朝、生物学者一行が到着し、昼食後にわたしたちはトレッキングを開始した。歩道の入り口で、浅いバケツに入った漂白剤でハイキングブーツを消毒した。キハンシに病原菌をいっさい持ちこまないための措置だ。

どうやってカエルツボカビ症がキハンシ渓谷に入りこんだのかは依然として謎だった。2007年、キハンシの環境保護計画の打ち合わせがタンザニアで行われたが、ピリピリした雰囲気だった。アメリカの爬虫両生類学者がカエルツボカビ症をキハンシ渓谷に持ちこんだのだ、とタンザニアの生物学者がほのめかした。当時、世界全体でキハンシヒキガエルの個体数は500匹前後（現在は飼育下繁殖で6000匹前後）で、アメリカが飼育していたのである。野生のキハンシヒキガエル絶滅に加担したとほのめかされて、アメリカの爬虫両生類学者は激怒した。

ウズングワ山塊の生物多様性は実に見事だ。チョウ、ムカデ、カタツムリ、ハチ、アリ、サイチョウ、霊長類など多彩な生きものが生息している。険しい山道を登っていくと、ツメナシカワウソが捨てたヤマアラシのとげやカニの殻が地面に散らばっていた。倒木を這うようにまたぎ、ネオングリーンの苔が生えた巨岩をよけて進んだ。これらの岩は30億年以上前の先カンブリア代の名残、ニューマークによれば「世界最古の岩石の一部」だ。

再導入への不安——「野生絶滅」した生きものとの「さよなら」はいつ？

数時間後、わたしたちはキハンシ調査基地に着いた。広々としたアディロンダック様式風の山小屋で、緑色に塗られ、周りを囲むようにポーチがしつらえてある。そこにはタンザニア人のグループがいて、渓谷のデータを収集し、人工スプレーシステムをメンテナンスする。このシステムは24時間稼働している。

ニューマークの話では、キハンシ渓谷では「種を人為的に回復させる計画としては、おそらく世界で最も高度な運営が行われている」とのことだった。

だがみんなの頭に浮かんでいた問いは、人間の手で10年近く維持している生息地は、将来的にキハンシヒキガエルの個体群を維持する能力があるのか、だ。再導入は両生類保護にとって前例のない快挙となるだろうが、そのコストは何千万ドルにもかさむ可能性がある。ここで捕獲されてアメリカで繁殖したカエルは、渓谷に未知の病原菌を持ちこむかもしれないし、管理された環境から出たらばたばたと死んでしまうかもしれない。長年囚われの身でいれば、自然選択の力は期せずして動物園環境で生きのびるための性質に有利になるよう働いていることは間違いない。

「キハンシヒキガエルは72匹にまで減ったわ。これが遺伝子の縮図」とプラムックが言った。「ここからは人為選択。飼育器を選んだのも、水を選んだのもわたしたちだから。うち［ブロンクス動物園］の個体群は、アンディ［トレド動物園のキハンシヒキガエル担当のアンディ・オーダム］のところの個体群と外見はちょっと違うと思う。渓谷に前とまったく同じ遺伝子プールを戻すわけではないのはわかっているけれど、渓谷の生態系を回復させていることにはなる。キハンシヒキガエルは、もしかしたら適応度が上がるかもしれないし、下がるかもしれないし、まったく適応しないかもしれない。蓋を開けてみないとわからないわ」

その晩、プラムック、トレド動物園のキハンシヒキガエル飼育担当のティム・ハーマンとアンディ・オーダム、獣医のクリス・ハンリー、米国地質調査所のデイヴィッド・ミラー、タンザニア人の渓谷調査担当者のムツグアバ、そしてわたしは、黄色いレインコート、ゴム引きのブーツ、ヘッドランプというでたちで森に向かった。狭い道を、時間をかけて進んでいった。みんな懐中電灯で葉むらのなかを照らし、目にしたものについて分類を議論した。オーダムは猛毒をもつヒガシグリーンマンバかニシキヘビを見つけたがったが、ヤモリ、カメレオン、ナナフシ、バッタ、クモが見つかるばかり。唯一見つかったヘビは腹が白いタイプで体長60センチメートルほど、頭は緑の縞柄だった。プラムックは後牙類と特定したが、どの種なのか、誰も確かなことは知らなかった。木にぶら下がっている2匹目を見つけたときは、わたしが30センチメートルくらいまで近づいて写真を撮った。

このときまで、わたしはなぜみんなで冷凍食品ブランド「ゴートンズ」のパッケージに印刷されている漁師のような格好をしているのかわからなかった。しかし、もともとのキハンシヒキガエルの生息地であるキハンシの滝裾に近づいてゆくと謎が解けた。滝（真っ暗で何も見えず、懐中電灯も役に立たない）の轟音が大きくなって会話がかき消されてしまう位置まで来たときには、わたしはずぶ濡れだった。濡れて険しい渓谷の傾斜面をゴムホースが上下に動いている人工スプレーシステムに到着した。わたしたちの足元はプリンのように軟らかく、進もうとすると地響きしている地面に足が15センチメートルも沈んだ。日々スプリンクラーヘッドを監視して湿度や気温を記録している7人のチームをまとめているムツグアバが、岩と岩のあいだに足を入れると、地面が軟らかくて腰まで埋まってしまった。滝（かつての勢いの何分の一程度でしか「流れて」いないのだが）の轟音から判断すると、ダム建設前に滝のそばに立つのは、さぞ恐ろしかっただろう。

濡れて光っている巨岩を全員の懐中電灯で照らした。かつてキハンシヒキガエルが何千匹と密集していたであろう場所だ。「えっ？　キハンシヒキガエルがいない？」。ティム・ハーマンがさも驚いたといった口調でふざけた。

キャンプに戻ると、オーダムとわたしはキッチンテーブルの上で、キム・ハウエルが共著者に名を連ねている東アフリカ両生類の野外観察図鑑を開いた。オーダムははっと息を呑んで、わたしにある部分を示した。「アフリカツルヘビだ。あのヘビはこれまで人間を殺してきた。わからなかったなんて信じられない。要注意のヘビだ」。わたしは説明を読んだ。「毒は強力で、全身の出血傾向を引きおこす。抗毒血清はない」。「『全身の出血傾向を引きおこす』って？」とわたしが訊くと、オーダムは「全身のありとあらゆる穴から血が出て、出血多量で死ぬ」と教えてくれた。

翌朝、全員でレインコートとゴム引きのブーツを再び着用して、山を登って渓谷に向かった。頭上を覆っている木々の切れ間から、そびえ立つ岩肌が、低く垂れこめた雲を突きぬけて姿を現わした。わたしたちが人工スプレーシステムの中に立つと、足元は沈み、絶え間なく降ってくる水しぶきで体はまたずぶ濡れになった。

キハンシヒキガエルの運命はどうなるか、これが保全のための干渉の前例となるかどうかは、キハンシヒキガエルがいつの日かこの場所に再導入できるか否かにかかっている。ニューマークは喜んでいるようだった。湿地が干あがっていたときに侵入してきた植物や低木は元気がなくなっていた。だが、ジェニー・プラムックは、わたしの目にはふさぎこんでいるように映った。青いレインコートのフードの下から巨大な岩を見つめていた。かつて何千匹というキハンシヒキガエルが進化した場所だった。「温度はどうなの？」と誰にともなく彼女が訊いた。大量の冷たい水が滝から流れてこないので、渓谷全体の温度が上がっていた。キハンシヒキガエルは適応できるだろうか。環境そのものが消滅してしまったのだろうか。

「再導入がうまくいかなかったら、どの時点でわたしたちはお別れを言わなければならないのかしらね」とプラムックが言った。

「あのヒキガエルを見つけなければ」——種の保全をめぐる永遠の問い

決着がつくまで、気が遠くなるほど長い時間がかかった。わたしがニューマークやプラムックと一緒に滝までトレッキングしてから3年後の2012年7月、生物学者の一団がキハンシヒキガエル第1弾をウズングワ山塊まで持ってきて、人工スプレーシステムの中に戻した。メディアは、キハンシヒキガエルのアフリカ帰還を歴史的な出来事として扱った。両生類を元の野生生息地に再導入する世界初の成功例として取りあげたのだ。

だが現実は、キハンシヒキガエルのタンザニア帰国はいろいろと複雑で、熱帯雨林での生存が保証されているとは言いがたかった。生物学者は、まず第1弾の個体群を檻に入れた状態で監視するとともに、捕食動物から守った。それから2000匹が檻から出された。生物学者は生存率を追跡するために4分の1のカエルに染料で印をつけた。生存率は次第に下がっていったようだ。とくに成体のカエルが苦戦していた。

「これらの成体は、50世代にわたって、生まれてからずっとブロンクス動物園とトレド動物園で過ごしてきたのだろう。元の野生生息地に戻したとしても、キハンシヒキガエルはうまく適応できないかもしれない」と語るのは、再導入に関わった生物学者カート・ブールマンだ。飼育下繁殖で育てられたカエルが、まず間違いなくその後ずっと個体群を補充していく。「これには決まったマニュアルはない」とブールマンは言う。「最初はうまくいかないかもしれないと前から言っていた。多少うまくいったとしても、繰り返し補強が必要になる」

環境倫理学が生まれてから、自然環境とそこに生息する種をなぜわたしたちは保護すべきなのか、さまざまな議論があった。自然と種を天然資源と見なす者もいれば、薬としての潜在的価値を見いだす者もいる。自然は人間に大切なサービスを提供している。おいしい空気と運動や心の若返りのための空間を提供する。種は審美的に美しく、わたしたちひとりひとりに文化的な刺激を与えるかと思えば、すべてを超越した倫理的な真実になりもする。種は、わたしたちが地球上の生命を理解するのに必要な情報を備えた進化の記録であり、その価値は人間の知性にとって驚異だ。自然は、人類が生まれた場所であり、種としてのわたしたちの歴史であり、自分と世界との関係を理解するために必要なものだ。野生動物は人間に邪魔されずに生息する権利があると思う者もいれば、未来の世代のために人間が保護すべきと考える者もいる。ホームズ・ロールストン3世にしてみれば、自然と種を守るのは自然と種が存在しているからだ。理屈など必要ない。自然と種の価値は内在的であり、人間の視点とは無関係だ。だがときに、キハンシヒキガエルのように、保護そのものから問題が生じることもある。

わたしは、キハンシから戻ったあとに交わした、キム・ハウエルとの会話を思いだした。ハウエルは70歳になっていた。ダルエスサラーム大学の荒れ放題で鬱蒼としたキャンパスの、プルメリアの木の下のコンクリートのテーブルに陣取った。そのときもまだ、彼は世界銀行の措置を軽蔑している様子だった。

「あのヒキガエルを見つけなければよかったと、何度も言ったよ」。キハンシヒキガエルを飼育下繁殖のために移動したので、世界銀行はダム建設工事を続けることができ、結果的に生態系全体の調和を破壊した。「東アーク山脈のどんな開発プロジェクトでも、固有種の消失は避けて通れない」とハウエルは予見する。「無脊椎動物はもう諦めたほうがいい。ヤスデに関する著作で、わたしはすべての山には固有の動物相があると書いた。森にもそれぞれ固有の動物相があるだろう……ここで暮らして40年になるが、キハンシのようなケースはこれからもっと増えるに違いない」

第2章　フロリダパンサー　*Florida panther*

保護区で「キメラ」を追いかけて

異種交配で遺伝子を「強化」された生きものは元と同じか?

絶滅に追いこんだ名ハンターに舞いこんだ意外な依頼

ピューマはいくつもの名前を持つネコだ。ヤマネコ、クーガー、マウンテンライオン。アメリカ南東部ではパンサーと呼ばれている。

1970年代初め、フロリダパンサーが生き残っているかどうかをめぐって生物学者は真っ二つに分かれた。片方の陣営は、このピューマの亜種は絶滅したと思っていた。スペインの征服者から始まり、アメリカのこの地域にやって来た入植者はみなパンサーを脅威と見なして殺した。法律で懸賞がついていたために、パンサーを殺し、証拠として頭皮を持参すれば誰でも懸賞金がもらえた。1887年当時、死んだパンサーの懸賞金は5ドルだった。さらに、ハンターや不法居住者、そして農業の拡大によってパンサーの主食だったシカの数が減った。

こうして、かつてサウスカロライナ州南部からテネシー州、アーカンソー州、ルイジアナ州にかけて生息していたフロリダパンサーは、19世紀末にほぼいなくなった。「体の大きさはもう正確にはわからない。ピューマはフロリダ州北東部全域で消滅したからだ。フロリダ州南部も状況は同じだろう[1]」と、1898年のボストン自然史協会の記録に残っている。「ジョージア州東部でも、もう何年も目撃されていない」

もう一方の陣営は、一部――300頭ほど――は、野生のイノシシを避けながらフロリダ州南部の森や湿地で細々と生きのびているかもしれない、と考えていた。この地域は、土壌が酸性のため農業はほぼ不可能、おまけに熱帯なので気温と湿度が高く、開発も限定的だった。この考えを裏づける証拠はあった。1969年、フロリダ州中央部のインヴァネスという町の近くで、保安官代理が45キログラムの雄のパンサーを殺した。その3年後、ハイウェイパトロール警官が、オキーチョビー湖東部で自動車事故に遭ったパンサーを射殺した。こうした例から、フロリダの自然のもと、かろうじてフロリダパンサーは生きのびていて、かなり大きな個体群があるかもしれないと思っても不思議ではない。

1972年ごろ、世界自然保護基金（WWF）は調査に乗りだした。種の保存法が成立するちょうど1年前だ。フロリダ州では、1958年からパンサーは法律で保護されて狩猟が禁止されていたが、新しくできた連邦法では絶滅危惧種に指定されるのだろうか。「絶滅危惧」になるのか？それとも「絶滅」になるのか？　WWFはフロリダ州の分類学者に連絡をとり、その分類学者がテキサス州で捕食動物を追跡するハンター、ロイ・マクブライドにコンタクトした。

フロリダパンサーの生存に関心を寄せる自然保護活動グループに雇われる者として、マクブライドほど似つかわしくない男もいまい。作家のドナルド・シューラーが1980年に著した『イーグル牧場のできごと（*Incident at Eagle Ranch*）』は、世間の目を避けて暮らす男を描いた貴重な作品だ。シューラーによれば、マクブライドは「若いときにテキサス州でピューマを絶滅寸前まで追いこんだ人間として、その右に出る者はいなかった。驚くべきスタミナの持ち主で、彼の猟犬も素晴らしく、いったん彼に目をつけられたら、ピューマは『まず逃げられない』[2]」。とりわけ狡猾な捕食動物が暴れているところを捕獲するときは「マクブライドにやらせろ」が合言葉だった。

マクブライドは、動物を捕まえるのにさまざまな手段を用いた。手近に使える道具がないときは考案したりもした。1970年代、羊牧場でコヨーテを罠で捕まえるのに苦労したことがあった。コヨーテは羊の首を攻撃するので、羊の首に罠をつければ、間違いなく腹を減らしたコヨーテを捕まえられるとマクブライドは踏んだ。もちろん、首に罠をつけるのは無理なので、コヨーテを殺す毒をしこんだ羊の首輪を発明した。

彼はこの「毒の首輪」の特許を取得し、テキサス州アルパインの自宅近くでファミリービジネスを始めた。リチャード・ニクソン大統領が化合物1080（色やにおいがなく、何十年にもわたって大型の捕食動物を毒殺するのに用いられた有名な物質で、マクブライド製作の首輪にも使用されていた）という毒薬の国内使用を禁じる大統領令を発令してからは、首輪はメキシコ、カナダ、アルゼンチン、南アフリカの牧場経営者に販売された。

マクブライドは、アメリカ以外でも長年オオカミ狩りを請けおっていて、メキシコでも活躍していた。スペイン語が堪能で、家畜を守りたい牧場主のために、ウマに乗って現地で「エル・ロボ」と呼ばれるオオカミを追いかけていた。コーマック・マッカーシーが1990年代に書いた国境3部作の2作目『越境』（黒原敏行訳、ハヤカワepi文庫、2009年）に登場する、オオカミを捕まえることにとりつかれた16歳の少年の物語は、たった1匹のオオカミを捕まえるために11か月を費やしたマクブライドの話から着想を得ている。アメリカ南西部のハンターや自然主義者のあいだでは、この話は語り草になっている。

「ラス・マルガリータス」という名前の雄オオカミは、罠にかかり、左の前足の指を2本失った。

1960年代後半、このオオカミは、コロラド州デュランゴとメキシコ・サカテカスの国境沿いの牧場の若い雄牛と雌牛を、ずいぶんと餌食にした。マクブライドは、1980年の政府報告書に「オオカミが同じ道を2度通ることはめったにない。牧草地に来るのに伐採道路を使ったら、帰りは牛が通る道を使う」と書いた。[3]「ラス・マルガリータスを捕まえる自信はあるが、やつを罠のそばまでおびき寄せられなかった」

餌をつけた罠も、隠した罠も、オークの葉で茹でた罠も、丁寧にふるいにかけた泥のなかにしこんだ罠も試したが、どれも効果がなかった。あれこれやってみて、ラス・マルガリータスをあと一歩で捕まえるところまでいったのは、たった4回だという。マクブライドは、ウマの背に揺られて何千マイルも移動しながら、まんまと逃げおおせる敵の優れた能力を理解しようとした。「ほぼ1年経って、こいつを捕まえるのは絶対に無理だと思うようになった」とマクブライドは書いた。[4]「こいつがどうして的確に罠を察知するのか、未だにどうしてもわからない」

ただし、ラス・マルガリータスが道路沿いの焚き火に沿って移動したのに気づいたこともあった。木材を運ぶトラックの運転手が、料理するために途中停車した場所だ。「わたしは道路のそばに罠をしかけた。ラス・マルガリータスがまだ辺りで獲物を捕まえていれば、必ずそこにやって来る自信があった。罠の上で火を熾して、灰になるまで燃やした」[5]。マクブライドは、灰のなかに乾燥したスカンクの皮を隠して待った。3月のある日、ラス・マルガリータスは、スカンクの皮のにおいをかぎつけて調べにやって来た。そのとき、不自由な足が罠にひっかかった。

オオカミ愛好家と自然保護主義者は、数えるほどしか残っていない野生のメキシコオオカミを追いかける男の話にぞっとすることだろう。

「フロリダパンサー回復チーム」の結成

だが、マクブライドが残したものは、そんな簡単な話では終わらない。1976年に、メキシコオオカミは種の保存法で絶滅危惧種に指定された。すると、アメリカ魚類野生生物局の絶滅危惧種局は、マクブライドを雇って、かつては政府が絶滅させようとしたこともあったオオカミが、メキシコで生き残っているかどうか調査した。するとドゥランゴ州に12匹、チワワ州に6匹ほど生息しているのが判明した。この事実から、メキシコ全体では50匹ほど生息しているのではないか、とマクブライドは推測したが、野生環境でこの種を救える可能性は皆無だと思ったという。

翌年、彼はメキシコオオカミを6匹捕獲（2匹はチワワ州のシエラ・デル・ニード、残り4匹はドゥランゴ州のコネト近くで）し、アメリカ政府による飼育下繁殖プログラムのためにアリゾナ州ツーソンに運んだ。繁殖させた個体を野生環境に還すのが目的だった。「控えめに言っても政策の転換だった」とマクブライドはわたしに語った。「オオカミを殺した張本人たちが、今度はオオカミを再導入しようとしたのだから」

長年の政治論争、官庁のごたごた、個体数減少を経て、現在、アメリカ南西部には80匹前後のメキシコオオカミが生息している。この数は、1998年にアメリカ政府が再導入してから最多だ。これらのオオカミは、3つの系統（アラゴン、ゴーストランチ、マクブライド）に属していたわずか7

匹の子孫だ。マクブライド系統は、遺伝的多様性がほかのふたつより大きく、現在の個体群の遺伝的祖先の7割超を占める。

当然ではあるが、1972年にWWFに雇われたとき、マクブライドは絶滅の危機に瀕している種を救った中心人物というよりは、恐怖の追跡者として名を馳せていた。逆説的だが、だからこそ、500年に及ぶ虐殺を生きのびられたフロリダパンサーを見つけだせる者がいるとすれば、彼をおいてほかにない。

マクブライドは猟犬を引きつれてフロリダ州に乗りこんだ。イストックポーガ湖に近いハイランド郡から始め、数週間かけて南下して、ビッグサイプレス国立野生保護区が終点だった。フロリダパンサーを目撃はしなかったが、その痕跡は見つけた。「多くはない。数えるほどだ(6)」とのちに述懐している。翌年も同じ調査を実施し、オキーチョビー湖南西部のフィッシュイーティング・クリーク近くで、猟犬がフロリダパンサーを木に追いあげた。年老いた雌で、ダニにたかられており、ひどいありさまだった。一度も出産を経験したことがなさそうだった。

マクブライドはフロリダ州の生物学者であるクリス・ベルデンに、足跡、尿マーカー、糞などのフロリダパンサーの痕跡の見つけかたを伝授しはじめた。1974年に、ふたりはファカハッチー・ストランド州保護区に2匹生息している痕跡を発見した。彼らの調査から、20匹から30匹はまだ生きていて、オキーチョビー湖周辺や南のエヴァーグレイズ湿地でシカや野生のイノシシに寄生して生きているのではないか、と思われた。1994年にマクブライドはこう話している。「まさか見つけられるとは思わなかった。人口密集地帯なので、生き残っているとわかったときは心底驚いた[7]」

この発見が、１９７６年の「フロリダパンサー回復チーム」の結成につながった。このチームの任務は、フロリダパンサーを絶滅から守る計画を考えだすことだった。

フロリダ州にいる30匹を、上空から監視する

霧が立ちこめる冬のある朝、わたしはフロリダ州コリアー郡のネイプルズ市民空港の滑走路で、ダレル・ランドと顔を合わせた。彼は髪を切ったばかりらしく、緑のカーゴショーツにハイキングブーツという格好だった。背丈は高からず低からず。子ども時代を過ごしたノースカロライナ州ののんびりした話しかたが抜けておらず、礼儀正しく、口数は少ないが集中力はありそうだ。

ランドはバックパックからシルバーのラップトップを引っぱりだすと、そのバックパックをシングルエンジンのセスナ１８２Ｐの後部座席に放りなげた。セスナ機のテールには青いパンサーが描かれていた。太陽の熱で霧が晴れたら、わたしたちは東に向かう。この飛行の目的は、無線機を首につけたフロリダパンサーを見つけることだった。無線信号はセスナの翼の下にあるアンテナで受信する。

ランドは30年間、セスナ機で飛んでは無線信号を聴いている。フロリダ大学大学院を出てすぐに、フロリダ州魚類野生生物保護委員会で働きはじめ、州にいるパンサーの個体群を監視し、保護する仕事に就いた。学生時代の研究対象は樹洞営巣性鳥類で、エリオットマツの植林地の枯れた木に棲

みかをつくる鳥を相手にしていた。だが今は、フロリダパンサーの日々の管理について、ランドほど経験を積んだ者はいないと言えるだろう。

通常の飛行パターンは、無線信号を探して65キロメートルほど北上してアリゲーター・アレイの南側まで飛ぶ。この道路は、州間高速道路《インターステート・ハイウェイ》75号線の一部で、エヴァーグレイズ国立公園の真ん中を貫く。ランドは週3回飛行している。その追跡方法はきわめて能率的だ。フロリダパンサーが地上にいるのを見つけると、ランドは、「ダレルの専売特許手信号」と冗談半分で呼ばれている方法でパイロットに指示を出し、パンサーの周りをきれいな円を描きながら2周する。そのパンサーが生きているか死んでいるかは無線信号から確認できる。その後、彼は情報をラップトップに入力し、場合によっては携帯電話で地上チームに伝える。

フロリダ州全体で無線機つき首輪をつけているパンサーは30匹ほどいる。これによって研究者は、移動と死亡に関するデータを継続的に入手し、個体群の全体像を把握することができる。全体のうち10匹の監視は、国立公園局の担当だ。順調であれば、ランドとパイロットはおよそ６５００平方キロメートルの範囲で20匹ほど確認し、2時間半後にネイプルズ市民空港に戻ってくる。

9時には、青空が広がって離陸可能になった。やる気満々の若いパイロット、ネイサン・グレーヴが安全手順を説明した。「非常口はドアの2か所です」。それを聞いてから、わたしは後部座席のランドのバックパックの隣に陣取った。１９７５年に製造されたこのセスナ機は、昔のピックアップトラックと同じにおいがした。温まったビニールと錆のにおいだ。グレーヴが２５０馬力のエンジンをかけるとプロペラが唸った。セスナ機が滑走路を移動していくとき、地上から平然とセスナ機を眺めている2羽のアナホリフクロウの脇を通った。体長約20センチメートルしかないフロリダ州最小のフクロウは、開発により生息地が奪われて急速に減少している。このつがいは滑走路２本のあいだの草地に棲みかをこしらえ、プライベートジェットや小型チャーター機の離着陸を日がな1日眺めている。グレーヴがエンジン全開にして、セスナ機のスピードが上がり、離陸すると、ネイプルズのトレーラー・パーク〔トレーラーハウスが密集している場所〕とゴルフコースが眼下に広がった。

成体のフロリダパンサーは、背中の隆起部の毛が赤茶色、下腹部が薄い灰色だ。最大にして最強の雄は体長2メートル超、体重は75キログラムくらいある。フロリダパンサーは単独行動し、秘密主義を貫く。獲物を捕まえるときも、寝るときも群れない。雄と雌は3日から5日ほどノコギリヤシの下で一緒に過ごして交尾し、その後別々の道を行く。

人間を避け、鬱蒼とした茂みを好むにもかかわらず、文明がもたらした障害、なかでも交通事故の犠牲になりやすい。年が明けてすぐの2月初めだというのに、すでにその年はフロリダパンサーにとっていい年だとは言えなくなっていた。およそ１００匹から１５０匹で構成される個体群のうち、2匹がハイウェイ41号線で轢かれた。別の1匹は原因不明で、もう1匹の雌が出産時の合併症で死亡した。生まれた赤ん坊も生きのびられなかった。２０１２年には、バイク事故で18匹が犠牲になった。これは個体群の12パーセントに当たる。

再発見されてから保護手段も手厚くなり、個体群は大きくなったが、大きくなったがために生息地を確保しなければならず、都市や郊外のスプロール化と競争になっている。フロリダパンサーは、

1匹あたりの棲みかとして相当な広さを要する。雄はおよそ650平方キロメートル、雌はおよそ400平方キロメートルだ。現在の個体群はわずか9000平方キロメートルに生息しており、新しい場所が必要になっている。フロリダパンサーが道路を横断して住宅開発地や農場に近づいてくることが、以前より増えた。ランドによれば「わたしが1985年に仕事を始めたときと比べると、個体数は5倍になった。だが、フロリダはパンサーが生きていくには当時より危険になった」

もし裏庭にひょっこり現われたら?
——人との共生にまつわるややこしい問題

ランドは、無線機つき首輪をつけたフロリダパンサーを監視することに加え、パンサーと人間の接触をできるだけ減らすことに時間の大半を費やしている。フロリダ州ではこれまで、フロリダパンサーに人間が殺された例がないどころか、人間が襲われた例もない。「人間は食べ物としてまずいんだろう。完全に対象外だ」とランドが話す。だが、心配していないわけではない。彼は、自分のオフィスに飾ってある写真をよく見せたがる。写真では、黄褐色のフロリダパンサーが、とある裏庭の鳥の水浴び用水盤の隣に堂々と座っている。「これがフロリダパンサーの未来だ」と言う。

「たいていみんなパンサーが大好きだ。テレビでアニマルプラネットやナショナルジオグラフィックを観て、パンサーはクールでかっこいいと思っている。ところが、鳥の水浴び用水盤の隣に砂場があって、そこで3歳になる自分の子どもが遊んでいたら、見方が変わる」

人間が自分たちの土地でフロリダパンサーを見かけてもその存在を許容することで、はじめてフロリダパンサーが存続可能になる――ランドはそう思っている。ところが最近では、人間の許容の限度を超えたらしい。５年連続でパンサーが射殺されている。フロリダ州ではフロリダパンサーの射殺は重罪だ。あるハンターは２０１１年に弓でパンサーを射って罰金と懲役を科された。「こいつらが気に食わない」とそのハンターは言った。[8]「いつか人間を襲う」

種の保存法の絶滅危惧種指定からフロリダパンサーを外すには、２４０匹以上で構成される存続可能な個体群（１００年後に残っている確率が95パーセントあること）がふたつ存在しなければならない。

政府の回復計画の目標は、現在のパンサーの個体群と生息地をカルーサハチ川北部まで広げることだった。この川はフロリダ州の南西部を流れ、州を南部と中央部にざっくりと分断している。フロリダパンサーが幅１・６キロメートルの川を泳いで渡ることは知られており、ときどき雄がカルーサハチ川に並行している州間高速道路を歩き、川を渡って新しい縄張りを探しに来る。だが、雌は川の北側では30年以上目撃されていない。もし、存続可能な個体群が州南部以外で生きていくことになったら、十中八九、再導入計画の一環としてそこに移されることになるだろう。２４０匹で構成される個体群には、広さ3万平方キロメートル以上の生息地が必要となる。大型捕食動物をそんな土地に連れてきて、住民、牧場主、土地開発業者が歓迎してくれることなど、まずあり得ない。

移転候補地はほかにもある。アーカンソー州、もしくはフロリダ州とジョージア州の州境だ。この動物のもともとの生息地と似ている。２００８年、１匹のフロリダパンサーがジョージア州トループ郡にたどりついたが、シカ狩りをしている人間に射殺された。ある政府の役人がわたしにこう言った。「パンサーを連れて帰れ、とわざわざ電話してくる人間はいない。残念だが、それが現実だ。フロリダパンサーは、シカとバス停にいる子どもを食ってしまうと思われている」

パンサーを保護する政府機関は、ときとして自分たちが掲げた目標をわざわざ損なうような行動をとって賛否両論を巻き起こす。2010年、『タンパベイ・タイムズ』紙は3回連載の記事を掲載した。アメリカ魚類野生生物局が、自分たちが開催した専門家会議（ロイ・マクブライドも出席していた）の提言を無視し、パンサーの生息地でショッピングモール建設、鉱山開発、郊外開発の許可をいくつも出していたという恥ずべき内幕を、微に入り細に入って報じたのだ。アメリカ魚類野生生物局が一顧だにしなかった専門家の提言とは、パンサーがフロリダ北部に移動するための110平方キロメートル超の回廊の設置だ。

グレーヴはセスナ機を高度約150メートルのところに滞空させた。プールの周りの家具の色を判別したり、ティーショットのゴルフボールが描く弧を眺めたりするにはじゅうぶんな高さだ。ほんの数分で、ランドは無線信号を受信して追跡モードに入った。ピカユーン・ストランド国有林に向かって東に進むよう、グレーヴに指示した。その辺りは、大がかりな不動産詐欺事件の現場として名高い。1980年代に、政府はガルフ・アメリカン・ランドコーポレーションに騙されて沼地を買わされた1万7000人からその土地を買いもどすはめになった。かつての糸杉の木立、マツ平坦林、湿性プレーリーは少しずつ戻ってきていたが、そこを通る道路は南アメリカの麻薬密輸業者の逃げ道として利用されていた。「麻薬密売はフロリダの彩り豊かな歴史の一部です」とグレーヴが話した。

ランドは手信号でパンサーがそばにいると示し、グレーヴは飛行速度を時速128キロメートルに落とした。「パンサー発見」とランドが告げた。グレーヴがセスナ機を40度傾け、鬱蒼とした低森林地の上をきれいな円を描いて旋回した。そこはマツ林のあいだの開けた土地で、ノコギリヤシとオヒシバのじゅうたんが見えた。フロリダパンサーは150メートル上空から発見できるが、6月から9月の雨季のほうが見つけやすい。モンスーンのせいで、水の中から顔を出して島のような状態になっているハードウッドハンモックの合間を泳がざるを得ないからだ。フロリダパンサーは姿を見せなかったが、ランドは1分もかからずに位置情報をラップトップに入力すると、わたしたちは再びフロリダパンサー野生保護区とファカハッチー・ストランド州保護区を目指し、東に向かった。

パンサーの遺伝子を「強化」せよ

セスナ機が飛んでいる空の下のどこかで、ロイ・マクブライドと彼の猟犬が夜明けからフロリダパンサーを追っていた。彼がフロリダ州でパンサーを探しはじめた当時は、足元がぬかるんで、草が絡みあっている湿地や林を徒歩で進まなければならなかった。今は、孫のクーガーと一緒にスワンプバギーと全地形対応車を使う。

マクブライドは以前、フロリダパンサーは一晩で10キロメートルから11キロメートル移動するとして、その歩幅がおよそ48センチメートルから55センチメートルくらいだとしたら、1万9000から3万8000もの足跡を残すだろうと計算した。パンサーが知らずに残していく痕跡こそ、マクブライドが探しているものだ。「実際に姿が見られると思って出発することはありません」と1994年の会議で発言している。「ネコを相手にするときと手順は一緒です。パンサーはたいてい夜行性で秘密主義。めったに姿を見せません」

その痕跡は、毛や骨が混じっている、くびれのある捻じれた糞かもしれないし、尿マーカーかもしれない。尿を数滴残して、そのうえに後ろ足で小さいごみの山をつくったのがそれだ。ハゲワシが上空にいれば、フロリダパンサーがすぐ近くにいるかもしれない。ハゲワシはパンサーが最後に摂った食事の残骸に引きよせられる。猟犬がフロリダパンサーを樹上に追いつめると、マクブライドは生物学者チームと獣医を呼んで、パンサーに鎮静剤を射って身体検査をしても問題ないか、確認する。冬季はフロリダパンサーを捕まえるのにうってつけだ。体にこたえる熱帯の暑さもだいぶ和らぎ、パンサーの体温が上がりすぎる危険が低くなるからだ。マクブライドがフロリダパンサーの子どもたちを洞窟のなかで見つけると、その子どもたちは1匹ずつマイクロチップをつけられ、獣医の診察を受け、遺伝子分析のサンプルが採取される。

これらの動物は1972年にマクブライドが発見したフロリダパンサーと、遺伝子的には同じではない。

1972年当時、マクブライド、クリス・ベルデンなど、現地調査を行っている人間は、フロリダパンサーを長期間にわたって追跡・観察しているうちに、いくつかの珍しい特徴に気づいた。アメリカのほかの地域とは異なり、フロリダパンサーは首の後ろが逆毛になっていて、尾の先端が90度曲がっている。1990年代初めの複数の研究で、フロリダパンサーの雄の8割が潜伏睾丸（睾丸が正しく下りない状態）を患い、精子の質も低いことが判明した。その個体群のDNAを分析すると、個体どうしでほとんど差がなかった。つまり、遺伝子的にはどれもほぼ同一だったわけだ。

1994年、生物学者のグループが『ジャーナル・オヴ・マンモロジー』に生殖に関する分析を発表したが、フロリダパンサーの雄の精子の94パーセントが奇形だった。総合的に判断すると、こうした特徴は近親交配による適応度低下の症状だ。子どもの死亡率の高さと雄の繁殖成功度の低さも、これで説明がつく。フロリダパンサーの個体群が小さく、孤立していて、25世代続けて生息地を失っていることを考えれば、この結論は驚くにはあたらない。一番近いところにいるピューマの個体群でも、3200キロメートル以上離れたテキサス州にいて、交雑のチャンスは皆無。個体群を調べる生物学者がコンピュータ・モデルを作成したところ、フロリダパンサーの個体群が40年以内に絶滅するのは、統計学的に見てもほぼ確実だった。

1970年代から80年代にかけて、飼育下繁殖されている動物は親と比べると適応度が劣ると、保全生物学者たちは気がついた。そして、自家受精する植物の小集団の研究と新しい植物を導入する実験で、問題に対処する方法のひとつとして、多様性を向上させるには、異なる遺伝子をもつ別の個体を導入する手があることが判明していた。

1990年、保全生物学者は、絶滅しそうな鳥の遺伝物質を交換する方法を試した。最初に、65キロメートルほど離れたところにあるソウゲンライチョウの巣2か所にあった卵を入れかえてみたが、失敗に終わった。4年後、イリノイ州で残り50羽となり、さらに果敢な手段がとられた。518羽がミネソタ州、カンザス州、ネブラスカ州からイリノイ州に移されたのだ。すると個体群は再び拡大しはじめた。

1992年、フロリダ州とジョージア州の境にある有名な野生生物保護区であるホワイトオーク保護センターに専門家が集結した。遺伝子管理とフロリダパンサーの今後について話しあうためだ。参加者30人のなかには動物学者や研究者もいた。スティーヴン・オブライエンはそのうちのひとりで、国立癌研究所のゲノム多様性研究室の責任者だ。彼は世界各地のチータとライオンの遺伝子の多様性を研究していた。クリス・ベルデンも会議に出席していた。

フロリダパンサーの個体群は、人工統計学的にも遺伝子学的にも不安定だという意見で全員が一致した。また、ソウゲンライチョウの例のように、遺伝子強化――まったく新しい遺伝物質を追加すること――が、フロリダパンサーの最後の個体群を生きのびさせる唯一の手段だという話にもなった。出席者は、人工授精や飼育下繁殖させたフロリダパンサーをフロリダ州南部に解放することなど、さまざまな選択肢を検討した。

彼らは最終的に、最も前向きな方法は、野生のピューマの個体群から何匹かをフロリダに移し、フロリダパンサーと交雑できるようにすることだと決定した。この保全計画は、専門家や国民が厳しく注視しているなかで、種の保全のためだからと正式な認可が下りて着手されたわけではない。グループに、反対意見を表明している人間がひとりいた。フロリダ州狩猟動物及び淡水魚委員会向けに、フロリダパンサーを現地で観察するチームを率いていたデイヴ・メアだ。フロリダ州の土地開発業者のコンサルタントになったことで、物議を醸す生態学者と評判になった人物だが、残念ながら、2008年にアメリカクロクマの調査をしていたときに飛行機墜落事故で亡くなった。

パンサーの保全についてのメアの視点は、欠陥もあったが予言的だった。彼は、生物学者も官僚も、フロリダパンサーの劣悪な状態をひどく誤解していると固く信じていた。フロリダパンサーを健康にして、繁殖を成功させるために必要なのは、遺伝子強化ではない。適切な生息地、それももっと広い面積の適切な生息地だ。彼はこのテーマで1997年に『フロリダパンサー——消滅に向かう肉食動物の生と死（*The Florida Panther: Life and Death of a Vanishing Carnivore*）』という著書を上梓した。彼はこの本で、フロリダパンサーの管理の話は、「大きな問題が起こったときに対症療法しかとらないと、どうなるかという典型だ[9]」と述べている。ピューマを「蒸し暑いフロリダ州南部の森」に連れてくるのは「複雑な問題の応急措置にはなるが、いずれフロリダパンサーは、それ以外のあらゆる救済措置によって生きのびたフロリダパンサーとはまったく別の生きものになるだろう[10]」。

メアは少数派だった。クリス・ベルデンはわたしにこう語った。「1992年当時、フロリダ州全体がフロリダパンサーの生息地として開放されていたとしても、その遺伝子が依然として同じである以上、個体群はいずれ絶滅しただろう」。ホワイトオークの会議に出席していたメンバーは、テキサス州西部からピューマを数匹連れてくることを提言した。ピューマ・コンカラー・スタンレーアナというこの亜種の生息域は、1800年代までフロリダパンサーの生息域と接していた。今回の目標は「人間が原因で孤立[11]」したために失われた「遺伝子流動の復活[12]」だった。取り組みの名称は「遺伝子強化[13]」から「遺伝的回復[14]」に変更になった。

3年後、アメリカ最高の捕食動物ハンターであるロイ・マクブライドが雇われ、テキサス州で雌のピューマ8匹を捕獲してフロリダ州に連れてきた。そして、雌のピューマは野に放たれた。

交雑した種は保護の対象として適切ではない?

保全生物学の資金集めと宣伝の競争は、熾烈を極めている。そのため、扱っている種を最大限に宣伝できれば有利になる。保全の世界では、「最も希少」という言葉に勝るものはない。

ギネス世界記録は、「最も希少な爬虫類」の称号をピンタゾウガメに与えた。世界で最後まで生き残っていたピンタゾウガメは、ロンサム・ジョージという名で呼ばれていた。100歳のジョージは、1971年にガラパゴス島で発見された。この種が最後に目撃されてから優に60年が経っていた。ギネスはジョージに「最も絶滅の危険が大きい種」という称号も与えた。ジョージは、保全とガラパゴス島の象徴になった。生物学者は、ジョージの遺伝系統を絶やすまじ、と想像の及ぶ限りの手を尽くした。ペアリングの相手を見つけた者には賞金が提供されることにさえなった。ペアリングの相手探しは何年も続いたが空振りに終わった。

完全な絶滅に代わるものは、違う意味での絶滅だった。ジョージと別のゾウガメの亜種とのペアリングによって、そのDNAを大きな遺伝子プールに保存するしかない。生態学者はこれを、「人為的な交雑」による絶滅と呼んでいる[15]。

交雑はれっきとした進化の事実であり、自然界においてその例は枚挙にいとまがない。

まず、アオバネアメリカムシクイとキンバネアメリカムシクイの雑種であるブリュウスターアメリカムシクイの例がある。アオバネアメリカムシクイとキンバネアメリカムシクイの繁殖地域は重なっている。スパードフクロウは、太平洋西部に生息するニシアメリカフクロウとアメリカフクロウの雑種だ。とくに植物や魚において、交雑は多様性をもたらすうえで大きな役割を果たしたと考えられている。

こうした知見は、遺伝子技術が発達しなければ得られなかった。それまでは、生物学者は自然界で交雑があったかどうか知るのに、目で見てわかる形態の特徴に頼っていたからだ。だが、雑種個体に親の特徴が必ず等分に現われているわけでもないし、その特徴がひと目でわかるわけでもない。遺伝子を分析できるようになって初めて、生物学者は、ＤＮＡが親の種や亜種のかけ合わせである生きものが多く存在するのを「見る」ことができたのだ。

とはいえ、遺伝学の登場で、自然保護主義者にとって交雑は多少なりともわかりやすくなったかというと、そんなことはない。その正反対だ。交配種はどこにでもいるという認識が広まると、今度はそもそも、それを保護すべきなのかという議論になった。１９９０年代初めまで、連邦政府は、種と亜種の交配種は種の保存法の保護対象にしないという姿勢を、非公式ながら頑なに貫いていた。たとえどちらかが、あるいは両方が保護の対象になっていたとしても、そして交雑が自然か人為的かにかかわらず。

１９９１年、国立癌研究所の分子生物学者、スティーヴン・オブライエンとハーバード大学の生態学者エルンスト・マイヤーは、『サイエンス』誌に、この政府の立場に異を唱える記事を発表した。これはのちのちまで影響を及ぼした。ふたりは「亜種となる生物が、もしかしたらまったくの新種かもしれないこと、〔生態学的に関連のある〕適応を経てきたかもしれないことが、その生物を絶滅から守るじゅうぶんな理由になる」と書いた[16]。オブライエンによれば、アメリカ魚類野生生物局は、この記事が発表されるのを見こして政府の「交雑方針」を無効にした。その結果、当時ニュースになった2種が保護されることになった。ハイイロオオカミとコヨーテの交配種であるアメリカアカオオカミと、（テキサス州のピューマと交雑すればその近交系が改良すると専門家が提唱している）フロリダパンサーだ〔近交系とは、主に兄弟姉妹同士との近親交配を20世代以上継続して得られる遺伝子的なバックグラウンドを持つ動植物の系統のこと〕。

政府は、意見は変えたものの、交配種を保護する手段や時期に関する指針を具体的に示さなかったので、混乱は現在も続いている。

たとえば、アメリカアカオオカミの例が生物学者のあいだで議論の的となっている。アメリカアカオオカミは、数千年前の交雑の結果なのか、それとも、狩猟、そして生息地の劣化が原因で行動が変化した可能性のある、たかだか数百年前の交雑の産物なのか。答えが数千年前ということであれば、アメリカアカオオカミは保護するに値すると思う者が出てくる。イヌ科の進化の遺産の「純粋な」例だからだ。だが、もし答えが数百年前で、なおかつ生息地に人間が登場してきたために、その交雑種であるアメリカアカオオカミがさらにコヨーテと交配したということになれば、遺伝ストックは保護するに及ばないという結論になりかねない。

このことからもわかるとおり、自然交雑と人為的な交配の境目は曖昧になりがちだ。

わたしたちが保護しているのは、遺伝子か、それとも個体か

さらに例を挙げよう。パリッドスタージョンという、100年生きると言われている恐竜のような見た目の魚は、ミズーリ州とミシシッピ川下流域が故郷だ。1990年に、パリッドスタージョンは、人為的な原因で生息地を失って絶滅の危機に瀕している種と指定され、それより小さい種のショベルノーズスタージョンと交雑するリスクが生じた。だが、その後の研究で、このふたつの種は遺伝子的によく似ており、別々の進化系統をたどってきたと考えるのが難しいとわかった。おそらく、ずっと遺伝子を交換してきたのだろう。

今日では、ルイジアナ州アチャファラヤ川に生息する個体群全体が、専門家によればパリッドスタージョンとショベルノーズスタージョンの「交配種の群れ」だ。それなら、ショベルノーズスタージョンも保護すべきだろうか。「絶滅しそうな魚の遺伝子をもっている交配種」の個体群は、保護対象から外すべきなのか。わたしたちが保護しているのは、遺伝子か、それとも個体か。

どんな代償を払っても種の交雑を阻止する、という保全政策をとっている例もいくつかある。アメリカ魚類野生生物局は、ニューメキシコ州で2011年に、希少なメキシコオオカミとイヌの雑種と判明した子ども数匹を安楽死させ、その後、再びイヌのそばにいるところを見つかったメキシコオオカミの母親を殺した。インドで飼育下繁殖されているインドライオンにアフリカのライオンの遺伝子が混じっていることが生物学者によって発見されると、ヨーロッパとアメリカでの繁殖プ

ログラムが閉鎖された。
ロンサム・ジョージなど、その他の例では、交雑は種が生きのびるための唯一の手段と思われている。だが、残念ながら、ピンタゾウガメ最後の生き残りは、亜種のゾウガメに伴侶としての魅力を覚えることはなかった。また、(ときに爬虫両生類学者の手を借りて)交配に成功しても、卵が孵化することはなかった。ジョージは2012年6月24日に死亡し、彼の進化系統もそれとともに途絶えた。だが、この物語にはもうひとひねりある。ジョージの死後しばらくして、近くの島に生息するゾウガメ17頭がジョージと同じ遺伝物質を共有していると研究者が発表した。生物学者は、「戻し交雑」によってあと2、3世代もすれば「純血種」のジョージの生きうつしが誕生するだろうと期待している。ゾウガメが長生きすることを考えると、この実験は何十年もかかる。生まれた子孫が「本物」かどうかは、人間によるこの類いの干渉が自然か不自然か、本物か人工か、考えかた次第だ。

交雑と首尾一貫した保全政策の欠如は、わたしたちが種のアイデンティティをどうとらえるかについて、ひどく曖昧な態度をとっていることの現われだ。わたしたちは、生物学から、交雑は自然界の事実であり、境界は流動的だと教わっている。交雑は進化の過程で救いの手として働く場合もあるが、にもかかわらず、わたしたちは種をきっちりとした枠にはめたがる。逆に枠にはまっていない場合は、自然の秩序からの逸脱だと、長いあいだ見なされてきた。ホメロスが『イリアス』(松平千秋訳、岩波文庫、1992年ほか)でキメラをライオン、ヘビ、ヤギが合体した火を噴く怪物として描いたが、何よりもキメラは「不死身で人間ではない[17]」存在だった。歴史を通じて、キメラは怪物、神々、天使として描かれている。この世のものではないのだ。

幹細胞の研究によって、わたしたちはキメラがこれまで以上に頻繁に登場する世界に向かっている。科学者は人間の脳細胞をネズミに移植した。最初のトランスジェニック霊長類も登場させた。クラゲから採取した緑色の蛍光タンパク質の遺伝情報をもって生まれたアカゲザルは「アンディ（ANDi）」と名づけられた。「挿入DNA（inserted DNA）」を逆さに綴ったのだ。

生命倫理学者は、わたしたちがこうした進化を不快に思い、直感で嫌だと思うのは、種間キメラと交配種、なかでも人間の遺伝物質を用いて創造されたものが、「人間は自然界で一番という明白な特権」を脅かすのが一因だと述べた。人間の脳をもったネズミとは、いったい何なのか。この問いは、道徳的に大混乱を引きおこす。それは人間なのか。その生きものに対して、わたしたちはほかの人間に対するのと同様の責任があるのか。種の進化をいじくり回して交配種やキメラをつくりはじめると、倫理観もいじくり回しはじめることになるだろう。

絶滅と「遺伝的救済」、どちらを選ぶべきか

テキサス州からやってきた雌のピューマ8匹は、1995年にビッグサイプレス湿地帯に放たれた当初、見かけはフロリダパンサーとそう違わなかった。フロリダパンサーにはいくつか独特の特徴があった。近親交配によって現われた逆毛と90度に曲がる尾に加え、毛の色がほかのパンサーの黄褐色に比べてもう少し暗い。ほかのパンサーより脚も長く、頭蓋骨は平らだった。

そもそも、このふたつの個体群は別々の亜種と言えるのか、という疑問の声は多かった。マクブライドもそのひとりだ。彼は、自分も猟犬も行動では見分けがつかないという。

１９４６年、博物学者のスタンリー・ヤングとエド・ゴールドマンは、アメリカ大陸全体に生息するパンサーの亜種30種類ほどに解説をつけた。これらのパンサーは、形態の特徴と地理によって分類され、うち15種類が北米大陸に存在していた。だが１９９９年、獣医のメロディ・ロッキは、パンサー３００匹のサンプルを分析し、遺伝子で分けるとたった６種類しかないという証拠をアメリカ遺伝学協会に提示した。５種類が南アメリカで、北アメリカ全体では1種類だった。ロッキは、15種類の北アメリカの亜種をペンシルバニアピューーマと呼ばれるカテゴリーにまとめるよう提言した。

ピューマの亜種問題は依然として議論の的だが、わたしが説明を受けた限りでは、亜種として違うという説を信じるかどうかにかかわらず、フロリダパンサーとテキサス州のピューマは、かつてはお隣どうしであり、人間の定住が地理的な障害となる前はこの2種類のあいだで遺伝子流動があったのは明らかだった。

それでも、遺伝的回復のリスクは二重にあった。まず、新しい個体群が外交弱勢にならないとも限らない。外交弱勢とは、ふたつの異なる個体群が交配すると、その子孫の適応度がさらに低下する遺伝的な現象だ。また、新しく生まれた子どもがゲノム掃引という脅威を与えるかもしれない。これは、子どもの適応度が元の個体群の適応度を大幅に上回って、子どもの遺伝子がゲノム全体をまたたく間に支配し、元の個体群を事実上遺伝的絶滅に追いこんでしまうことだ。フロリダパンサーに固有の特徴があれば、それが失われる。だが、生物学者が試算したところ、遺伝的回復を試みなければ、7割の確率で、2010年に個体群に属する個体の数が10匹以下になると出た。

テキサス州からフロリダ州にやってきた雌のうち、3匹が子どもを産む前に死んだ。残りの5匹はフロリダパンサーの雄とつがい、元気な子どもを産んだ。それまで、フロリダパンサーの総数はざっと19匹〜30匹というところまで落ちこんでいたが、2008年には推定104匹にまで増えた。テキサス州のピューマの血を引くもののうち、90度曲がる尾をもつのはわずか7パーセントで、フロリダパンサーを消滅へと導くのではないかと生物学者が恐れていた潜伏睾丸の症状はまったく見られなかった。

生まれた子どもは新たなエネルギーを得て元気いっぱいだった。アメリカ魚類野生生物局のデイヴ・オノラトは「パンサー版アーノルド・シュワルツェネッガーという声もある」と話す。「狩猟団体は、新しく生まれたパンサーのほうが攻撃的だというけれど、そんなのナンセンスだ。データによれば、以前の世代と比べると、この子たちは攻撃せずに逃げる傾向が強い。以前よりも強く、元気になっているから、いざとなればさっと逃げるだろう」。オノラトの説明では、フロリダパンサーは危険な捕食動物だから保護すべきではないと思っているフロリダ州民が、ごく一部だがまだいるそうだ。「銃で撃たれたパンサーが見つかって犯人が捕まっていない事件が数件ある。それに、今はすっかりテキサス州のピューマになったのだから、フロリダ州にいるべきではないと思う人もいる」

遺伝的回復は個体群の寿命と健康を確実に向上させたが、当初、第1世代ではテキサス州のピューマの血統が2割を超えない個体群をつくることを目的としていた。2割というのは、適応度を改善させて不都合な遺伝物質、つまり「遺伝的荷重」を排除しながらも、ゲノム掃引にはならないと専門家が踏んだ数値だった。

アリゾナ州立大学の保全遺伝学者であるフィリップ・ヘドリックは、長年オオカミの個体群の研究を続けており、フロリダパンサーの事例も研究した。彼は、テキサス州のピューマの血筋を引くフロリダパンサーは2割を超えていると考えている。ヘドリックは「彼らが2割という数値を超えたくないのは、フロリダパンサーのゲノムで、保護すべき貴重なものや固有のものがあるかもしれないからだ。それは、分化しているかもしれないし、環境に適応しているかもしれない。この2割という数値を守っていれば、適応度が改善して多様な因子を残すことができると考えているんだ」と説明した。

今のところ、フロリダ州南部にいるパンサーで、テキサス州のピューマの血筋を引くものは何割で、フロリダパンサーの血筋を引くものは何割かを正確に分析した者はいない。ある研究によれば、遺伝的回復後も、その独特の頭蓋骨の形状に変化はほとんどない。それに、2割という数値はどういう意味なのか、誰にもわからない。新しい亜種全体をひっくるめた割合だろうか。フロリダ州南部の糸杉の木立のなかで獲物を捕まえ、子どもを産み、眠っている動物がいたとして、そいつがフロリダパンサーと名乗るのにもともとのDNAはどの程度必要なのだろう。

テキサス州のピューマとフロリダパンサーについて、このようにくだくだしい説明を聞かされることに、マクブライドは我慢ならなかった。「この連中は、我々がウマとロバからシマウマをつくったと信じているんだ。だが、我々は実際のところ何も交配しなかった。クーガーと呼んだっていいし、マウンテンライオンと呼んだっていい」とマクブライドはわたしに話した。彼が10代でテキサス州のビッグベンド周辺でパンサー狩りを始めたときは、クーガーと呼ぶ者は誰もおらず、みんなパンサーと呼んでいたそうだ。

生物学者は最初の計画で、遺伝子プールを補強するために5年ごとにテキサス州から新しいピューマを連れてくるよう提言していたが、政府の計画にはこれ以上ピューマを導入するとはどこにも書かれていない。原因としてひとつ考えられるのは、テキサス州からフロリダ州に再びピューマを連れてきたときに論争になることだけは何が何でも避けたい、という官僚の強い忌避反応だろう。フロリダ州では、パンサーに対する感情は複雑だ。今すぐ絶滅するということにでもならない限り、政治的なハードルはあまりに高い。

おそらく、この類の遺伝的「救済」は今後の保全政策の要素としてますます当たり前になっていくことだろう。生息地は、いっそう細分化されはしても、その逆はない。多くの場合、遺伝物質の流動的な交換を可能にし、近親交配を阻止できる抜け道のある境界や回廊がないので、動物の個体群はいっそう互いに孤立する。

ヘドリックは、ミシガン州アイル・ロイヤルのオオカミの例を挙げた。1940年代に32キロメートルに及ぶ氷の橋をわたって、スペリオル湖にある島に棲みついた個体群だ。島のヘラジカを餌にして何十年も生きのびたが、1980年に、家畜犬が持ちこんだパルボウイルスによって12匹まで減り、遺伝子プールも縮小した。

1997年、1匹の雄のオオカミが、めったに見られなくなった冬の氷橋を渡ってきて、個体群のボスになった。このオオカミはたくましくて縄張り意識が強く、島のオオカミの4つの群れのひとつを追いだして、数年でこの島のオオカミを絶滅に追いこんだ。93号、別名「年寄りのハイイロオオカミ」というこのオオカミは、衰弱していく個体群を遺伝的に救済したと言える。自分の遺伝子を広め、適応度が向上した子孫を誕生させた。

だがそれ以降、アイル・ロイヤルに渡ってきたオオカミはいない。個体群の遺伝子の56パーセントはこの1匹のオオカミのもので、近親交配した個体群は依然として絶滅の淵をさまよっている。アイル・ロイヤルのこのオオカミとヘラジカの個体群は、捕食動物と獲物の関係としては最も長期間にわたって最も細かいところまで経過観察された研究のひとつであり、正しい措置の方向性をめぐって熱い議論が交わされている。

「自然な」プロセスを維持し、オオカミが死ぬに任せるべきか。管理と干渉はどの程度まで許されるのか。アイル・ロイヤルは自然環境なのか実験室なのか。

なぜ人は「自然を保護したい」と考えるのか?

セスナ機の唸るようなエンジン音と真昼の太陽の暑さに負け、わたしはいつしか、ファカハッチー・ストランドの上空でうとうとしていた。わたしたちは、葉が落ちた糸杉とダイオウヤシの木立がある湿地帯の上にいた。黒々とした水面はところどころ光が反射して輝き、焼けつく地面の甘い匂いが窓のすきまから入りこんできた。

ダレル・ランドは、別のパンサーの上を旋回するようパイロットに指示した。小さい機体がぐっと横に傾いたので、下の地面がよく見えた。フロリダパンサーは鬱蒼とした植生の陰に隠れて出てこない。セスナ機はアリゲーター・アレイの北部を目指して東に向かった。アリゲーター・アレイは、ビッグサイプレス国立野生保護区の北側（ビッグサイプレス・セミノール居留地の南）を通ってフォートローダーデイルまで通じている。とりたてて目を見はるような風景ではなかった。少なくとも、ヨセミテ国立公園やイエローストーン国立公園のような意味では。

ジョン・ミューアなど初期のアメリカの環境保護主義者が、国立公園を設立して自然を保護する根拠を示したときに、生物学的保全の必要性を挙げることはほとんどなかった。自然とは、人間がその美しさを愛で、独りの状態を楽しみ、命の洗濯をする場所だった。環境倫理学者のJ・ベアード・キャリコットによれば、国立公園にするかどうかという基準は、その土地が実用に不向きかどうかだった。農業や産業などに供するには、あまりに不毛か、あまりに遠い。

ファカハッチー・ストランドは、この初期の保全倫理の究極の例に思われた。とはいっても、命の洗濯場所として想像するのはなかなか難しい。上空から見ても、とても人が住めるような場所ではなさそうだからだ。夏の雨季には、熱と湿度の相乗効果で、ビッグサイプレスの気温は摂氏38度近くにもなる。蚊の大群には我慢ならないし、ワニ、ヘビ、サソリがいるのも不安だ。

わたしたちのパイロット、ネイサン・グレーヴは、フロリダ州南部で生まれ育ち、若いころは全地形対応車で湿地を走っていたが、夏の過酷さにはどうやっても慣れることがなかったという。

「夏は嫌いです」。キャンプ場や歩道が整備された現在でさえも、ビッグサイプレスと、そこを囲むエヴァーグレイズは、人間を受けいれる場所ではなく、レジャーを楽しむのにも向いていない。

ネイプルズ市民空港では、アメリカ魚類野生生物局と一緒に仕事をしているもうひとりのパイロット、ラリー・ハリスが、ほんの数か月前に殺人容疑者を捕まえる手助けをした話をしてくれた。ルイジアナ州ナッキトッシュ郡の警察が、3件の殺人を犯した男を探していたが、その容疑者は逃亡して東のフロリダ州に向かっていた。容疑者はフロリダ州オチョピーでレンタカーを乗りすて、徒歩で湿地帯に逃げこんだ。「空飛ぶ猫」ハリスは、容疑者がビッグサイプレスを通る41号線を歩いているところを見つけて、保安官代理に通報した。保安官代理は容疑者を逮捕して、ルイジアナ州に連行した。その男が湿地帯に入ってから41号線に再び姿を現わすまで、わずか2、3日。それだけしかもたなかったのだ。

もしわたしたちが生物学的保全の必要性を除外するとすれば、この風景を保全するためにどんな根拠が必要だろう。ファカハッチーで過ごすアメリカ人はあまりおらず、そこがフロリダ州のほかの自然と同じ運命をたどる――開発のブルドーザーとオレンジ農園の犠牲となる――のであれば、アメリカ人はその消失を必ずしも悲しまない。それでも、多くのアメリカ人が「本物の自然」という理想を信じており、世論調査では、国土をもっと本物の自然として保全してほしいと願っているという結果が出ている。どうしてわたしたちは、直接体験する人間が減っているものを保全したいと思うのか。

1974年、数十年ぶりに姿を見せたフロリダパンサーをロイ・マクブライドが木に追いあげていたのと同じころ、マーク・サゴフという若手の哲学者が『イェール・ロー・ジャーナル』誌に論文を寄稿し、保全について説得力ある視点を提示した。その論文「自然環境の保全について」は、自然と野生種は、アメリカの文化と政治の伝統の象徴だから保全しなければならないというサゴフの思いから生まれた。

倫理学者は、今でもサゴフの論文について論じている。その論文は、倫理の重大な議論に貢献したからだ。自然やアメリカの国立公園のなかでの精神的な経験は、人間の欲望を満たすだけではなく、人間の欲望を形づくる。旧世界とまったく異なり、何ものにも束縛されない自然というものの発見は、自由、独立、自立というアメリカの概念にインスピレーションを与えた。自然と野生種を失うにつれて精神的な経験は減り、支配的な文化の価値観が、たとえば消費者主義やレジャーといったわたしたちの嗜好によって定義される別の倫理観へと移っていく。この流れでいくと、絶滅とは、もはや動物が象徴する理想を大切に思っていないという事実を、わたしたちが許容しているということだ。

フロリダパンサー相手に過ごした時間という点ではマクブライドにひけをとらない唯一の人間であるクリス・ベルデンは、自分にとってフロリダパンサーは「野生度の尺度となる種」という言いかたをした。絶滅してしまうと、アメリカ東部の自然も消滅するという意味だ。ベルデンは、この自然を守ろうという人々の関心が次第に薄れてきたと思っている。昔はどうだったかを把握している人がほとんどいないのも、その一因だ。

「現在、ほとんどの人が都市か分譲地に住んでいる。彼らのいう自然は州立公園か国有林だ。パンサーの側からすれば、そんなのいい生息地ですらない」とベルデンは続ける。「1960年代まで、ビッグサイプレスは不可侵な場所だった。フォードのモデルTをスワンプバギーに改造したところで、ガソリンが切れたらそこで終わりだ。ところが今は州間高速道路75号線をはじめ、いろいろな道路がある。かつて不可侵だった場所に今は簡単に行ける」

わたしはセスナ機の下の地面から目を離さなかった。光を受けてきらめくフロリダパンサーの毛並みをひと目見たかったのだ。目撃する確率は限りなくゼロに近いということはわかっていた。ベルデンがパンサーを追いかけて飛行機で過ごした数千時間のうち、上空から見たのはたぶん2回だけだ。孤独なフロリダパンサーが、この下の茂みのなかで生きていることに驚嘆の念を禁じえない。

フロリダパンサーの回復力は、現在の生息状況が脆弱で危機的ということを考えても頭が下がるものだ。周りをゴルフコース、空港、州間高速道路で囲まれているのが、上空からでも見てとれる。これらの障害により、フロリダパンサーの遺伝的回復のメリットもそろそろ品切れになりそうだ。

テキサス州のピューマ5匹のうち2匹が、やたらたくさん子どもを産んだ。生まれた子ども全体の約7割がこの2匹の子どもだ。遺伝的救済によって、短期的にフロリダパンサーの個体群の規模が大きくなり、適応度が改善しても、この2匹の雌の血筋を引いた子孫に「障害」が待ちうけているかもしれない。そして何よりも、フロリダパンサーはほかのパンサーの個体群とは地理的に、したがって遺伝子的に孤立した状態が続いている。「フロリダパンサーが孤立しているという、その事実だけをもってしても、時間の経過とともにその遺伝的多様性が着実に失われているということになる」と、デイヴ・オノラトは説明する。

2008年、ロイ・マクブライドはフロリダ州にいるパンサーの数を見積もる独自の方法を論文にして、現在の生息数は今の環境の収容能力の限界に近づいていると発表した。家畜の牛による危害や自動車による死亡事故が増えている。テキサス州からさらにピューマを連れてきたら、再び個体群は大きくなるかもしれないが、根本的な問題はますます悪化する。存続可能なフロリダパンサーの個体群がアメリカ南東部で暮らせる場所はないのだ。「フロリダパンサーを檻に入れてアーカンソー州に持っていって解放したらおしまい、というわけにはいかない」とランドは指摘する。「［アーカンソー州民が］パンサーと共存していたのは何百年も前の話だ。フロリダ州以外でパンサーの生息地を再び確立できるとは、わたしには思えない」

フロリダパンサーが遺伝的多様性を回復させるための唯一の自然なしくみは、突然変異か移住であり、遺伝ストックが限られている以上、この種の未来は、かつての生息地を自力で自由に再び確立できるかどうかにかかっている。こうなれば、自然保護主義者にとっても政府組織にとっても、新しい生息地であり、かつ開発などにより消滅しそうな土地を立入禁止にするときの政治的、社会的、法的なハードルを堂々と避けられる。もし雌のパンサー数匹が北上して子どもを産んでくれさえすれば、フロリダパンサーにとってここ40年でいちばんの慶事になるそうだ。この意味で、現在の生息地の北限であるカルーサハチ川は、フロリダパンサーの物語のなかで文字通り、そして象徴的な意味で、一線を越える場所だ。ここでは、過去30年あまり雌の姿は確認されていない。雌がいないと、川を泳いで渡る雄のフロリダパンサーは単なるはぐれ者、放浪者だ。

老ハンターは「キメラ」の未来に何を思う？

フロリダパンサーの行動について、そしてフロリダパンサーの未来について洞察を与えてくれるとわたしが確信している人物は、なかなかつかまらなかった。

数少ない学術論文や小さい雑誌の記事を除いて、ロイ・マクブライドが、メキシコオオカミとフロリダパンサーの運命に半世紀にわたって関わってきたことについて思いを吐露した機会は、数えるほどしかない。これまでの発言から、マクブライドは、自然保護主義者と政策立案者のあいだでは依然として眉唾ものの扱いだ。彼は1984年に『ランチ・マガジン』誌できっぱりこう言っている。「牧場主に対して、都市部や別の場所に住んでいるほかの人間の意志を押しつけるべきではない。と同時に、牧場主のコヨーテを殺すのは納税者の仕事ではない。それは牧場主の問題で、彼が自分で始末をつけるべきであり、他人からあれこれ干渉される筋合いはない。わたしはそう思っている。しごく単純なことだ[18]」

マクブライドは、自分のことを環境保護主義者と思うかとかつて聞かれたときに、「まさか」と笑いとばしたと伝えられている。だが、公になっているその発言からは、かつて絶滅に追いやるのに自分が手を貸したとはいえ、大型捕食動物が消滅したことに対する心からの後悔がにじみでている。2012年に『テキサス・パークス・アンド・ワイルドライフ』誌で、テキサス州でアカオオカミが消滅したことについて、マクブライドは「やつらは遺産を残さなかった」と述べた。「鑑賞する建物も残さなければ、大きな穴を掘ることも、堰をつくることもなかった。最後の1匹が捕まってから最初に降った雨が、足跡を流してしまったんだろう。足跡だけが、やつらがそこにいたという痕跡だったのに。二度と会えないだろう」

著書『帰ってきたオオカミ』(南昭夫訳、晶文社、1997年)でリック・バスは、1990年のアリゾナ・オオカミ・シンポジウムで満員の聴衆を相手に講演したマクブライドを次のように描写している。

「やれることはすべてやりました」とマクブライドは穏やかに話した……原稿なしで、両手で大きなつばつき帽子を持って講演していた。引きしまった体つきで、腹は出ておらず、えらが張っていて、背が高く、若く見えた。被害者にも、その反対の敵にも見えなかった――わたしたちが想像するイメージにそぐわない。彼は聴衆をぐるりと見まわして、控えめに、正確な話を続けた。「メキシコでオオカミを追跡する仕事もしました。オオカミに関心をもっている人間がこんなにいるのに、誰も一緒に仕事をしてくれなかったのは残念です。最高の仕事でした」とマクブライドは話した……。「足跡を見て、オオカミが何をしたかを知るのは価値あることでした。まさかわたしたちがオオカミを一掃するとは思ってもいませんでした」[19]

マクブライドがフロリダパンサーの保護に関わっているのは、キャリアのスタートが動物駆除だったことと関係しているのではないか、とランドは自説を披露した。「ある時点で、動物に対する敬意が芽ばえてくるはずだ。彼にとっては、種に借りを返す自分なりの方法だったんじゃないかな」

晩冬のある晩、マクブライドがわたしの電話にメッセージを残していた。約半年のあいだ、わたしはずっと連絡をとろうとしていたのだが、返事がなかった。なかなか連絡がつかなかったのは、ひとつには彼がコンピュータを使わないからだ、とあとでわかった。ほかの人間が電子メールを印刷して毎週彼の許に運ぶのだ。マクブライドが返事を書いて、印刷したメールを持参した人間がその返事を持ちかえり、パソコンで入力して返信する。「カタツムリよりも遅い」と語るマクブライドの話しかたには、テキサスのイントネーションが強く出ていた。だが、まもなくわかったのだが、こんなにも時間がかかった本当の理由は、彼は仕事が注目されるのを避けているからだった。「たまたまフロリダパンサーを捕まえた最初の人間というだけで、それを吹聴したいとは思わない」

翌年、わたしはマクブライドと連絡をとりあい、フロリダ州オチョピー近郊の彼の自宅で、フロリダパンサーについて書いた自分の文章を彼に読んでもらいさえした。「わたしは誰かができなかったことをしたわけじゃなくて、フロリダパンサーに何かが起こっていたときに、偶然居あわせただけだ。それは過去のことで、過去は変えられない」

どんなときでもユーモアをにじませた優雅な態度で、マクブライドは保全活動について自分の意見を述べることをできるだけ控えていた。賛否両論だったり、政治的だったりしたときだけ、意見を表明した。「いつも文句なしに順調というわけにはいかなかった。すべてがバラ色ではなかったよ」。フロリダパンサー救済を一生の仕事にしたはいいが、実際にフロリダパンサーと一緒に過ごしたり、フロリダパンサーに「ちょっかいを出したり」した人間はほとんどいなかった。「フロリダパンサーにじかに接した経験がある人間かどうかは、その人間の発言をふたことみこと聞けばわかる」とマクブライドは言う。

また、彼が思うに、もうひとつの問題は、この取り組みに携わっている誰もが物語を自分流に解釈してしまうことだった。「ある自動車事故が発生したとして、関係者の見方がそれぞれ違うようなものだ。なかにはまったくの嘘っぱちもある」

マクブライドは、息子のロッキーと話すようにと勧めてくれた。実現にはちょっと時間がかかった。というのも、ロッキーはブラジルに滞在していたからだ。そこで彼は個体群調査のためにジャガーを捕獲していた。ロッキーは、モンゴルとカザフスタンでユキヒョウを、極東ロシアでシベリアオオヤマネコを、南北アメリカ大陸全土でピューマを捕まえてきた。だがいちばん好きな動物はジャガーだ。

20年ほど前、ロッキーはパラグアイに480平方キロメートル超の土地を購入した。案内した顧客にジャガー狩りを楽しんでもらうためだ。1年後、パラグアイがワシントン条約に加盟したので、戦利品のジャガーを国外に持ちだすことが一切できなくなった。同時に、パラグアイで開発ブームと牧場で牛を飼うブームが到来した。ロッキーの牧場周辺で、森林の8割が伐採されて牛の牧草地になり、ジャガーの死体に懸賞金がかけられた。

何か手を打たないとジャガーが大変なことになる。アメリカ南東部がいい例だ。彼は保全戦略に力を注ぎはじめた。個人の土地所有者と政府と一緒に作業を進めた。ロッキーは、生息地の消失は単純に経済的な問題であり、経済的なインセンティブでしか生息地を保全できないと考えている。「南アメリカの人間にしてみれば、ジャガー1匹に牛10頭を殺されるのは、病気とたいして変わらない。ジャガーや広大な土地を必要とするネコ科の大型動物の保護を成功させる要素やインセンティブがなければ、これらの動物は国立公園などに追いやられてしまう」

ロッキーは、殺すことを一切禁じたジャガーの完全保護はうまくいかないと見る。パラグアイでは、ワシントン条約に強制力がないからだ。彼は、南アフリカの狩猟動物の保全モデルのような持続可能なやりかた——趣味の狩猟に限るなど——を国のプログラムとして創設することを構想している。「最も立派な自然保護主義者は、狩りをする人間だと思う」と彼は言う。「狩猟をしてもらうことで、莫大な金が入ってくるからだ。一方で、一部のNGOは、これを守れ、あれを保護しろと言い立てて、実際に危機的な状況に陥ると、金がわんさか入ってくる。NGOは問題を解決したいんじゃなくて、問題を現状のまま維持したいんだ」

この類いの政治こそ、フロリダパンサー相手のときに父親が避けたいものだ、とロッキーは話す。「親父の仕事はパンサーを捕まえることだ」。そう言って、父親の経歴を説明してくれた。大学で野生動物学の学位を取る前から政府の捕食動物抑制組織の仕事をするようになり、テキサス州でハンターになった。ロッキーは、物心ついたときから父親の仕事に同行していた。ウマやラバに乗り、父親の後ろで揺られていた。父親がラス・マルガリータスを捕まえる旅に出たときも一緒だった。「足跡を見たんだ。罠に向かって道路をまっすぐ進んでいた。ところが、何かが起こって罠にひっかからなかった」とロッキーが回想する。「あれは挑戦状だった。親父はいつも挑戦を好む」

ロッキーが17歳になると、父親は息子をフロリダパンサーを探す旅に、フロリダ州へと送りだした。今ではロッキーの息子のクーガーが、フロリダ州でパンサーの追跡に専念している。一歩間違えればなくなってしまう仕事だが、親から子へと連綿と受けつがれている。「ものすごく小さいニッチだ」とロッキー。

年月を経てパンサーは丈夫になったが、ロッキーが描くこの動物の未来像に明るい希望はまったくない。「フロリダ州には開発が完了したオレンジ果樹園にディズニーワールドなどがあって、本物の生息地がない。州北部とジョージア州南部には多少残っているけれど、パンサーを移動させる人間がいなければ分散させられない。ますます状況は悪くなるばかりだ」

第3章　ホワイトサンズ・パプフィッシュ　*White Sands pupfish*

たった30年で進化した「砂漠の魚」

「保護」したつもりで絶滅に追いやっているとしたら?

砂漠の中の「塩の川」で、「種」の定義を思う

ニューメキシコ州南部のチワワ砂漠で、夜のあいだにコヨーテがつけた足跡をたどりながら、わたしは小さな川の岸辺を歩いていた。

コヨーテの足は硫黄を含んだ泥に沈み、肉球の跡のあいだの隆起は白い埃をかぶっていた。最初は、すぐそばのホワイトサンズ国定記念物の砂丘から飛んできた石膏かと思ったが、よく見ると塩だった。地面から染みでて、小川に乗って流れてきたのだ。ロスト川というこの川は過塩性で、塩分濃度は海水の数倍だ。流路延長約1・6キロメートルのうち、塩分が100パーミルという箇所もある（海洋の塩分は平均して35パーミル）。

それほどの塩分を含んでいる川でありながら、太陽がつくったわたしの影が川面を覆うと、小さい魚の群れが右往左往して乱れた。こんな砂漠に魚がいるとは驚きだ。有毒で魚には致命的だと生物学者が思っている土地で、なぜか生きのびていたのだから。おまけに、この魚は淡水種だ。ホワイトサンズ・パプフィッシュ、別名キプリノドン・トゥラロサというこの魚は、進化によって何が可能なのか、そして人間がその進化にどれほど影響力を及ぼすかについて、わたしたちが理解していることを変えてしまう存在である。

まずは科学者に数百年間とりつき、悩ませてきた問いから始めよう。

種《しゅ》とは何か。わたしたちは、種は進化の主要な単位であると科学者から教わる。だが、進化が何

世代にもわたる個体群の遺伝子構造における変化のプロセスだとしたら、種はどのような定義になるのか。この謎には「種問題」という名前がついていて、自然、そしてこれまで無数の生命体を生みだしてきた進化というエネルギーあふれるプロセスについてどう考えるべきかに、ことごとくついて回る。

19世紀以前は、種は固有の属性を備えており、神によって創造されたと考えられていた。動物はある特質を有していて、同じ特質を有する別の動物と一緒のグループに属する。スウェーデンの植物学者で種の分類システムを考案したカール・リンネは、自分が分類している地上の生命体は神によって創造されたと信じていた。

『種の起源』が１８５９年に刊行されてからは、種は実際には歳月の経過とともに変化したという事実に、合理的に反駁するのは不可能となった。これが種の定義を混乱させた。始まりはどこで、終わりはどこか。ダーウィン本人もこの問題を認識していて「動植物の国内種の多くは、有能な専門家によってもともとの固有種の子孫と分類されたかと思えば、別の有能な専門家にはただの変種と分類される」と書いている[1]。

種とは何かを理解するには、種を創造したプロセスへの理解が欠かせない。だが、過去１５０年というもの、この探究を続けてきた優秀な学者たちは、科学的かつ哲学的な穴にはまってしまった。現在の生物学の知識を総動員しても、この謎は完全には解決していない。

今日《こんにち》、26種類ほどの「種の概念」が共存している。最も単純なのは生物学的概念で、進化生物学者として名高いエルンスト・マイヤーによって１９４０年代に初めて考案された[2]。マイヤーは、生殖能力に従って種を定義した。彼によれば、種は自然環境下で発生する個体群のグループで、ほかのグループとは生殖面で分かれている。交雑もしなければ、繁殖力のある雑種も産まない。ウマとキリンは、生物学的概念に従えば異なる種となる。ウマとキリンでは、子どもは生まれないからだ。この定義は単純すぎて問題が多いと言われてきた。決まった生殖の規則に従って存在すると科学者が証明できない生物の例も多々あったのだ。たとえば、ヒトデやイソギンチャクなどの無性生物は、完全にこの生殖のしくみをとらない例外だ。だが、ヒトデやイソギンチャクが生物学的概念に当てはまらないからといって、無数にあるヒトデの種は種にあらずとはならない。

別の概念である表形分類学的概念は、物理的な共通の特徴に基づいて種を定義する。しかし、外見はあてにならず、役に立たない可能性がある。どの程度違うと別の種になるのだろうか。個体群どうしや個体どうしの差異は一様ではないかもしれない。これは環境が原因かもしれないし、個体が死ぬ、もしくは繁殖しないために、遺伝子がランダムに消失する遺伝的浮動が原因かもしれない。羽毛がカラフルな雄のマガモは、地味な雌のマガモと見た目が違う。種は同じなのに、差異がある理由を定義しようとして表形分類学的概念を使うと、うまくいかない。

生物学者は1980年代初めに新しい種の概念を思いついた。多様で豊かな生命体を網羅する、よくできたしくみだと、彼らは自負していた[3]。それが系統学的概念で、種とは共通の祖先をもつ生命体の最小集団だとしている。1980年代から、分子遺伝学的解析は、共通の祖先を決定する正確な手段として科学者に利用されてきた。ある動物の遺伝子型の特定のマーカーに注目し、それをつながりのある動物と比べると、その動物はどれくらい昔にほかの動物と分かれて系統樹の別の枝になったのかなど、複雑な動態的変化の歴史を解明できる。

問題は、系統学的概念はしばしば種を細分化しすぎてしまうきらいがあり、地球上に生息していると判明している種の数が爆発的に膨らんでしまうことだ（系統学的定義が分類群内の種の数を減らした稀な例もある。深海性巻貝の種は2から1に、軟体動物の種は全体で半分になった）。この伝でいけば、ニエブロ属の地衣類の種の数は18から71に、ニューギニアのゴクラクチョウの種は40ほどから120に膨れあがる。

生物学的概念に固執する者は、系統学的概念の支持者を「分裂派」と呼ぶ。その一方で、生物学的概念派は「一緒くた派」で通っている。進化生物学者のジョディ・ヘイが書いたように、両者の対立は、生命体どうしのささいな違いは、実際はたいした問題ではないのか、それとも、そのささいな違いこそが固有の種を形成するのか、に尽きる。

理論をめぐっての仰々しい議論に思えるかもしれないが、動物を保全するためにどう干渉するかという点への影響は大きい。2004年、ある研究者のグループが『クォータリー・レヴュー・オヴ・バイオロジー』で論文を発表した。マイヤーの生物学的概念によって定義されていた1200種を分析し、系統学的概念の観点から見なおしたところ、種の数は48パーセント増えたとのことだ[4]。この著者たちによれば、哺乳類、節足動物、鳥類のように研究が進んだグループでも種の数は最高75パーセント増えた。系統学的概念で考えたら、危急種と絶滅危惧種として指定されそうな種の数も変わった。彼らは、これらの「新しい」種を保全するコストはアメリカだけでおよそ30億ドルにもなると算出した。

この数値が、一緒くた派の立場をとるか、それとも分裂派の立場をとるかをめぐって、政治家と政策立案者が激しい議論を戦わせる原因だ。種の分類は、各種の国際条約や種の保存法によって分類される動物の立場を変える。１９７８年、アメリカ連邦議会はこの議論に参戦し、種の保存法に厳密な種の生物学的概念を適用しようとする動きを最終的に却下した。その代わりに、同法の表現を変えて「種」、「亜種」、「特別個体群」を含めた。

この最後の「特別個体群」はややわかりにくい。個体群がこの法律での保護を保障されるには、ほかとどれほど違えばいいのか。１９９０年代半ばに政策立案者は、個体群が「特別」とは、「進化的に重要な単位（Evolutionary Significant Unit）」という意味だとした。種の歴史的な遺産の一部ということだ。生物学者がＥＳＵと呼んでいるこの単位は、基本的には種分化に向かっている個体群のことだ。保護と専用の管理計画を保障されるほど遺伝子的に分化した状態になっている。

何がＥＳＵになるかを決めるのは怪しい作業だが、保全目的では役に立つ。ピューリタンハンミョウを例に挙げよう。生息地はコネチカット川とチェサピーク湾の２か所だ。ＥＳＵに指定されているため、別の個体群が別の場所に存在しているからという理由だけでは、この生息地２か所のバランスを乱してもいいと主張しても許されない。

進化の速度をめぐるダーウィンの甚だしい間違い

わたしには、あらゆる種の概念のうち、個人的に最も納得がいって感覚的に理解できるものがある。

古生物学者のジョージ・ゲイロード・シンプソンは、20世紀が生んだ偉大な科学者のひとりと目されている。シンプソンはニューヨーク市にあるアメリカ自然史博物館で30年間化石の研究に従事していた。彼は、種とは「祖先を一《いっ》にする系統」であり、ほかの系統とは異なる属性を保持していると考えていた[5]。それぞれの種に、固有の進化の傾向と運命がある。つまり、種とは長い年月を経て軌跡を共有している生命体だ。この軌跡の方法や手段を解明するために、シンプソンは才能のほとんどを費やした。１９３０年代後半、古生物学界の若手の星だった彼は、古生物学と遺伝学という完全に異なる学問分野を合体させて、進化がどのように働いて種を創造するかを説明する理論を築くのに全精力を傾けた。そして、進化が発生するスピードはまちまちという、他に類を見ない奥深い結論にたどりついた。

第二次世界大戦に従軍していたために遠回りとなったが、１９４４年にシンプソンは代表作となる『進化のテンポとモード（*Tempo and Mode in Evolution*）』を発表した。この本が世に出た当時は、自然選択が進化を進めるうえで不可欠かどうかをめぐり、古生物学者のあいだで意見が分かれていた。問題は、化石記録が不完全なことだった。自然選択が進化途上の生命体を誕生させた証拠が、ほとんど残っていないのだ。ダーウィンが言うように、新しい種は、どれもその前から存在していた種の子孫であるのなら、種が発達している途中の段階という証拠はどこにあるのだろう。

１９９５年、アメリカの生物学者ナイルズ・エルドリッジは、古生物学者にとって進化は永久に起こらないらしいと述べた。「根気強く断崖で採取活動を行ってみてわかるのは、ジグザグと進み、多少の行きつ戻りつがあって、数百万年単位の変化がごくたまに、ほんの少しずつ蓄積されていることだ。このペースはあまりに遅く、進化史上発生した大きな変化すべての説明は、とてもではないがつけられない[6]」。ダーウィン本人も化石記録でこうした手がかりがないのは「わたしの理論に対して向けられるであろう最も明白で重大な反論だ」と感じていた[7]。

ただしシンプソンは、化石記録に証拠がまったくないからといって、それが自然選択の反証にはならないと思っていた。証拠がまったくないのは「量子進化」が原因だ。生命体の移行型がものすごいスピードで高次の分類群に移行したか、もしくは絶滅したときに起こる。それまで科学者は、進化は氷河のように遅々とした速度で作用していると思っていた。ダーウィンの言葉を借りれば、瞬間ごとに「悪いものを排除しながら」進化していた[8]。だが、とダーウィンは続ける。「時計の針が長い歳月の経過を刻んではじめて、こうした遅々とした変化が起こっているとわかる[9]」

シンプソンはこの意見に異を唱えた。確かに、進化はあまりに遅々としているために、発生しなかったように見えることもあるが、種分化で量子変化が起こることもある。この変化はあまりに速く、層序学的な記録は残らない。シンプソンは、この量子的な速度以外に、緩やか、標準的、急速という3つの進化の速度を提唱した。進化がどの速度で発生するかは、遺伝的多様性、変異、1世代の長さ、個体群の規模、自然選択といった変数が、生命体の個体群の遺伝子プールで、すべて作用して決まる。

進化のテンポはまちまちという考えがもとになって、ほかの科学者も進化の潜在力とスピードを調べるようになった。真っ先に着手したのが、スコットランドの科学者J・B・S(「ジャック」)・

ホールデンだ。シンプソンが『進化のテンポとモード』を発表してから数年後、ホールデンは進化の計測単位を考案した。

ホールデンが考案し、「ダーウィン」と命名されたこの単位によって、科学者は種の進化の速度を測定できるようになった。ダーウィン単位で計算するには、科学者は基本的に、ある特定の時間または個体群の形質の値から、別の時間または個体群の形質の値を引き、出てきた数値を100万年という単位で割る。この数式を使えば、科学者はトリケラトプスの進化の速度は0・06ダーウィン、100万年で6パーセントと計算できる。この100万年単位の時間枠は妥当と思われた。ホールデンは、進化はどんなに速いものでも数千年はかかると思っていたからだ。

そんなこんなで、わたしはロスト川の川岸に立ってホワイトサンズ・パプフィッシュを眺めていた。なぜならこの魚こそ、ダーウィンが、さらにはシンプソンとホールデンが誤っている証拠だと事前に教わっていたからだ。

アメリカの4か所にだけ生息する魚の謎を追って

偶発的なミサイル攻撃で絶滅しかねない種など、ホワイトサンズ・パプフィッシュだけだろう。この種の生息地4か所のうち、1か所はアメリカ空軍基地、残り3か所はアメリカ国防総省のミサイル発射場にある。

軍が管理している土地にいるというのは、この魚にとって二重の効果があった。まず、境界の警備が万全で、広大な敷地が公用私用を問わず立入禁止のため、水の採取や農業などの開発による地下水の汚染といった環境面の問題から守られる。また、現地調査までたどりつける人間がそれほど多くない。「ホワイトサンズ・パプフィッシュは、たまに調査される以外は一顧だにされなかった。軍は一般人がその生息地に立ち入るのを喜ばない。そもそも、いろいろな爆発物がいたるところにあるから、そこにいるのは危険だ」と話していたのは、ノースダコタ州立大学の生物学教授クレイグ・ストックウェルだ。

ロスト川を見おろす断崖絶壁から辺りを眺めていたとき、わたしはストックウェルが言ったことを自分の目で確かめた。西に800メートルほど行ったところには世界最大の試験コースである全長16キロメートルの滑走路《ターマック》があり、そこで軍のエンジニアはロケット推進式のそりに部品を装着して、飛行中、もちこたえるかどうかを確認する。わたしは、ヤマヨモギの茂みのあいだを歩いているとき、うっかりブーツで使用ずみのライフルの銃弾の山を蹴とばしてしまった。

ストックウェルは魚類学者で、1990年代初めからホワイトサンズ・パプフィッシュを研究している。当時、この種を「危機に瀕している懸念がある種」から絶滅危惧種に連邦レベルで格上げするかどうかが話題になっていた。すでにニューメキシコ州では絶滅危機種になっていたが、それより高次の連邦政府によって指定されると、軍にとっては何かと面倒だった。生息地となる保護面積が広がり、兵器試験等を実施する場所に近くなる。1990年代、クリントン政権はこうした衝突を避けるための妥協案を提示した。妥協案では、利害関係者全員が、種を最善の方法で保護しつつ、活動や開発を大きく制限しない取り決めを結ぶことになった。

1994年、軍と野生生物保護団体が、ホワイトサンズ・パプフィッシュについて合意に達した。その合意では、個体群の毎年の監視とさらなる科学的調査の必要性を訴えていた。この種を実際に調査した者はほとんどおらず、その発達史をめぐってはいくつか不思議な謎があった。地質学者が20世紀初めに見つけたときには、この魚は2か所にしかいなかった。塩分濃度が高い川であるソルトクリークと淡水湿地のマルペイススプリングだ。だが、ホワイトサンズ・パプフィッシュが1973年に『サウスウェスタン・ナチュラリスト』に正式に登場したときには、さらに2か所でも生息が確認されていた。ロスト川と北部の流域であるマウンドスプリングだ。

問題は、これらの個体群はどれも保護するに値するのかどうか、だ。これらは進化的に重要な単位なのか、それとも遺伝的に似ているのか。それを知るには、生物学者はどうやってこの魚がその4か所に到達したかの謎を解く必要があった。

1995年、ストックウェルはホワイトサンズ・パプフィッシュを4か所全部から採集した。種の遺伝子構造と生活史を調べる20万ドルの政府の助成金プロジェクトの一環だ。彼がそれぞれのDNAを比較して記録をまとめると、マルペイススプリングの個体群が最も遺伝的多様性が高いことがわかった。この個体群は、おそらく10万年以内にソルトクリークの個体群から分かれたのだろう。更新世後期の可能性が最も高い（のちに彼は、さらに絞って約5000年前とした）。

遺伝的多様性からわかった個体群の分岐は、ストックウェルも納得がいった。なんといっても、このふたつの個体群が形態学的にも異なるのを自分の目で確かめたのだから。塩水と淡水では塩分濃度が異なるため、魚の形も違う。塩分濃度が高い生息地では、魚もスリムになって水の抵抗が減るためにすばやく移動するが、淡水環境に生息する魚は、塩分濃度の高いところで暮らす個体群よりも体高が大きい。こうした観察結果と遺伝子分析を合わせて、このふたつの個体群は進化的に重要な単位（ＥＳＵ）に定め、両者とも保護する価値ありと、ストックウェルは提言した。

「ＥＳＵに指定するには、かなり厳しい条件が必要だ――異なる種になるのだから」と彼は説明する。一方で、ロスト川とマウンドスプリングの２か所の個体群は、ある個体群の遺伝的派生物であることも発見した。もともとはソルトクリークにいたのに、今はなぜかこの２か所で見つかっている。この謎を解くには、少々探偵の真似事をする必要がある。

ストックウェルがホワイトサンズ・パプフィッシュの遺伝子を分析していたのとほぼ同時期に、ジョン・ピッティンジャーという生態学者が、この種に関する史料を読んで手がかりを探していた。ピッティンジャーは１９９４年からホワイトサンズ・パプフィッシュの管理に関わっていた。当時、ニューメキシコ州狩猟動物魚類部は、大規模放牧時代の名残であるトゥラロサ盆地の野生のウマの個体群がマルペイススプリングとマウンドスプリングの淡水を飲んでいたために、ホワイトサンズ・パプフィッシュを消滅の危機に追いこんでいると気づいた。ピッティンジャーはウマを集めて（現在は数頭しか残っていない）よそへ移すことを提案していた。時は経ち、彼は政府から業務を請けおい、ホワイトサンズ・パプフィッシュ管理チームの一員となった。

ピッティンジャーは、ある意味ではストックウェルと同じ目標に向かっていた。ロスト川とマウンドスプリングにこの魚がやって来た時系列を確定しようとしていたのだから。ピッティンジャーは、地元コミュニティに質問することと記録資料を漁ることから始めた。アルバカーキのニューメキシコ大学付属南西生物学博物館で、ニューメキシコ州初期の魚類学者であるウィリアム・ジェイコブ・コスターの書類を発見し、ホワイトサンズ・パプフィッシュへの言及がないか探した。「カード類を当たっていたら、ラルフ・チャールズという男性とソルトクリークのホワイトサンズ・パプフィッシュについてのメモが書いてあるインデックスカードを見つけた」とピッティンジャーはわたしに話した。「この男性の息子さんがサンフランシスコにいることもわかった。息子さんは『父の書類は全部手元にあるから確認してみる』と申しでてくれたんだよ」

たったひとりの気まぐれな放流で開かれてしまった進化の扉

ラルフ・チャールズの私信には、ソルトクリークのホワイトサンズ・パプフィッシュのところに行くために、ミサイル発射場への入場許可を求める1960年代の一連の手紙も含まれていた。チャールズはホワイトサンズ・パプフィッシュに魅了されていた。彼は開拓局の元職員だった。開拓局は内務省の下部組織で水資源を管理している。だが、チャールズは軍から繰り返し請求を却下された。彼は最終手段として上院議員に直訴し、議員は彼にミサイル発射場の1日入場許可を与えた。

1970年9月29日、チャールズはソルトクリークのホワイトサンズ・パプフィッシュのもとを訪れ、年月が経過して理由はわからなくなってしまったのだが、不可解な行動に出た。そのうち30匹を捕まえてホワイトサンズ国定記念物に運んだのだ。ホワイトサンズ国定記念物に着くと、チャールズは石膏の砂丘を進んでゆき、連れてきた魚をロスト川の底に放した。その後、彼はホワイトサンズ国定記念物の管理人に手紙を送り、魚が元気に暮らしているかと尋ねている。

魚を移すのは別に珍しいことではない。1960年代から1970年代にかけて、自然保護主義者は、魚を移動させて脆弱な個体群をさまざまな脅威から守った。砂漠に生息する種には、とくにこの方法が有効だった。

不毛な環境下のこうした生命体の存在は、その生命体の粘り強さと適応力を雄弁にものがたっている。パプフィッシュは、生命体にとって考えられないようなストレスの多い劣悪な環境で見つかっている。共通の祖先から数百万年前に分かれたパプフィッシュ50種のうち、30種がアメリカ南西部で発見された。砂漠化する前の地質時代の名残だ。砂漠化によって湖と川が干あがり、これらの魚は、ときに信じられないくらい狭いところに取り残された。デザート・パプフィッシュとして知られるキプリノドン・マクラリウスは、水温が摂氏4度から45度と極端に幅があるメキシコのバハカリフォルニアやソノラの集水域に生息している。キプリノドン・ディアボリス、別名モハーヴェ砂漠のデヴィルズホール・パプフィッシュは、帯水層のおかげで2万年も同じ洞窟で生きのびてきた。ここは水中の酸素レベルがあまりに低いので、ほかの魚なら死んでしまうだろう（かつては最高で500匹ほどいたのに近年は35匹まで激減したが、その理由は生物学者にもわからない）。

「融通無碍に進化しているとよく言うんだ」。パプフィッシュについて、ある生物学者がわたしにこう話した。「さまざまな方向に進化することが可能だ。パプフィッシュは、塩水環境で生息できる魚にも、淡水魚にもなれる。ふつう、このような変化に遭遇すると、たいていの魚は絶滅するが、パプフィッシュはしぶとく生き残る」

だが、その適応性にも限界はある。パプフィッシュは回遊魚ではない。そのため、南西部の農民が小川の流れを変えようとしたり、土地開発業者が駐車場を造成したりしようとすれば、パプフィッシュは逃げられない。ここで自然保護主義者の出番となる。彼らは個体群を分けて新しい生息地に放すか、もとの生息地に還して回復させる。１９８０年代には、移動が保全戦略として大流行し、絶滅のおそれがある魚の回復計画の８割以上にその方法が採用された。

言うまでもないが、ラルフ・チャールズは自然保護主義者ではなかった。彼がホワイトサンズ・パプフィッシュを移した理由ははっきりしない。もしかしたら軍の敷地にいてなかなか会いにいけないのに業を煮やして、好きなときに会いに行けるホワイトサンズ国定記念物に連れてきたのかもしれない。

ピッティンジャーにとって最後まで謎だったのは、なぜホワイトサンズ・パプフィッシュがマウンドスプリングに居つくことになったのか、だ。そこはもともとの生息地ではなかったようだ。関係者にいろいろ話を聞いた結果、泉《スプリング》は１９６７年に掘られたことがわかった。おそらく、完成した泉にソルトクリークから連れてきた群れを放したのではないか。蚊の駆除対策だったのかもしれない。

このふたつの場当たり的な移動がなければ、ホワイトサンズ・パプフィッシュの進化の重要性は誰ひとりとしてわからなかっただろう。これまで30年間、誰も見ていないあいだに、完全無欠な実験が期せずして進行していると感じとったのはストックウェルだった。ロスト川は塩分濃度がひじょうに高いが、マウンドスプリングは淡水の生息地だ。「このふたつの情報があったから個体群が比較できた」とストックウェルは言う。ホワイトサンズ・パプフィッシュは急激な進化について何かしら明かしてくれる、と彼の直感が告げていた。

急激な進化というテーマは、１９９０年に高名なカリフォルニア大学の生物学者、デイヴィッド・レズニックの論文を読んで以来、ずっとストックウェルの関心の対象だった。レズニックは１９７０年代からカリブ海でグッピーを研究していた。彼の論文「自然の個体群に実験的に導入された生命体の進化」には、長年の実地調査から得られた素晴らしい発見が記載されていた（発表以来、この論文は７００回以上引用されている）。

レズニックの研究対象はトリニダード・トバゴのグッピーの個体群だった。このグッピーの主たる捕食者は、大きくて性的に成熟した個体を好んだ。その結果、グッピーは早く繁殖するために早く成熟し、ほかのグッピーと比べて小さい子どもを産むようになった。レズニックは、捕食者が小型の幼魚を狙う場所にグッピーの一部を移してみた。するとそれから数年で、グッピーは成熟するのが遅くなり、産む子どもの数も減った。レズニックが明らかにしたこの変化は遺伝性、つまり遺伝子に基づいていた。これは直接実験して得られた現地証拠であり、捕食などの選択圧が、短期間でグッピーの進化を型にはめることが明らかになった。この場合の短期間というのは約30世代から60世代だ(10)。

レズニックの実地調査は最長で11年間続いた。彼は長期データの必要性を指摘した。そして時が経ち、ストックウェルは30年前になされた実地調査のデータにアクセスしている。そのデータは、多くの生物学者が、進化のプロセスはこれまで推測されていたよりも速いペースで起こっているのではないか、と見当をつけるだけのツールや先見性を手に入れるずっと前に始められた調査のデータだ。そしてそのペースは、誰もが――進化のペースは一律ではないと悟った初の古生物学者であるジョージ・ゲイロード・シンプソンも――、化石記録を用いて推測したよりもずっと速いペースだったのだ。

1996年の夏、ストックウェルはコモンガーデン実験なるものを設定した。これは制御実験で、生命体は新しい環境に移され、どんな子どもを産むかが時間の経過とともに観察される。彼は10個のプラスチックプールに砂利と人工水草を入れて、それぞれにパプフィッシュの雄10匹と雌10匹を入れた。ソルトクリークの個体群だけのプール、マルペイススプリングの個体群だけのプール、そして両方の個体を混ぜたプールを用意した。プールの半分は水の塩分濃度を低く、残りは塩分濃度を高くした。

第1世代の子どもが繁殖可能な大きさまで育つと、ストックウェルはそれらを氷水に入れて死に至らしめ、全部比較するつもりでエタノールのびんに入れて保管した。ところが、1998年にホワイトサンズ・パプフィッシュ研究の助成金が打ち切られ、彼はノースダコタ州立大学の教員になった。エタノールのびんを一緒に持っていたが、長年その蓋が開けられることはなかった。そこに、やる気満々のマイク・コリヤーという大学院生が登場する。

空軍基地の中の「消失した川《ロスト・リヴァーズ》」へ

ホワイトサンズ・パプフィッシュを見にロスト川に行くことをわたしに勧めたのは、ほかならぬマイク・コリヤーだった。彼はこう言った。「ただただ息を呑むよ。石膏の砂丘が背景になって、ロスト川がそれと溶けあってひとつになる」

ホロマン空軍基地に到着すると、若い少尉がロスト川を見おろす断崖までわたしたちを車で連れていってくれた。そこでわたしはコリヤーが描写した風景を目の当たりにした。その「川」は、ときに幅30センチメートルまで縮むが、開花したヴェルベシナ・エンケリオイデス〔アメリカ原産のキク科の1年草〕とメキシコハマビシがところどころに生えている乾燥した土地を蛇行し、最後は石膏の砂丘に飲みこまれたように見えて終わる。砂丘は、場所によっては高さ9メートルを超え、トゥラロサ盆地のなかでも広大な面積を占めている。砂丘の上を歩くのは、月面を歩いているようだった。

この砂丘を形成した力は2億5000万年前くらいから作用しはじめたという。当時、辺り一帯は海の底だった。浅瀬が後退して石膏を残し、それが岩の一部となった。7000万年ほど前、ララミー変動と呼ばれる造山運動によってロッキー山脈が形成され、巨大なアーチができたが、6000万年後に崩壊して地面にくぼみができた。西はサンアンドレス山脈、東はサクラメント山脈の断崖に石膏が付着していたのが、雨や雪によって流され、この盆地の湖の底に沈殿した。これらの湖の水が蒸発すると、石膏が露出して透明石膏の結晶の巨大な床が形成された。やがて、歳月による荒廃で結晶が小さな粒子になり、風によって運ばれ、積もって白い砂丘になった。砂丘は大きくなってゆき、今では盆地の底全体で気だるげな波のように動いている。

ロスト川は、だんだんと砂丘に溶けこんでいくように見える視覚効果からその名がついたわけではない。最も有力なのは、19世紀の地質学者が『サイエンス』誌に投稿した、トゥラロサ盆地の「消失した川《ロスト・リヴァーズ》」に関する論文にちなんでいるという説だ。この地質学者は、トゥラロサ盆地はかつて巨大な河床だったと推測していた。確かに大昔、リオ・グランデはこの盆地を通ってメキシコ湾へと注いでいた。パプフィッシュが200万年前にたどりついたのも、これで説明がつきそうだ。消失したかつての川《ロスト・リヴァー》の上流へと遡っていったのだ。

約1万年前、ナマケモノ、ラクダ、マストドンが南西部を闊歩していた時代に、気候温暖化が進んで土地が乾燥し、針葉樹林が砂漠になって、生息していた湖が干あがると、ホワイトサンズ・パプフィッシュは盆地の外れの支流で孤立した。1885年、ある生物学者がアメリカ先住民発祥の物語を伝えた。その物語によれば、盆地は「1年間燃えつづけ[11]」、「谷は炎と毒ガスに包まれた[12]」。今では、盆地の北の境にあるリトルブラックピークという火山が5000年前に噴火して、黒い溶岩を吐きだし、それが盆地に流入して淡水泉になったというのが真相だ、と地質学者は知っている。泉の名前はマルペイス、スペイン語で「悪い国」という意味で、ホワイトサンズ・パプフィッシュはここを自らの居場所と定めた。湖が小さくなっていくと、ホワイトサンズ・パプフィッシュはマルペイススプリングとソルトクリークの2か所にとり残された。

面積およそ1万6800平方キロメートルの盆地の中央部からは、周りの山並みが水平線上で青く溶けこんでいるのが見える。マイク・コリヤーは、クレイグ・ストックウェルが指導する大学院生という立場でこの地にやってきた。「先生が砂漠の魚を研究しているっていうのが、えらくかっこよくて」という理由だった。「大学院生としてまともな経験を積みたいと思っていたところで、その時点で研究がどこに向かっているのか、またはどう展開していくのか見当もつかなかった。パプフィッシュは本当にかっこいい魚だと思った。淡水でも、海水の2倍から3倍塩分濃度が高いところでも生きていけるなんて。生物学的観点から考えるとなかなか興味深い」

コリヤーはマウンドスプリングの調査にとりかかった。そこでは少し前に個体群が激減しており、彼とストックウェルは、寄生虫が原因ではないかとにらんだ。移ってきたホワイトサンズ・パプフィッシュはその寄生虫への免疫があまりなかったために、こんな事態になったのではないか。コリヤーが寄生虫を見つけるのは、なかなか大変だった。寄生虫は砂粒くらいの大きさだったからだ(ストックウェルが初めてこの腹足類を発見したことが、期せずして巻貝の新しい属の創設につながった。新しい属はギリシアの泉の女神ユートゥルナ(*Juturna*)にちなんで、ジュターニア(*Juturnia*)と命名された)。

たった30年で起きた「進化」

調査を始めると、コリヤーは別のことに注意を奪われた。マウンドスプリングのパプフィッシュは、ロスト川のものと同じに見えないのだ。「魚をじーっと眺めていて、あれ? 見た目が違うぞ、と気がついたんだ。双子の親のようなものだ。他人にはわからない我が子の違いが見ぬける」

脱線から始まったものが、コリヤーの研究の主な推進力となった。マウンドスプリングの個体群はほかの個体群と実際に形態学的に異なるのか突きとめようと思った。そこで、ストックウェルはコリヤーをサウスカロライナ州に送り、ジェームズ・ノヴァクのもとで修業させた。ノヴァクは、生命体が環境とどのように相互作用して形も大きさも進化していくかを追究する生態遺伝学が専門の生物学者だ。ふたりは共同で、1990年代に開発された幾何学的形態測定学という分析手法を用いた。この手法では、あとで比較できるように、生命体の写真に「ランドマーク」という点を打って形を描く。

2001年、コリヤーは泉に罠をしかけてパプフィッシュを400匹近く捕まえて、ホロマン空軍基地の研究所に持ちこみ、1匹ずつラベルを貼って写真を撮った。そして両目、尾、背びれなど13か所にランドマークを設定して、形状の分析に着手した。するとすぐに、ロスト川の個体群は流線形を維持しているのに、マウンドスプリングの個体群は、たった30年で進化して、祖先のマルペイススプリングの個体群と比べると、体高がさらに大きくなっていることがわかった。

研究成果をノヴァクとストックウェルと3人でまとめた論文で、コリヤーは「ロスト川とマウンドスプリングの個体群は、もとのソルトクリーク個体群のレフュジア〔広範囲で種が絶滅するなかで局地的に種が生き残った場所。逃避地域〕の個体群という役割を果たす潜在力があるかもしれないので、新しい環境がソルトクリークの進化の遺産（ESU）に、レフュジアでどのような影響を及ぼし得るかを評価することが重要だ」と報告した。[13]

論文はコリヤーの博士論文の第1章になったが、依然として未解決の重要な問いは残った。彼の研究は、形態学的な違いを示しはしたものの、その理由までは説明していなかった。それは表現型の可塑性——生命体が環境の変化に応じて外見を変える能力——によるのか、それとも観察に値するもっと独特なものの一例、ホワイトサンズ・パプフィッシュのDNAの変化なのだろうか。コリヤーは後者だとにらんでいた。もし彼が正しくて、パプフィッシュの変化が遺伝子によるのだとすれば、記録に残っている野生環境下の現代の進化——数百世代で起こる遺伝的変化としての定義——のなかでも珍しい例となる。

真相を突きとめるためコリヤーは、ストックウェルが1998年に制御実験用にと、びんに入れて保存していたパプフィッシュを使った。彼は同じく幾何学的形態測定学を用いて、このコモンガーデン実験で生まれた第1世代に、野生のパプフィッシュと同じような形の違いが出ていることを示した。体高が大きいというマウンドスプリングの個体群の特徴は、塩分濃度が低いことに対する「可塑的な」応答ではなく、また遺伝的浮動の産物でもなく、最初の個体群の進化的分岐の事例だったのだ。

「これは現代的な進化だった」とコリヤーは振り返る。「この個体群はもとの個体群と違っていた。これはすごいことだった。僕たちはここ20年、30年の話をしている。何千世代にもわたる変化を見るのに慣れっこになっているこの時代に」

ホワイトサンズ・パプフィッシュの進化のスピードを計測するとき、コリヤーとストックウェルはダーウィン単位ではなく、「ホールデン単位」という柔軟性に富む新しい計測単位を使った。ホールデン単位は、古生物学者フィリップ・ギングリッチが1993年に考案したものだ。

ギングリッチは、異なる種の進化のスピードでも、同じ種で時間尺が違う生きものの進化のスピードでも、科学者が計測するのに使える単位を考案したかった。ダーウィン単位では100万年単位でしか変化を計測できないため、発生した選択の強度を正確に推算できず、不十分だったのだ。そこで、ギングリッチは進化のスピードを年単位ではなく、世代単位で測定することにした。1ホールデンは、1世代あたり1標準偏差（SD）分の変化という定義だ。たとえば、標準偏差がニュージーランドのキングサーモンの卵1個の重さだとすると、ホールデン単位で表わされる重さの変化は0・048SD／世代となる。

この方法によって、科学者は自分たちが計測したいものの進化のスピードは何でも計れるようになった。目の直径、鳥のくちばしの長さなどだ。こうして測定結果は、変化の速度をより正確につかむための文脈で投入できるようになった。「これで、クジラのひれ足とハエの翅《はね》の進化を比べられる」とコリヤーは説明した。「単位が一本化されたので、進化のスピードが速いか遅いかが判断できる。異なる分類群のものの異なる進化のスピードを比較できるようになり、『自分が見ているものはすごいのか』を知るためのツールが手に入った」

ホワイトサンズ・パプフィッシュの場合、答えは「はい」だ。実にすごい。雌の場合、野生の個体群の体形の変化は0・174SD／世代、雄の場合は0・159SD／世代で、脊椎動物種のなかでは記録史上最速の部類に入る。この驚くべき数値は、進化のスピードについて生物学者が想定できる範囲を広げることになった。

絶滅の原因が「爆発的進化」を促した？

２０１１年、コリヤーとストックウェルは、パプフィッシュの生物学的多様性を高めるツールとして、導入された個体群の現代的な分岐が役立つかもしれないと考えている、と論文に書いた。だが、野生ではない個体群が、もはやもとの個体群の遺伝的複製ではないとすれば、それらを再導入したはいいが、うまく適応しなかったというリスクを冒すのは「賭けとしては犠牲が大きすぎる」[14]。マウンドスプリングのホワイトサンズ・パプフィッシュのように、レフュジアの個体群は「進化の実験として見るのが一番だ」と警告した[15]。

何十年にもわたり、自然保護主義者は、魚やほかの種を違う場所に移動させたり、飼育下繁殖プログラムを創設したりして、地球全体で絶滅のリスクを減らそうとしてきた。だが、これらの措置が、種に新たな進化の道を歩ませることになったらしい。ラルフ・チャールズと見知らぬ農民が、ロスト川とマウンドスプリングにホワイトサンズ・パプフィッシュを放した結果、図らずもそうなったように。

もはやこうした進化の軌跡は、人間の干渉がないという意味でわたしたちが使っている「野生」ではない。ジョージ・ゲイロード・シンプソンは種の概念を、独自の進化の傾向と歴史的運命をもつ大昔からの系統と定義したが、彼はまさか人間がこんな直截的にこの「運命」に影響を与える力があるとは思ってもいなかっただろう。人間が絶滅の原因となり得るということを誰も知らなかった、という意味ではない。20世紀初めには、ドードーからフクロオオカミまで、人間が原因で絶滅した例は山ほどある。

だが現在は、絶滅の原因となった環境を変えるその力が、進化を加速してもいると明らかになっているのだ。そして環境変化の速度は、ときに個体群の適応力を凌ぐほどのプレッシャーをもたらす。「それは直感で納得がいく」とストックウェルが説明した。「絶滅の原因となる邪悪な四要素である侵入種、過剰伐採、生息地破壊、分断、この要素のどれもが、急速な進化にも関連している」

この発見がもたらした成果のひとつに、保全戦略はごく狭い意味でしか種を保護できないということがある。「種の保護」という表現も、コリヤーに言わせれば問題だ。「進化は必ず起こっている。必ずだ。種を進化から守れると考えるのは無知だし、傲慢でさえある」

こうした厄介な緊張関係は、保全遺伝学の分野でとくに顕著だ。ある権威は自分の著作で、保全遺伝学のことを「種を動的な存在として保護する」手段を探究するものと表現している[16]。それが実際にどれほど難しいか具体的に示そうと、コリヤーは近年注力している別の砂漠の魚の例を挙げた。ペコス・パプフィッシュは、テキサス州とニューメキシコ州を流れるペコス川流域に生息しているが、堰きとめや川の水路化でペコス川がすっかり変わってしまったため、あちこちの生息地で孤立している。「昔は頻繁に遺伝子流動があったのに、今では遺伝子流動がまったくない極小個体群しか残っていない。極小個体群はそれぞれ独自の進化の過程をたどる。どうやって修復するかって？補強することはできるが、ペコス・パプフィッシュの局所的適応を台なしにするかもしれない。対立遺伝子《アレル》も導入可能だが、対立遺伝子《アレル》は環境に適応するように作用しないだろう。難しい問題だ。

歪曲してしまったものは修正するより記録するほうが楽だ」

最善の保全政策は、環境に手を触れず、自然のプロセスが独自の道をゆくにまかせることだ。これが従来の自然保護活動の姿勢だ。この姿勢が、「野生」とは人間が触れていない自然のことだという理念を支えている。コリヤーによれば、完璧な世界では人間は進化のスピードを速めも遅らせもしない。もちろん、今の状態は完璧な世界とはほど遠いのは言うまでもない。

ロスト川を訪れてから数日後、わたしはサンタフェまで運転してジョン・ピッティンジャーに会いに行った。1990年代からパプフィッシュ管理に携わっている生態学者だ。ブルーアース・エコロジカル・コンサルタントは、ピッティンジャーが妻と共同で設立した会社で、サンタフェ鉄道に並行しているパチェコ・ストリートに面している。

秋晴れの気持ちよい日で、わたしたちは賑やかな装飾が施された部屋で話をした。わたしたちは、ナバホプリントのオフィスチェアに腰を下ろし、会議机に陣取った。ニューメキシコ州の大きな地図が壁にかかっていた。彼は、パプフィッシュが目下直面している最大の危機は気候変動だ、と自説を披露した。西部の大半の州の例にもれず、ニューメキシコ州もここ数年、稀に見る降雨量の少なさだった。2013年、貯水量がほぼゼロになると、州当局は絶滅しそうなメダカの仲間を守るための法律で義務づけられたリオ・グランデの水量を維持するのに苦労した。非営利自然保護団体であるザ・ネイチャー・コンサーヴァンシーによると、トゥラロサ盆地は、地球温暖化に対するストレス耐性という点で高リスク地域だ。そうした地域はニューメキシコ州に数多くある。

「ソルトクリークの集水域は、降雨量が変わると直接的な反応が現われる。ソルトクリークに水を供給する帯水層が、山岳地帯で水を補給しているからだ」と地図で示しながらピッティンジャーが説明した。「10年、20年と降雨量が少ないと、生息地が縮小するおそれがある」

わたしは、ソルトクリークの個体群とマルペイススプリングの個体群の遺伝子の違いについて聞いてみた。今では、ふたつの個体群は異なる亜種になったと思いますか？「更新世後期から孤立しているのだから、かなり違う。だが、そういうふうに進んでゆくものだ……人類よりも長く続いてゆくのであれば」

わたしたちは、「進化」をどこまで理解できているのか？

わたしは、現代の進化は現実に起こっていることで、しかも各所で発生していると科学者たちが理解するのに、どうしてこんなに時間がかかったのか、不思議に思いはじめていた。

わたしたちが生物の授業で習う悪名高い事例はどうだろうか。ガラパゴスフィンチのくちばしの事例や、イギリスのオオシモフリエダシャクの事例は？　オオシモフリエダシャクは、科学者が200年近く進化を追いかけている。オオシモフリエダシャクは、最初はたいてい明るい色だったのに、19世紀になると産業汚染に呼応して色が暗くなってきた。ガラパゴスフィンチは、ピーターとローズマリーのグラント夫妻が1973年から食料調達の変化に呼応したくちばしの変化の観察を続けている。

このふたつの例は——イヌなどの家畜を繁殖させた結果、また、細菌がすぐに抗生物質に対して耐性をつけることから得た知識全般は言うに及ばず——短期間で進化が起こった明快な例だ。それなのに、何を今さら大騒ぎしているのか。

これを理解するために、わたしはマイケル・キニソンに話を聞いた。彼はメイン大学教授で、進化生物学の泰斗だ。大学院生だった1990年初めから進化のスピードの意味の研究を専門とし、ニュージーランドのキングサーモンの個体群の進化について調査していた。

1999年、彼は「現代の生活のペース——現代の進化の速度を計る」というきわめて影響力の大きい論文を共著で発表した。当時、「急速な」進化への言及が増えていたが、その単語が実際に何を意味するかについてを解説する文脈はあまりなかった。「急速という表現はあちこちで見かけるが、何かで見たとか気づいたとかがせいぜいだ」とキニソンは話す。共著者のアンドルー・ヘンドリー（現・マギル大学）とともに、キニソンはダーウィン単位とホールデン単位の使い方に明確さと一貫性をもたらした。両者の数学上、および理論上の長所と短所を指摘したうえで、その後の研究にとって正統な基準点を作成した。

今後の伏線として、ふたりは論文をこう締めくくった。「進化のスピードの予測がもたらす最大の貢献は、究極的には、わたしたちが、現在起こっている生命の小進化における自分たちの役割を認識できるようになること、そして絶滅という大進化の終点を未然に防ぐのに間に合うよう、個体群と種がすみやかに適応できるかどうかを慎重に検討することだろう(17)」

わたしが話を聞いたとき、キニソンは、進化生物学の分野は、現代の生命体の個体群の急速な進化の事例の重要性から目をそらしていると指摘した。オオシモフリエダシャクなどの例は、地球上で目撃される生物の多様性のごく一部を説明するために取りあげられるものの、科学者たちは、人間が持つ不自然かつ強大な影響力のごく珍しい例、もしくは特定の種のみに当てはまる例と見なされた。

「進化生物学が種の問いにばかり注目していて、違いをじっくり見きわめるのが難しいということもあり、それ以外のこうした例や、研究結果や、グッピーなどの生物は、特殊な例として脇によけられていた」とキニソンは続けた。「野生環境における事例を調査して、発生中の進化としては稀で例外だと発言する彼らにとって、都合がよかったということもある」

彼をはじめとする科学者は、現代の進化の記録例を集めはじめると、思った以上に急速な進化の事例が多いと知った。「みんな心の底では、生命体は一生のうちに進化すると期待していなかった」とキニソン。「細菌？　まあ進化してもいいんじゃない。害虫？　やたら多くて毎年繁殖する。ところが科学者が、サケもオオツノヒツジも木々も急速に進化するのを目にし、それは普遍的な現象だと示して、人々はようやく、急速な進化は幅広く当てはまると理解するんだ」

2003年、キニソンとヘンドリーはクレイグ・ストックウェルと一緒に「現代の進化、保全生物学に出会う」と題した論文を発表した。野生で観察された現代の進化の一部を紹介しており、ジャデラ・ハエマトロマ（カメムシの仲間）、ウツボカズラ、タイヘイヨウサケ、カダヤシ、ヒマワリなどが紹介されている。

3人は、これらの種の進化の原動力となる各種の「作用因子」（交雑、近親交配、汚染土壌など）を取りあげ、科学者、とりわけ保全生物学者にとって新しい現実を示した。彼らが研究対象としている種は、彼らの目の前で進化による変化を起こす力があるし、もしかしたらもう起こしているかもしれない可能性を考慮しなければならないのだ。おまけに、それは保全措置の結果かもしれない。「保全生物学者には、長期的な視点だけでなく短期的な視点からも進化を考えよ、と訴えたい。進化が、たいていの保全計画に定められた期間（10年単位）で起こることを考えれば、短期的な視点から考えるのは、ひじょうに重要だ[18]」

彼らによれば、ウツボカズラが休眠するよう進化したのは、地球温暖化が原因だった。この論文が発表になった2003年には、すでに人為的な地球温暖化の証拠は学術専門誌できちんと確立されている。保全生物学者は、種に対する影響について警鐘を鳴らしていた。そこにキニソン、ストックウェル、そして考えを同じくする研究者が、地球温暖化の影響への理解を広めた。動物の個体群の進化の速度に影響を及ぼすことによって、地球温暖化は進化の強力な作用因子になるという事実を明確にしたのだ。

気候変動は、地球の生物多様性相手の予定外の実験になった、と3人は論じた。「気候変動は主要な選択圧で、どれほどの種が適応できるかをめぐって活発な議論が交わされている」とキニソン。「予測は簡単ではない。ある生命体にとって重要なことが別の生命体にとって重要とは限らない。季節性、湿度など、気候の影響因子は、いくつかの種には戦力均衡や共生などをもたらすかもしれない。それくらい複雑だ」

たとえば、鳥とその餌食、この場合は蛾の生態的な関係を考えてみよう、とキニソンが提案した。気候変動のせいで蛾の孵化と個体数の最盛期がずれるのであれば、蛾は鳥の生息を支えられなくなるだろう。鳥は、繁殖するための餌として蛾が必要だ。進化の変化のスピードが相互依存しているふたつの種どうしで合致しないと、個体数は減少し、絶滅へと向かいかねない。「窮地に陥る種が増えると、社会は〔種を救うために〕どこまでやればいいのか、自分たちは何を大事にして、何を捨てるかという倫理的な選択をせざるを得ない」とキニソンは語った。

人間が絶滅と進化の両方に「手」を出せる時代の到来

現代の進化を掘り下げていくと、興味深い可能性が開《ひら》けた。人間は、種を絶滅の危機から救うために、種に進んでもらいたいと希望する方向へ急速に進化させるよう舵を切ることができる。もしわたしたちが意図的に、より強い、より回復力のある個体群へとつながる選択圧を導入したら、どうなるだろう。気候変動にもっとうまく適応する特徴を、種に付与することができるのだろうか。

キニソンと研究仲間は、この類いの応用進化思考――規範的進化、計画的進化、進化的救助、指向性進化とも呼ばれる――は、21世紀における絶滅の危機を理解し、それに対応する一助になると考えている。これは保全のなかでも新しく、まだほとんど手がつけられていない領域だ。キニソンの表現を借りれば、これまでの「切手収集」気質を捨てて、プロセス指向の視点が必要となる。「人間がこれらの相互作用から自分たちを切り離す実際的な方法はあまりないと思っている。相互作用から切り離されることによって、人間が結果的に生命体を絶滅させてしまう選択肢を選んだ、というケースも増えるだろう」

指向性進化における創造的なリスク分散戦略として、科学者が使えそうな基本原則がある。そのひとつが、適応に資する多様性を向上させる方法として、個体群の遺伝的多様性を積極的に管理したり、向上させたりすることだ。この戦略は、生息地の回復にはとりわけ有効だ。生態学者はふつう、自生植物の個体群の規模を増やすことしか頭にないが、異なる個体群の個体の播種《はしゅ》区は、自生植物の個体群の遺伝子を流動させ、多様性をもたらすことができる。

「もしかしたら、必ずしもユタ州の植物の種をユタ州に播かなくてもいいのかもしれない……地球規模の変化に抵抗して可能性を維持したいのであれば、個体群が進化し、適応する遺伝的多様性がある」と説明するのは、カリフォルニア大学デイヴィス校の植物学教授であるケヴィン・ライスだ。

「復元生態学の研究をしていると、ますますこれに対する関心が高まる」

また、科学者が知識に基づいて強気の賭けに出る可能性もある。たとえば、生命体に環境の変化や病気・疫病に対する抵抗力や適応力を授けるのだ。

研究者は、アメリカグリでこれをすでに実施している。20世紀初期にアメリカ東海岸原産のアメリカグリが、クリ胴枯病《どうがれびょう》菌が原因で絶滅寸前に追いこまれた。この菌は、アメリカグリにとって致命的な化学物質であるシュウ酸を生成する。現在、ニューヨーク州立大学環境科学・森林学が遺伝子を組み換えたアメリカグリを育てている。この木は小麦の遺伝子を含有しており、シュウ酸に対する抵抗力がある。遺伝子を組み換えた1万本を、2020年までにアメリカグリの原産地に植える準備が進められている。

ことによっては、この戦略は両生類にも使えるかもしれない。真菌であるカエルツボカビは、それに触れた両生類の種ほぼすべてにとって命とりになると証明されている。しかし、もし耐性遺伝子を割りだすことができれば、危機に瀕している個体群の生存確率を上げるために、その遺伝子を導入できるかもしれない。

2007年、カリフォルニア大学デイヴィス校の進化生態学者であるスコット・キャロルは、現代進化研究所という組織を設立した。キャロルの目標は、科学者を集結させて、進化の力の重要性と人新世（人間が地球に影響を及ぼす力になったと言われる今の時代を指す表現）における難問に目を向けさせることだ。

この研究所は、最終的に応用進化生物学という学問の礎を築くことを目指している。農学、医学、保全生物学の研究をつなぐのだ。医学と保全生物学のつながりはことに興味深い。病原菌が抗生物質に対する耐性をつけるように進化する力は問題であり、医学界の悩みの種だった。そして、医学の研究者が答えを出そうと努力している中心的な問題は、まさに気候変動を経て絶滅に直面している個体を救おうとする自然保護主義者が抱える問題とまったく同じだ。とはいえ、片方は細菌を殺すのが目的、もう片方は動物を救うのが目的ではあるが。個体群は進化を経てどう減少するのか、もしくは救われるのか。現代進化研究所が2015年に開催した最初の会議は、医学における耐性の進化と種の急速な進化が交わる箇所に焦点を当てた。

わたしはキャロルに話を聞いた。彼は妻のジェネラ・ロイと一緒に、オレゴン州ポートランドの昆虫学の会議から車で帰宅するところだった。夫妻は長年ジャデラ・ハエマトロマを研究していた。ジャデラ・ハエマトロマはアジア、アフリカ、南北アメリカ大陸で見つかっている色あざやかな虫で、ムクロジ属の木（*Sapindus*）の実を食べて生きている（これらの木の実は石けんの原料に用いられるので、この名がついた〔*Sapindus* とはラテン語で「インドの石けん（Indian soap）」の意味〕）。

夫妻は、ジャデラ・ハエマトロマの急速な進化を遂げる能力を追い、実の大きさ、実の入手しやすさ、気候に応じて、ほんの数十年で個体群が変化するのを観察してきた。ふたりが研究を始めてから、ジャデラ・ハエマトロマの進化は、大学生、大学院生の生物学のカリキュラムの共通要素になった、とキャロルが話してくれた。「わたしが25年前に大学院生だったとき、進行中の進化は、地球で起こっていること、人間が地球に及ぼす影響、保全生物学の手段と何かしら関係があるという認識はほとんどありませんでした。ところが今の若手の生物学者は、もちろん進化は継続中と口を揃えて言っています」

自然保護主義者に、進化を管理する意識的なアプローチを考えるべきだと納得させるのは、ひときわ難しい。野生動物管理者、なかでも野生の個体群の実験を明確に禁止している国立公園で働いている人は、よく言えば慎重だ、とクレイグ・ストックウェルは語る。「これだけは言える。一緒に仕事をしている野生動物管理者にこの話題を持ちだすと、彼らはまさか、という顔をする。彼らは、将来的に進化は止まると考えるように訓練されている。彼らに遺伝学的調査をするよう説得し、次に多様性を回復するために魚を移動させろと説得することはできる。そこまでは彼らもわかる。だが、ふたつの個体群が異なる選択をしたら、それらを互いに移動させるべきだろうかと考えさせるとなると……」

根底にある問題（時間と予算の不足に加えて）は、規範的進化は保全における倫理観というハチの巣をつつきまわすということだ。

「自然保護の倫理は人間社会とは別ものであり、野生動物は固有の価値観及び独自の生存権をもつ実体として進化する。これが自然保護活動に深く刻まれている価値観であり、〔指向性進化は〕人々にとって不都合な存在になりはじめている」とキニソンは言う。「ある生命体の進化の軌跡に干渉する、それも、今のようにうっかりではなく、意図をもって干渉するのであれば、わたしたちはその種について選択をしていることになり、その種を操作していることになり、その種の未来を選んでいることになる」

だが、と彼は続けた。「保全生物学でわたしたちが実施していることの大半は、すでに進化の操作なのだ」

第4章　タイセイヨウセミクジラ　*North Atlantic right whale*

1334号という名のクジラの謎

「気候変動」はどこまで生きものに影響を与えているのか?

この地球に残された〝大きくて複雑なもの〟

保存しようとする種の進化を、どうすれば人間が意図的に誘導できるのか。

そのことを考えると、ある生きものが誕生するに至った複雑で有機的なプロセスと、その生きものの遺伝子、行動、環境の関係を、わたしたちがいかに理解していないかが露呈する。

ここに人為的な気候変動という変数が加わると、もうお手上げだ。気候変動はこれまでも進化の強力な原動力だったが、現在の進化のスピードとそれが種に及ぼす影響を予測するのは難しい。こうした変化が個体群のプラスになる場合もあるが、すぐに進化できない種は絶滅への道をまっしぐら、ということになりかねない。

海洋生物のなかでも希少さにかけては有数の海洋哺乳類に、タイセイヨウセミクジラという生きものがいる。この生きものは、過去５００万年でゆっくりと進化してきたように見える。また、見ようによっては、ほとんど進化してこなかったようにも思える。

この巨大な種に気候変動がどのように影響を与えているのか、科学者は競って解明しようとしている。この調査が難しいのは、たいていのクジラはびっくりするほど長命だからだ。２００７年、生物学者は推定年齢１３０歳のホッキョククジラを発見した。その皮膚に残っている銛《もり》の痕は１８８０年についたものだった。ホッキョククジラには、２００歳超の個体もいるらしい。

クジラの子どもの大半は、調査している人間よりもまず間違いなく長生きする[1]。海を泳ぐクジラに衛星発信機をつけて追跡するのもできなくはないが、数週間、長くても数か月で発信機の大半は落ちるか、使用不能な状態になる。クジラの長い生涯の一端をひとめ見ようとする科学者は、その生態のカギを探るのに、そのクジラと同じときに同じところにいなければならない。タイセイヨウセミクジラの場合、その場所の見当をつけるだけでも至難の業だ。

　タイセイヨウセミクジラはかつてアイスランドからフロリダ州、そしてアフリカ北西部に至る大西洋に生息していたが、大量に採れる鯨油とその巨大な体躯が捕鯨業者に珍重され、乱獲の対象になった。１７００年代半ばには、商業捕鯨を支えられるだけの個体数はすでになかった。捕獲が１９３７年に禁止された時点で、タイセイヨウセミクジラはほぼ絶滅したと考えられていた。第二次世界大戦中に、アメリカの対潜哨戒機が、アメリカ東海岸沿いに残っていた数頭を誤爆したという記録が残っているくらいだった。

　ところが、１９７０年代になると、大方の予想を覆し、一部の生物学者がニューイングランドの沖合で数頭のタイセイヨウセミクジラを目撃した。彼らにとっては、自宅の裏庭でブロントサウルスが闊歩しているのを見つけたようなものだ。タイセイヨウセミクジラは、驚くほど遺伝的多様性に欠ける。地球上でも数少ないホモ接合型の生きもので、染色体の対立遺伝子《アレル》に違いがない。繁殖率も異様に低い。

　タイセイヨウセミクジラが再発見されてからというもの、保全活動家は船の往来が激しい東海岸でこのクジラが衝突事故に遭ったり、漁具に絡まったりしないよう守ってきた。だが、70年ものあいだ国際レベルで保護に力を入れてきたにもかかわらず、その個体数はすぐには回復しなかった。

進化上の親戚にあたるミナミセミクジラも、やはり商業捕鯨で大量に捕獲されたうえに遺伝的多様性も低いのだが、繁殖率が3倍のため、生息数は1000頭から6000頭にまで回復した。

タイセイヨウセミクジラをめぐる謎の最たるものは、科学者をまごつかせる行動をとり、最善の保護方法をわからなくしていることだ。それは数年おきに起こることで、直近では2013年だった。毎年、夏になると、タイセイヨウセミクジラはカナダのノヴァスコシア州とアメリカのメイン州近くのファンディ湾に餌をとりに数百頭単位でやって来るのだが、その年に姿を見せたのはわずか6頭だった。体長は6階建ての建物に匹敵し、体重は70トンというこの生きものが、海のどこかに消えてしまった。タイセイヨウセミクジラのゆくえについて、セミクジラ専門のある生物学者とその仲間に聞いても、「皆目わからない」と言う。

タイセイヨウセミクジラの研究は、その規模において、マウンテンゴリラ、チンパンジー、ゾウの長年の偉大な研究に勝るとも劣らない。ニューイングランド水族館のタイセイヨウセミクジラ一覧には、約40万枚の写真が収録されている。タイセイヨウセミクジラは、かなりの数の個体（全体の約8割）の遺伝子プロファイルがわかっている数少ない海洋生物だ。だが、そのDNAを調べ、研究と保護活動に多額の資金を投じてもなお、科学者は基本的な生態については推測するしかない。わかっていることといえば、子どもを産まないものが餌を探しに冬にどこに向かうのか、どこで出産するのか、一部は夏に餌をとりにどこに行くのか、くらいだ。

タイセイヨウセミクジラについて知識が深まるほど、この種はわたしたちが忘れがちなことを思いださせる効果抜群の存在のように思えてきた。グーグルマップ、マイクロチップ、技術絶対主義のこのご時世に、地球には大きくて複雑なもの――海、気候、クジラ――がまだ残っている。

これらのものの前では、わたしたちの理解などちっぽけなことだ。ましてや、よくも悪くもそれらをコントロールするわたしたちの力など言うに及ばず、だ。

謎だらけの母クジラ「1334号」を追って

ケイティ・ジャクソンは、情熱を注いでタイセイヨウセミクジラの生存に取り組む若手の野生生物研究者だ。毎年、冬になると7・6メートルの複合型ゴムボートを操縦して、撮影担当者と生検用ダーツを射る者とともに、ジョージア州とフロリダ州の沖合を巡航する。そこは、母クジラが出産する場所だ。クジラを見つけると生検用ダーツが放たれる。ダーツで入手した皮膚のサンプルを用いて、この種の系統樹に新しい分枝が登場するたびに追跡する。この仕事を始めて12年、ジャクソンは300頭前後のクジラにダーツを放ってきた。

タイセイヨウセミクジラは、ザトウクジラとコククジラとほぼ体長は同じだが、ずんぐりむっくりした体つきで、体重はザトウクジラとコククジラより重い。生まれたばかりの子どもでも巨大で、体長は4・5メートルほど、体重は500キログラムくらいある。こんなに大きいのに、海がことさら穏やかな日以外に、タイセイヨウセミクジラを目撃することはめったにない。波と銛の先端、水面下を泳いでいるクジラと雲によってできた影を見わけられるよう訓練された目でないと、見つけられない。

発見の確率を上げるために、ジャクソンは、海抜300メートルの上空を小型飛行機で飛ぶパイロット2名とも一緒に仕事をした。飛行機は、芝生を刈るときのように、55キロメートルほど東に進み、その後海岸に戻るように西に進む、ということを繰り返した。ジャクソンは飛行機2機のルートを縦に割くように、真ん中から北上して南下を繰り返した。1日の終わりには、調査チームは数百キロメートルもの距離を移動していた。

2013年2月21日、穏やかな天気の日、正午にはボートに乗っていようと、ジャクソンは仲間とともにフロリダ州のメイポート海軍補給基地に向かった。海に出ると、ジェン・ジャクーシュからの電話を受けた。飛行機に乗ってクジラがいないか見張る係のジャクーシュは、雌のクジラとその子どもが、ポンテ・ヴェドラから約5キロメートル離れた沖合で泳いでいるのを目撃した。パイロットは、彼女が母親の身元を確認できるよう2頭の上空を旋回した。ジャクソンがジャクーシュの飛行機が飛んでいる南へと向かうと、また電話があった。「1334号よ」

ジャクソンは驚いた。「興奮しました。と同時に怖くなりました」

1334号（ニューイングランド水族館はタイセイヨウセミクジラに識別番号をつけている）と呼ばれるこのクジラは、30年間生物学者を悩ませつづけていた。1980年代初めに南部の海岸の沖合で最初に目撃されて以来、定期的に姿を見せた。だがほかの仲間と違い、1334号は夏になっても仲間と一緒にファンディ湾に現われなかった。その後しばらくは、誰もこの雌の姿を見なかったが、3年後、フロリダ州に新しい子どもと一緒に現われた。その3年後にもまったく同じことが起こった。

それから30年間、1334号は研究者が知る限り、最も多産な母親だった。定期的な間隔で9頭の子どもを産んだ。タイセイヨウセミクジラの繁殖率が落ちこみ、全体の生息数も減少するのを生物学者が目の当たりにしていた時期にも、1334号は出産した。2000年、1334号は子どもを産んだ唯一のタイセイヨウセミクジラだった。ジョージア州のオサボー島の沖合で出産した。しかし、この雌がどこで餌をとり、どこでつがい、出産と出産のあいだはどこで暮らしているのか、誰も知らなかった。

謎は1989年にいっそう深まった。1334号がラブラドル海盆で船から目撃されたからだ。ラブラドル海盆は大西洋北西部の海盆で、深さ3200メートルまで氷のように冷たい水が流れている。グリーンランドから800キロメートル南東、ラブラドルから1050キロメートル東のフェアウェル岬と呼ばれているかつての捕鯨場の南で、1334号は生後8か月の子どもと一緒に泳いでいた。出産した場所からラブラドル海盆までの約4300キロメートルの移動は、タイセイヨウセミクジラが移動した記録としては最長だ。毎年、夏になると姿を消す雌は1334号だけではないが、1334号が一番有名だ（ラットという名の別の雌は、200回以上目撃されているが、ファンディ湾には1997年の2か月しか姿を見せていない）。

「一部のクジラは子どもを育てるためファンディ湾に姿を見せるものなのに、研究者たちはラブラドル海盆で目撃されるまで誰も1334号とその子どもを知りませんでした」とジャクソンが話した。「わたしたちは、その親子をほかの場所で見たこともありませんでした。そこで浮かんだのは、いったい1334号とその子どもはどこにいるの？という問いでした。そこにはもっとたくさんのクジラがいるの？　1334号はその問いの象徴になりました」

雌のタイセイヨウセミクジラの個体群の3分の1は、ファンディ湾に子どもを連れてきたことがない。生物学者はファンディ湾に姿を見せないタイセイヨウセミクジラを「非ファンディ」と呼びはじめた。このクジラたちは情報がまったくない真空状態、という印象を与えかねない名称だ。この真空状態を情報で満たすには、子どもの遺伝物質を収集するのも手だ。子どもの父親がわかれば、重要なカギが明らかになるかもしれない。

1334号が子どもと一緒に現われたと知っても、ジャクソンは驚かなかった。だが、1334号が海岸から5キロメートル足らずしか離れていない沖合に姿を見せたのには驚いた。1334号が陸からこんな至近距離で目撃されたことは今までなく、その遺伝子サンプルを採取できた人間は皆無だった。

これまでで1334号に最も接近できた人物といえば、ほかならぬジャクソンその人だ。2009年、クジラの研究を始めて7年目のこと。彼女のチームは岸から55キロメートルの沖合で1334号に近づいたが、ダーツを射る人間がいざ接近しようとすると、1334号は子どもと一緒に10分間水中にもぐり、次に姿を見せたのは100メートルほど先だった。再度近づこうとしても同じことの繰り返しだった。1334号が次にどこに姿を現わすか予測したところで、必ず予測とは違う場所、ダーツの届かないところに出てくるように思われた。1334号は追いかけっこをしてこちらを混乱させている、とジャクソンは感づいた。1334号は、彼女たちが予測できないよう、すばやく動いてボートから逃げている。

何百年ものあいだ、タイセイヨウセミクジラが捕まり、殺されたのは、1334号のような行動をとらないからにほかならなかった。タイセイヨウセミクジラはおとなしいので殺すのが簡単だった。動きは緩慢で、ちょっともぐってはすぐ近くに再び顔を出す。メイフラワー号が清教徒を乗せてプロヴィンスタウン港に到着したとき、乗組員のひとり（おそらくはイギリス人のウィリアム・ブラッドフォード）が、タイセイヨウセミクジラが多数いて、なおかつ1頭たりとも船をまったく恐れていないことを書き残している。「わたしたちはそばでクジラが元気よく遊んでいるのを毎日見かけた。この場所に、このクジラを捕獲する道具と手段があれば、わたしたちはさぞ大儲けできたことだろう。残念ながら、道具も手段もなかったが[2]」

だが2009年のその日、1334号は姿を消したかと思うと、また姿を現わした。ジャクソンたちは1334号を追跡するのを諦めた。

アメリカ海洋大気庁は、絶滅の危機に瀕しているクジラに近づく際に厳しい規制を設けている。サンプルを採取するには、ジャクソンはそれが1334号に間違いないか、2度確認しなければならない。ふつうは、まずズームレンズを使ってクジラの頭部の写真を撮り、次にその写真をボートに備えつけのクジラ一覧と照合する。だが、ジャクソンは生検のチャンスを逃したくなかった。「きちんと見ればあの子だってわかる自信はありました」とジャクソンは言う。「何かとお騒がせのクジラは、一度見れば忘れられない顔をしています」

ジャクソンがクジラの右側に向かって進んでいくと、そのクジラが頭を上げてくるりと体を回転させたので、運よく傷とカロシティの形状が確認できた。カロシティとは、クジラの頭の皮膚組織が厚くなったものだ。そこに「クジラジラミ」として知られる白いカニのような寄生虫が寄生し、クジラの黒い皮膚と対照的な目立つ柄をつくる。1334号は涙型の大きなカロシティがひとつあり、その下に小さい円がふたつある。「間違いない」。ジャクソンはダーツを射るトム・ピッチフォードに告げた。「とにかく射って」

ピッチフォードは狙いを定め、指を引き金にかけた。引きの重さは68キログラム、矢の先端部は2・5センチメートル、中が空洞のステンレスのシリンダーで、矢じりは鋭く、クジラの皮膚に突きささるようになっている。シリンダーの内部には逆方向を向いた爪が3ついていて、切りとった皮膚と脂肪をしっかりと収めておける。合成樹脂の発泡材が、矢じりが深く突きささるのを防ぐ。矢の羽根は発泡材なので、クジラの体に矢が当たって、跳ねて落ちても海に沈まない。

ピッチフォードが1334号の右側に狙いを定めて引き金を引くと、矢は表皮に刺さった。ジャクソンはボートを漕いで矢を海上から回収し、次に子どもに注意を向けた。だが、そのときはもう母親は逃げる態勢に入っていた。ジャクソンは2頭が水面に現われたときに何度か近づこうとしたが、うまくいかなかった。最後に、ピッチフォードがダーツを射るのが可能な距離まで近づいてから、子どもに向かって矢を放った。矢は子どもの左側に命中して海に落ち、チームはその矢を拾いあげた。

ジャクソンにしてみれば、ここまでついているなんて信じられなかった。「すべての条件が揃って、わたしたちに有利に働きました。こんなことはめったにありません。これまでクジラ調査研究を続けて、1334号を目撃したのはこれが初めてです」

ピッチフォードは生検サンプルをクーラーにしまい、現地調査の拠点に戻って加工した。作業中は手袋を着用して、自分のDNAでサンプルを汚染しないように注意を払い、黒い表皮をメスでさらに細かく切り分けた。切り分けた表皮サンプルは保存用の小びんにひとつずつ入れられ、数週間後、そのうちのひとつがブラッド・ホワイトに送付された。

ホワイトはカナダ・トレント大学の天然資源DNAプロファイリング法医学センターの分子生物学者で、30年間タイセイヨウセミクジラのDNAを分析している。彼は、タイセイヨウセミクジラ2頭のDNAを比較すれば、双子のようにそっくりに見えると知っていた。また、1334号の奇妙な放浪癖や、驚くほど多産という特徴についても承知していた。もしかしたら、1334号のDNAは、ほかと違うのではないか。この種の生存の謎を解くカギとなる、違う性質を備えているのではないだろうか。

ある未亡人研究者の執念がもたらした「船」と「骨」の発見

400年ものあいだ、タイセイヨウセミクジラの進化の歴史を解く遺伝学的なカギは、ラブラドル半島沖合の亜寒帯の海に沈んでいる難破船の下に埋もれていた。1978年、セルマ・バーカムが考古学者にその場所を教え、海中を探すよう訴えた。大学も出ておらず、子どもを4人抱えた未亡人のバーカムは、海洋史の大発見をするような人物にも、その過程で旧世界と新世界の初期段階のつながりを証明する人物にも思えなかった。

1927年にロンドンで生まれたバーカムは、長いこと生活はかつかつで、生活のためにメキシコとスペインで英語を教えていた。だが、旧姓がハクスリーということからわかるように、彼女の家系は優れた知識人や科学者を輩出してきた。彼女の性格も、独学で素晴らしい功績を残す人材を世に送りだすという一家の伝統を裏切らない。母方の祖父はカナダ・ケベック州首相を務めた。父親のマイケル・ハクスリーは、イギリス王立地理学協会の刊行物『ジオグラフィカル・マガジン』の創設者兼編集長だった。父方のいとこに『すばらしい新世界』や『知覚の扉』の作者であるオルダス・ハクスリーや、生物学者で国際連合教育科学文化機関の初代事務局長のサー・ジュリアン・ハクスリーがいる。

さらに、オルダスとジュリアンの祖父は高名な科学者のトマス・ヘンリー・ハクスリーだ。トマス・ハクスリーは正規教育を10歳までしか受けていないが、1895年にこの世を去るまで、専門の領域で数々の立派な賞を受賞した。10代で独学でドイツ語、ラテン語、ギリシア語を身につけただけでなく、解剖学、無脊椎動物学及び脊椎動物学、古生物学、神学、医学にもひととおり通じていた。また、進化論の熱心な弁護者としても名を馳せ、「ダーウィンの番犬」というあだ名を頂戴したほどだ。

彼のひ孫にあたるセルマ・バーカムも、やはり人生の後半で数々の栄誉に浴することになる。1981年には王立カナダ地理学会から金メダルを授与され、カナダ勲章メンバーとなった。

だが、キャリアの出発点はいたって平凡だった。教員からスタートし、その後モントリオールのマギル大学北米北極研究所の司書になった。1953年に、イギリス人の建築家のブライアン・バーカムと結婚。ブライアンは、自分がスペイン建築を学んだ地、バスク地方に情熱を注いでいた。結婚すると、彼は妻を大好きなスペインに連れていった。１９５６年に、かの地の司祭が、バスクとカナダの忘れられたつながりについて語った。16世紀に、バスク人がカナダ沿岸部の魚を求めて大西洋を渡ったという。司祭の話に出てきたあまり知られていない事実が、セルマ・バーカムの意識に刻まれた。

彼女はオタワで４人目の子どもを出産したが、夫は１９６４年に亡くなってしまう。息子のマイケルが10歳のとき、セルマは家族の将来のための計画があると宣言した。まず、カナダからメキシコに引っ越す。彼女は現地で英語を教え、引きかえにスペイン語を習う。その後、みんなでスペインに移住して、彼女が長年温めていた計画を実行に移す。カナダのバスク人について研究論文を書くのだ。

「すごいのは、子どもを４人抱えた未亡人が、財産もまったくないのに計画を実行に移したことだ。だが母は、この研究をやると決意するタイプの人間だった」とマイケルが振り返る。「この研究をすれば、母は自分の知的好奇心が満たせるし、亡くなった父が好きだった場所にもいられて一石二鳥だ。父は母をバスクに連れていった。友人もまだそこにいた」

メキシコに3年住んだのちに、バーカム一家は貨物船に乗ってフランコ独裁政権末期にビルバオに移った。だが、到着すると、彼女がカナダ政府に申請していた研究助成金は却下されたことがわかる。プロジェクトは新たな歴史的価値を示すものではないという理由だった。家族を養うためにセルマはまた英語を教え、空き時間に研究を進めた。その後10年で、彼女はセビリア、リスボン、マドリッド、トロサの図書館や公文書館で何百時間と過ごした。確かに、魚を求めてバスク人が大西洋を横断した事実は歴史家がすでに確立していたが、セルマは、これまで誰も手をつけていなかった契約書、遺言、保険証券にも目を通し、１５００年代初めまでさかのぼると海運経済は今よりずっと豊かだったこと、タラだけでなくクジラも重視されていたことを突きとめた。

　バスク人は優れた船乗りであり、12世紀にカンタベリー沿岸部、さらにはアイリッシュ海で捕鯨を行っていた。また、彼らは造船技師や起業家としての才もあり、やがてもっと遠くの外国まで遠征し、ニューファンドランドまで行ってメルルーサ〔スケソウダラに似たタラ目の魚〕やタラを捕るようになった。１５００年代初めに、フランス系バスク人が、「新しく見つけた土地《テラノヴァ》」と呼んでいた土地で見たクジラの報告を持ちかえった最初の人間だったのは、ほぼ間違いない。

　セルマは、多数の船がその航海を実行し、ベルアイル海峡に上陸した記録を発見した。ベルアイル海峡は、ラブラドル半島とニューファンドランドを隔てる、霧が立ちこめて水が冷たい水域だ。捕鯨業者は「クジラの到来」月である6月と7月にやってきて、海峡沿いの水深の深い港の近くで野営した。そこなら、巨大な４５０トンのガレオン船を係留できる。のちに、捕鯨のシーズンには「クジラの帰還」月である9月と10月も含まれるようになった。

　バスク人は銛と、かまどと、炉の上に設置する赤いタイルと、鯨の脂肪を溶かすずっしりした銅の大釜と、鯨油を入れた樽を締める金属のたがを持参していた。彼らの捕鯨方法はことさら残酷だが効果的だった。まず、幼い子どものクジラに銛で瀕死の重傷を負わせた。母親のクジラが傷ついた子どものそばを離れない習性を知ってのことだった。そして母親を銛でしとめる。スペインに戻る船1隻で、十数匹のクジラから採れる1000樽分の鯨油を持ちかえった。鯨油は儲けが大きかった。捕鯨船の所有者は、2、3回捕鯨に行くだけで大金持ちになれ、その後船を売却してさらに儲けられる。1540年代から1620年代まで、バスク人は平均して年間300頭のクジラを捕獲、鯨油およそ1万5000樽を母国に持ちかえった。タイセイヨウセミクジラの油はヨーロッパ全域で燃料として利用された。

1974年、セルマはオニャティというバスクの小さな山の町に行き、数世紀にわたって事実上誰も手を触れていない古文書を発見した。各種記録にひととおり目を通しているうちに、奇妙な書類に遭遇したのだ。サンファアン号という捕鯨船の訴訟文書だ。1565年、204トンのガレオン船は、荷を積んであとはスペインに戻るだけというときに、不測の嵐によって係留設備を破壊され、座礁してそこで沈没したという。

セルマは興味を引かれ、現在のラブラドルの地図を調べて、古文書館で見つけた古地図と比較した。バスク人が16世紀に「丘《レ・ブト》」と呼んだ、ベルアイル海峡の北側にある場所は、そばの赤い花崗岩の断崖からその名がついた、レッドベイという小さな港町だった。サンファアン号が沈没したのはここだ、と結論を下した彼女は、王立カナダ地理学会に研究助成金を申請し、1977年にバスク捕鯨船員のよすがを求めて、海峡沿いの港の考古学調査に着手した。

マイケル・バーカムは18歳になっており、母親の研究旅行に同行した。春から初夏だと、氷山がまだベルアイル海峡に浮かんでおり、海岸沿いでは強風や冷たい雨など荒天に見まわれる。「ラブラドルに行くのは冒険だった」とマイケルは回想する。探していたものはまもなく見つかった。

「海岸を歩いて港を調べていると、予想どおりクジラの骨の山を見つけた。地元の人は100年前のものだとばかり思っていて、まさか450年前のものとは夢にも思っていなかったらしい。イベリア産の屋根タイルも浜辺に転がっていた」

レッドベイの住民は、その赤いタイルをイギリス産だと思っていて、細かく砕いて子どもの顔にペイントするのに使っている、とマイケルに話した。海岸に散らばっているタイルについて勘違いしていたのは住民だけではなかった。ジェームズ・クック船長のエンデヴァー号処女航海に同行したイギリスの博物学者サー・ジョゼフ・バンクスも、タイルはヴァイキングが残したと思っていた。ニューファンドランドと先史以前のラブラドルを研究する考古学者の大家、ジェームズ・タックは、長年、海岸沿いにある1万年前のアメリカ先住民の遺跡を発掘していたが、赤いタイルが重要だとは微塵も思っていなかった。

自分の調査を裏づける証拠が大量に出てきて、セルマはサンファン号についていっそう確信を深めた。彼女は、水中考古学者でカナダの国立公園を管理しているパークスカナダのロバート・グルニエに、サンファン号は実在したと語った。難破船の残骸がある場所も見当がついていた。それはレッドベイの港に浮かぶ小さな陸塊のサドル島北端だ。1978年、グルニエが少人数のチームを組んでサドル島に向かうと、水面からほんの10メートルほど下に、シルトから船の木材が突きだしているのが見えた。

サンファン号の発掘には5年を要した。ダイバーが海に潜れるのは温暖な時季だけだった。寒くなると気温が下がり、氷が増えて作業ができないのだ。船は海という墓のなかでそのままの姿を保っていた。

発掘作業が１９８５年に完了したとき、チームが水中で分解作業を行った時間は14万時間、計３０００枚の木材を引きあげた。陸上では考古学者が木材を図にして、形状、工具が使用された痕跡、摩耗具合を記録した。サンファン号の10分の１の模型が組みたてられ、チームの作業が終了すると、現場の保全のため、引きあげられた木材は再び水中の元あった場所に埋め戻された。

ダイバーが発見した靴、木のボウル、銛の柄《え》の部分、樽といったもののなかに、海中でそのままの状態が保たれていた21片のクジラの骨が混じっていた。雌の前びれの上腕骨で、１９８６年に骨学者が判定したところ、半分がホッキョククジラ、半分がタイセイヨウセミクジラのものだった。この骨は生物学者にとって大発見になると、セルマは思った。海と時間のなかに消えていった種の歴史の貴重なかけらを見られるのだから。だが、さすがに彼女も、この骨がこの種に対する科学者の理解を劇的に変えるとは、予想だにしていなかったことだろう。

捕鯨と絶滅の意外すぎる関係

１９７０年代後半に大きな個体群が見つかったあと、生物学者は、植民地をもつ国々による捕鯨が原因で、タイセイヨウセミクジラは絶滅寸前に追いこまれたと考えるようになった。捕鯨は一大産業で、17世紀に最盛期を迎え、タイセイヨウセミクジラは５５００頭以上捕獲された。この数値に基づき、１６９０年代には少なくとも１０００頭いたが、捕鯨が禁止されたころは70頭程度しか残っていなかったのでは、と生物学者は推測した。

だがバスク人による捕鯨が新たに判明したことで、生物学者は乱獲によりタイセイヨウセミクジラの個体群のボトルネック〔集団の密度が減少して、結果的にその集団の遺伝的多様性が低くなること〕が現われたのは、当初の予想より数百年早かったことを突きとめた。セルマのあとに続いた研究者は、バスク人が殺したホッキョククジラとタイセイヨウセミクジラは2万5000頭から4万頭と推測した。この数値から、海洋生物学者は、バスク人が到着する前は、タイセイヨウセミクジラは1万2000頭から1万5000頭ほどいたのではないかと計算した。1991年、アメリカ海洋漁業局はタイセイヨウセミクジラの保全計画を示す際、この計算値を種の回復の判断の尺度にした。先は長かった。1990年代、タイセイヨウセミクジラの生息数はせいぜい数百頭で、事態が変わらなければ2000年で消滅するという予測が出ていた。

分子生物学者のブレンナ・マクラウドは、2000年代初めのトレント大学大学院生時代に、研究テーマを探していた。マクラウドは海洋哺乳類にも考古学にも関心があったので、指導教官のブラッド・ホワイトは、サンフアン号の下から発見された古いクジラの骨はどうかと提案した。予備調査は別の研究者、トゥーリカ・ラストギがすませていた。骨の保存状態が良好だったので、質のよい遺伝物質を抽出するのは簡単だった。ところが驚いたことに、ラストギの分析では、タイセイヨウセミクジラの骨は1片だけで、残りは全部ホッキョククジラだった。この研究を続けるには、追加の作業ともっと大量のサンプルが必要だ、とホワイトはマクラウドに言った。

マクラウドはこのプロジェクトに全力を傾けた。タイセイヨウセミクジラの骨を複数のマイクロサテライト領域で遺伝学的に分析することにした。マイクロサテライト領域とは、DNA専門家が血縁関係や個体群を把握するために用いる分子マーカーだ。彼女はすでに現在の個体群で分析がすんでいる領域を選んだ。生物学者が考えているように、バスク人による捕獲が原因でタイセイヨウセミクジラが個体群のボトルネックを経たのであれば、1565年以降の骨から、珍しい、もしくは失われた対立遺伝子《アレル》が見つかるかもしれない。

ところが、マクラウドはまたもや驚くこととなる。骨は、フロリダ沿岸を泳いでいる、生きているタイセイヨウセミクジラのもの、と言っても通用するほどだった。

「遺伝子型は現代の個体と同一に見えました」とマクラウドが説明した。「いろいろな変異が失われたのであれば、まったく別ものに見えるはずです。それなのに、1500年代のクジラは現代のクジラとそっくりでした。以前考えられていたような大きなボトルネックを経験しなかったのです」

ここから導きだされる結論は衝撃的だ。進化のどこかで、もしかしたら気候変動の結果、タイセイヨウセミクジラは85頭程度まで激減してからいったん回復し、捕鯨によって再び減少したのかもしれないというのだ。遺伝的多様性が極端に低い原因は何であれ、バスク人による捕鯨が原因でも、その後の捕鯨船団が原因でもないようなのだ。

マクラウドがこれら初期の研究成果を学会で発表したところ、返ってきた反応は憤りだった。彼女によれば「昔は個体群は大きかったのに、人間のせいで激減したとみんな信じていました」ということらしい。彼女の研究に対する批判のなかには、サンプルがじゅうぶんではないために結果がゆがんでいる、という意見があった。

そこで、マクラウドはその後も調査を継続することにして、これを博士課程の研究テーマにし、それから3度の夏をベルアイル海峡沿いでクジラの骨を探すことに費やした。最初のうちは、連絡道路でつながっている海岸しか行けなかった。すると２００４年、生物学者でウッズホール海洋研究所のマイケル・ムーアが、所有しているロジータ号を提供してくれることになり、調査に行ける海岸が増えた。ムーアはロジータ号で研究休暇を過ごしていて、古い捕鯨場でタイセイヨウセミクジラを探していた（が、1頭も見つからなかった）。彼は、骨がもっと見つかれば、この種のＤＮＡの謎を解くのに役立つかもしれないという可能性に興味を覚えた。

現在はイギリス在住のセルマ・バーカムのアドバイスと古地図をお供に、マクラウドとムーアは２４０キロメートル以上に及ぶ海岸線を調査し、バスク人のかつての捕鯨場を複数特定した。ニューイングランド水族館のモー・ブラウンとヤン・ギルボールトも一緒に、マサチューセッツ州からレッドベイまで5日間の航海だった。レッドベイに到着したとき、一面に霧が立ちこめていた。それから10日間、ムーアは船を異なる港に係留し、マクラウドは小型ドリルを手に、苔や岩の下を覗いて骨を探した。モントリオールでの体育教師を経て、タイセイヨウセミクジラ保全活動家になったブラウンは、スキューバダイビングで海岸に沿って海中の骨を探した。最終的にはみんなで２００片の骨を収集した。

２００９年、マクラウドたちは、発見した内容を北米北極研究所を通じて公表した。３６４片の骨のうちシロナガスクジラが1片、ナガスクジラが1片、ザトウクジラが2片、ホッキョククジラが203片で、タイセイヨウセミクジラは皆無だった。

謎は解決するどころかますます深まった。ホッキョククジラは北極圏東部の水が冷たい地域にしか生息しないと思われていたからだ。

16世紀に、こんな南でホッキョククジラは何をしていたのだろう。バスク人の捕鯨対象であるタイセイヨウセミクジラがいなかったのだとしたら、過去400年以上にわたってタイセイヨウセミクジラの遺伝的多様性がほとんど見られなかったのはなぜなのか。「タイセイヨウセミクジラには、明らかに別の要因が働いていました」とマクラウドが語る。「気候変動か環境影響か。わかりません。いつも個体群に300頭しかいなかったとは思っていません。だけど4万頭いたということもない」

マクラウドと論文の共著者が検討している仮説は「小氷期」だった。1300年から1850年にかけて地表温度が下がり、氷河が広がり、北極前線が延びた時代だ。小氷期によって、ホッキョククジラとタイセイヨウセミクジラの移動パターンが変わった。もしかしたら、ホッキョククジラが寒冷前線とともに南へ、南へと押しだされたいっぽうで、タイセイヨウセミクジラは北の餌場から水温が高い海域へと移動を余儀なくされたのかもしれない。

とはいえ、それではタイセイヨウセミクジラに見られる遺伝的浮動——遺伝的多様性が世代をまたいでランダムに消滅すること——の説明がつかない。タイセイヨウセミクジラに見られるような遺伝的浮動および遺伝的多様性の欠如の状態に至るには、何度も小氷期を迎えなければならない。暑くなったり寒くなったりを何万年も繰り返し、そのたびごとにクジラの生存に影響を及ぼし、個体群を縮小させたはずだ。

これらの問いすべての根底にあるのは、タイセイヨウセミクジラは、潜在的な進化力もほとんどなしに、どうやってこんなに長く生きのびたのか、という謎だ。

ないに等しい「遺伝的多様性」で数千年生きのびた?

実は、極端に遺伝的多様性が低いながらも何千年と生きのびた種は、タイセイヨウセミクジラだけではない。

たとえば、ツコツコがいる。アルゼンチンの草地に生息する齧歯類の動物だ。950年にもわたり、1種類しかないミトコンドリアDNAのハプロタイプで生きのびてきた(ミトコンドリアのハプロタイプとは、母親から受けつぐDNAの組み合わせだ)。それでも、ツコツコは今なお繁殖力のある子孫を産んでいる。マダガスカルウミワシは、これまで2800年間、およそ120組のつがいだけで生きてきた。

2007年、フランスとカナダの生物学者が、アムステルダムアホウドリとワタリアホウドリについて研究成果を発表した。それによると、アムステルダムアホウドリとワタリアホウドリは単一の祖先から約100万年前に分かれたふたつの種で、驚くほど遺伝的多様性が低い状態で何十万年と生きのびてきた。

だが、素晴らしいことに、このふたつの種は繁殖成功率が高く、アムステルダムアホウドリの場合、1980年代初めにわずか5組のつがいしかいないという深刻なボトルネックから回復した。研究成果を発表した著者たちは「アホウドリは、遺伝子の減少が個体群に及ぼすマイナス効果についての従来の見方を覆そうとしているかのようだ」と見ている(3)。

この謎を解くカギは何だろう? 蓋を開ければ、タイセイヨウセミクジラとワタリアホウドリは、その回復力の一助となる行動が似ていた。どうやら、どちらも近親交配を避ける能力があるらしい。

タイセイヨウセミクジラの場合、複雑な求愛の儀式が関係しているのかもしれない。雌はかなりの発展家で、1年じゅう、くるりと仰向けになっては近くにいる雄たちに手あたり次第に声をかける。これらの雄は、はるばる遠くから泳いできてこの雌の周りに集う。雄は雌に近づこうとそれぞれがんばるのだが、その過程で競争相手と押しあいへしあいしながら、前ひれと尾で水面を打ち、潮を吹く。雌が体の右側を空に向けると、雄はその下に泳いでいって交尾しようとする。この大騒ぎは、「水面活動」といい、何時間も続くが強引ではない。雄は交尾する権利をめぐって戦ったりせず、動物界で知られている最強精子コンテストとでもいうものを実施する。雌とつがう段階になると、多数の雄がその雌に射精し、受精に向けて競争する。

タイセイヨウセミクジラを研究している生物学者は、ケイティ・ジャクソンなどの研究者が集めた遺伝子サンプルを見れば、受精が成功するのは雄が雌と異なるDNAをもっているときだけだとわかる。近親交配は自然流産の確率が高い。その結果、タイセイヨウセミクジラの子孫は、こんなに小さい遺伝子プールしかない個体群から想像するよりも、遺伝的多様性が高い。驚くべきことに、子どもが生まれるたびに、雄と雌は種の有効集団サイズ(次世代に遺伝子で貢献し、遺伝的浮動を遅らせる個体数）を拡大する。

考古学者がサンファン号の下に眠っていたクジラの骨を発見し、それをマクラウドが分析すると、タイセイヨウセミクジラとその保全活動に対するそれまでの理解が覆った。５００年におよぶ捕鯨活動はタイセイヨウセミクジラの個体数を激減させたが、交尾がボトルネック状態を乗りこえる一助となったようだ。

確かに、個体数はかなり少ないまま推移している。これはいい知らせでも悪い知らせでもあった。いい知らせは、タイセイヨウセミクジラが数千年間にわたり個体数が少なかったのであれば、現代の個体群は見かけより安定しているだろう。悪い知らせは、絶滅寸前までいったという直近の経験を経て、個体数が速やかに回復するという科学者の期待は潰えた。タイセイヨウセミクジラは今も昔もきわめて数が少ない。ないに等しい遺伝的多様性とこの事実が結びつき、来るべき環境のあらゆる変化に対する進化力と適応力に影響を及ぼす大きな要因となる。

気候変動はクジラにどんな影響を与えているのか？

１９９６年、国際捕鯨委員会はハワイのオアフ島でシンポジウムを開いた。同委員会にとって、そのシンポジウムのテーマは新しいものだったが、一刻の猶予も許されなかった。気候変動が世界のクジラに及ぼす影響の可能性というテーマだ。それに先だって、南極からは棚氷が崩壊しているという報告があり、気候科学者は次の世紀で史上最高気温を記録するだろうと警告していた。

聴衆のなかにボブ・ケニーの姿があった。ロードアイランド大学大学院海洋学研究科の科学研究員だ。

ケニーは、1970年代にタイセイヨウセミクジラが再発見されて以来、研究を続けてきたニューイングランドの生物学者の中心グループの一員だ。保全活動では、個性と個性が衝突し、資金の熾烈な奪いあいが繰り広げられることも珍しくない。その点、タイセイヨウセミクジラ保全活動の試みはユニークだ。1986年、5か所の組織の研究者が結束して研究成果を共有し、タイセイヨウセミクジラ・コンソーシアムとして共同で助成金を申請した。のちに、このコンソーシアムは100か所以上の組織が参加する大所帯となり、政府機関、環境弁護士、さらには船舶業界と水産業界も加わった。

コンソーシアムは今もきわめて互助的な組織で、四半期ごとにニュースレターを発行して、タイセイヨウセミクジラに関する最新のイベント、研究、関連書籍の刊行を知らせている。ときには詩や、特別なクジラを目撃した状況を詳しく説明した感動的な話が載ることもある。コンソーシアムは、年に1度、ニューベッドフォード捕鯨博物館に集う。タイセイヨウセミクジラに何らかのかたちで関わっている人間にとっては見のがせないイベントだ。

ケニーは白いほおひげに白髪頭の温和な人物で、なんとメイフラワー号の周りにクジラがいるという記録を残したウィリアム・ブラッドフォードの子孫だ。彼によれば、タイセイヨウセミクジラに関わるようになったのはひょんなきっかけだった。

1978年、ケニーがロードアイランド大学の大学院生になったときの論文指導教官がハワード・ウィンだった。ザトウクジラの歌と海洋音響学研究の草分けだ。ケニーは、ウィンを探しに入った部屋で、のちに北大西洋に生息する哺乳類の画期的な研究となる「クジラとカメ評価プログラム」について議論していた集団を見つけた。あとでわかったことだが、ウィンはこの取り組みの科学ディレクターで、興味をもったケニーを仲間に入れた。

その後の3年間、ウィンのチームはアメリカ北東沿岸部全域の生きものを調べていた。1979年5月、彼らは「タイセイヨウセミクジラ最低数計算」という調査を実施した。船6隻と飛行機6機を使って、3日かけてロングアイランド東部からノヴァスコシア州まで、タイセイヨウセミクジラを探した。

ケニーはナンタケットからロブスター漁船に乗って南大航路と呼ばれる海域の東側を航海していた。その辺りは、その春にタイセイヨウセミクジラが唯一目撃された場所だった。この専門家たちがわかっていなかったのは、目撃されたクジラがおそらくは個体群の大半だということだった。個体数はせいぜい200頭から300頭程度とされており、春なのでカナダに向かって北上する前にケープコッドで餌をとっていたのだろう。

最初のうち、タイセイヨウセミクジラがファンディ湾を出てどこに向かうのか、誰も確実には知らなかった。その後、1983年に、ふたりのカナダ人研究者、ランディ・リーヴスとエドワード・ミッチェルが、1800年代から始まる古い捕鯨記録を調査していたときに、ジョージア州ブランズウィック近くでタイセイヨウセミクジラを殺したニューベッドフォードの捕鯨用のスクーナー船について言及しているのを見つけた。このくだりやほかの手がかりをもとに、デルタ航空のパイロットたちが、タイセイヨウセミクジラを探すのに自家用機で東南沿岸部をボランティアで飛ぼうと申しでてくれた。彼らは、生まれたばかりの子どもと一緒に温帯海域を泳いでいる十数頭の母親をすぐに見つけた。それでも、これらが北に現われたのと同じクジラかどうか、誰も確信がもてなかった。

生物学者が目撃したクジラを1頭ずつ写真に撮り、カロシティの形状を記録すると、ニューイングランド水族館がその記録をまとめて、タイセイヨウセミクジラ一覧を作成した。一覧が充実していくにつれ、クジラを識別する生物学者の能力も向上した。案の定、ファンディ湾のクジラの多くは、毎年冬になると2400キロメートルほど南下した地点に姿を見せていた。なかには妊娠中の雌もいた。この雌は水温が高いこの場所で出産し、子どもを育てた。現在、タイセイヨウセミクジラ一覧には、1935年までさかのぼって600頭以上の個体の写真が収められている。

北大西洋のタイセイヨウセミクジラに気候変動がマイナスの影響を与えている直接的な証拠は、1996年にはまだなかった。だが、将来気候が変動したら個体群に影響が及ぶかもしれないというのは気がかりだ。タイセイヨウセミクジラが船と衝突することもすでに増えていた。プロペラの羽根の傷で見わけがつく場合も珍しくなく、毎年、切断された死体が数体、海辺に打ちあげられた。雌が出産する間隔が、3、4年周期から5、6年周期に延びているらしいこと、雌の成体の生存率が悪化しているらしいことも心配だった。いったい何が起こっているのだろう。

オアフ島のシンポジウムで、ケニーは南極で作業している専門家によるパネルディスカッションに参加した。彼らは、気候の短期的な変化がオキアミの個体数に影響し、それがアザラシとペンギンの繁殖率にも影響しているらしい、とにらんでいた。彼らは南方振動指数の変動を示したグラフを示した。タヒチとオーストラリア・ダーウィンの気圧の差を計ったものだ。グラフは激しく上下していた。ケニーは、これをどこかで見たような気がした。「誰かがこの数値をグラフにして示すたびに、タイセイヨウセミクジラが産んだ子どもの数をグラフにしたのとまったく同じ形に見えた」とケニーが話した。「いかにも不可解だった」

気圧、プランクトン、人間
——巨大なクジラをめぐる膨大な変数

ロードアイランド州に戻ってきて、南方振動指数のデータを追跡し、それとタイセイヨウセミクジラの繁殖率とで統計的検定を実施すると、ケニーの興味は俄然かきたてられた。このふたつの要因のあいだには大きな相関関係があったのだ。

それから10年で、ケニーはまず気候現象と繁殖率の関係を調べ、次に北大西洋振動（アイスランドとポルトガル領アゾレス諸島の気圧の差）を、その次に1980年代からのメキシコ湾流指数（メキシコ湾流の緯度の位置）を調べた。この3つの大気のサイクルはどれも、1年から2年の時差を斟酌すると、繁殖率と相関しているといえた。だがそれ以外に、このデータをどう読みとけばいいのか、わからなかった。これは、わたしたちに何を教えようとしているのだろう。

そんなとき、ケニーはコーネル大学の海洋資源・生態系プログラムのディレクター、チャールズ・グリーンからメールを受けとった。グリーンと彼が指導する大学院生のアンドリュー・パーシングは、北大西洋振動の変動に対するカラヌス・フィンマルキクスという極小の甲殻類の反応を調査していた。グリーンはケニーに、カラヌス・フィンマルキクスはタイセイヨウセミクジラの主食であるという自分の知識をどうしても伝えたかったのだ。

カラヌス・フィンマルキクスはカイアシという亜綱に属している。ギリシア語の「櫂の脚《オール》」〔日本語では橈脚類《とうきゃく》〕という意味だ。この生命体は、北大西洋で最も豊富な動物プランクトンだ。まるでロブスターのミニチュアのような形をしている。脚が10本と、人間が平泳ぎするときの腕のように使う長い触覚が2本ある。カラヌス・フィンマルキクスは成体でも体長がわずか3ミリメートルと、タイセイヨウセミクジラと比べると格段に小さく、研究者はこの生きものとクジラの関係を、生きていくために人間が細菌に依存している関係になぞらえた。

タイセイヨウセミクジラが、カラヌス・フィンマルキクスをことのほか好むのは、この生きものが幼少期にワックスエステルを蓄えたオイルサックを発達させるからだ。ワックスエステルは脂肪酸と脂肪族アルコールの混合物で、エネルギーが豊富である。

タイセイヨウセミクジラは、食事をするのにラム濾過摂食といわれる方法をとる。クジラが前進すると、海水が口のなかのクジラひげのすきまから入り、舌の上を通過して、唇とクジラひげの板のあいだのすきまを通っていく。この溝は前方から後方にいくにしたがって狭くなり、海水はクジラの目の前のすきまから排出されるまで速度を上げて流れていく。この溝と口腔内の速度の差は水中翼船効果で、圧力を発生させて櫛のようなクジラの「歯」であるクジラひげのあいだから水を吸引する。摂食の効率を上げる、タイセイヨウセミクジラの素晴らしい適応だ。

カラヌス・フィンマルキクスのオイルサックは赤みを帯びたオレンジ色で、水面に集合すると、辺り一帯がその色に染まる。ハーマン・メルヴィルは、タイセイヨウセミクジラが甲殻類を餌にしている場面をこう描いた。

「朝、人間は並んでゆっくりと、湿地草原に生えるよく伸びた草のあいだを、勢いよく大鎌を動かしながら進んでゆく。これらの怪物たちも、そのように泳いだ。奇妙な、草を刈るような音を立てて。そのあとには黄色い海の上に延々と青い筋が延びていた[4]」

だが、タイセイヨウセミクジラの口の驚異的な水力学も、米粒ほどの大きさの甲殻類を食べて生きながらえる70トンのこの生きものに必要な膨大なエネルギーについて、きちんと説明したことにはならない。ケニーは、ファンディ湾のような特定の場所がタイセイヨウセミクジラが好む餌場となる条件は何かを調べることに、研究者としてのキャリアを捧げてきた。カラヌス・フィンマルキクスはファンディ湾に豊富に生息しており、北大西洋全域でも屈指の生息数を誇る。

ファンディ湾の何がそんなに特別なのかといえば、このカイアシ類の生きものは、海流によって密度の濃い集合体になることだ。集合体はまるでパンケーキだ。この動物プランクトンの層は、幅は数百メートルにもなるが、厚さはせいぜい数メートルで、層が幾重にも重なっている。この集合体ができるのは、生物学よりは物理学が関係しているのだろう、とケニーは考えている。「このカイアシ類はぎゅっと集まって小さい集合体になる。タイセイヨウセミクジラはこの集合体を探す必要がある。見つかれば、口を開けてカイアシ類を濾過して摂取するエネルギーを費やしても元が取れる」とのことだった。「カラヌス・フィンマルキクスがどれほどたくさんいるかよりは、海流がどれくらい強いかのほうが大事だ。風と水の力によってできるカラヌス・フィンマルキクスの層が大事なのだ」

ケニーとほかの研究者は、かつて、タイセイヨウセミクジラが生きていくのにどれほどのカロリーが必要か計算したが、これがびっくりするような数値になった。タイセイヨウセミクジラは、最低でも1日あたり40万カロリー摂取しなければならない。妊娠中の雌だと、それが400万カロリーに跳ねあがる。カラヌス・フィンマルキクスだと約26億匹分だ。

出産というのはとかく高くつくと、ケニーはよく言っている。もっと高くつくのは、乳離れして自分で餌が食べられるようになるまで、子どもクジラを12か月育てることだ。この期間で、子どもは倍の大きさとなり、体長は6メートルを超え、体重は装甲車並みになる。母親にとって、子どもを養うのは体内で育てるときの3倍くらいコストがかかるらしい。脂肪を蓄えられなかった場合、雌は出産を支えられるだけのエネルギーを蓄積するまで妊娠を遅らせる。

ケニー、グリーン、パーシングがデータをまとめたところ、北大西洋振動が正になると、つまりアイスランドとアゾレス諸島の気圧の差が大きくなると、カラヌス・フィンマルキクスが豊富に生息し、雌のタイセイヨウセミクジラの出産が3、4年周期になることが判明した。ところが、このカイアシ類の集合体が減ると、タイセイヨウセミクジラの出産周期が長くなる。オアフで開催された国際捕鯨委員会の会議にケニーが出席した年は、北大西洋振動が20世紀で単独年最大の落ちこみを記録した。それから2年（北大西洋振動の変化が実際に海で表面化するまで、たいていこれくらいかかる）、カラヌス・フィンマルキクスがメイン湾で減少すると、タイセイヨウセミクジラの繁殖率も下がった。

２００３年に、ケニー、グリーン、パーシングと、アメリカ海洋漁業局のジャック・ジョシは、海洋の力と気候変動とタイセイヨウセミクジラの繁殖は関係があると証明した論文を発表した。気候変動がタイセイヨウセミクジラに直接及ぼす影響要因といえば、餌の入手しやすさであり、カラヌス・フィンマルキクスがメイン湾にやってきて密度の高い集合体になれるかどうかを決めるのは大気だった。

「過去40年にわたって観察された、気候を原因とする海洋循環の変化が、［メイン湾の］プランクトンの生態に大きな影響を与えてきた」と彼らは述べている。(5)

商業捕鯨の世紀では、タイセイヨウセミクジラを死に至らしめた原因の第1位は、明らかに人間だった。捕鯨が中断されてからも、人間の活動は監視されている。海運業や漁業などは直接的にクジラの死亡率に影響している。タイセイヨウセミクジラの個体数回復は、出生率よりも死亡率に敏感に反応するため、船との衝突を減らしたり、漁具に絡まるのを減らしたりする保全活動は確かに適切だ。しかしそれだけでなく、タイセイヨウセミクジラの繁殖率に及ぼす気候変動の影響にも注意を向けるべきだと訴えたい。さもないと、タイセイヨウセミクジラの個体数を確実に回復させようとする保全活動の足を引っぱることになる。

ケニーと共著者が考えているのはこうだ。北大西洋振動が負の期間が続くと、タイセイヨウセミクジラの繁殖率は押し下げられる。その水準は、人為的な原因で悪化した現在の死亡率と相まって、個体群を維持することが不可能なレベルにまで至る。北大西洋振動の正の期間が続けば、食料源が増えてタイセイヨウセミクジラに利するかもしれない。だが、気候変動――毎年、北大西洋振動が正と負のあいだを大きく揺れうごく――が原因で、もがき苦しむ個体群は繁殖率が激減するはめに陥る。

「結局のところ、タイセイヨウセミクジラの生息数の回復の長期予測を計算するわたしたちの能力は、地方の気候変動と大西洋北西部の変化の予測をつけるのがせいぜいだ」と彼らは結論づけた[6]。

もはや地球の一部 ――人はクジラの保全に介入できるのか？

タイセイヨウセミクジラも属するヒゲクジラ亜目が生態系と気候の調節に果たしている大きな役割は、最近になってようやく生物学者に知られるようになった。他の海洋生物種と比べると数としては少ないが、クジラは海のなかで栄養を循環させるポンプの役割を担っていると考えられる。カイアシ類とオキアミを餌にして、その後、水煙状態で糞、そして尿を排出して海水を富栄養化させ、植物プランクトンを育てる。そして植物プランクトンがボトムアップ方式で、海の食物連鎖を支えるというしくみだ。

捕鯨によってクジラの個体数が減ったためにこのサイクルが途絶し、炭素貯蔵量と魚種資源に影響が出たと考えられている。このように、気候変動がタイセイヨウセミクジラの個体数に負の影響を及ぼす可能性がある以上、気候変動の潜在的な影響に備えて海の状態を安定させるためにも、個体数の回復は以前にもまして求められている。

これらの問題は、タイセイヨウセミクジラの保全活動家にとってほぼ不可能と思しき難題を突きつける。大気と海洋の変化を促す人為的な力は、それを抑えこもうとする組織や同盟の力をしのぐ。移動や飼育下繁殖など、ほかの保全活動で選択可能な方法はタイセイヨウセミクジラでは実際的でない。タイセイヨウセミクジラの生態は、環境とみごとに連動しているからだ。70トンのクジラを飼育下繁殖できる水槽などないし、今のところタイセイヨウセミクジラに別の食料源を与える方法もない。

タイセイヨウセミクジラの遺伝的多様性を向上させることができたら、個体群は大きくなり、繁殖率も上がるかもしれない。専門家は、ミナミセミクジラをタイセイヨウセミクジラの個体群に導入することも検討したが、作業はとてつもなく大変だ。ミナミセミクジラは、その脂肪のせいで、赤道周辺の温帯海域から大移動するのがほぼ不可能だ。100万年前から200万年前に、少なくとも1頭のミナミセミクジラが北上したという例がひとつだけあった。この事実は、ユタ大学の研究者がクジラジラミの遺伝子を調べて割りだした。保全活動家が100万年に1度の出来事に頼るわけにいかないのは言うまでもない。

だが、もうひとつ別の選択肢がある。科学者がクジラの個体群の遺伝子プールにもっと遠慮会釈なく干渉するのだ。生まれたばかりのクジラのDNAとその父親のデータが集まるにつれ、父親になれない雄のタイセイヨウセミクジラも一定の割合でいることがわかった。交尾が一種の精子競争だとしたら、一部の雄は交尾時の水面活動（１４７ページ参照）を支配してはいるが、その精子は役に立たず、雌の妊娠率を下げていることも考えられる。

トレント大学のブラッド・ホワイトがいうには、「問題は、支配的ではあるが問題のある雄を特定したとして、それらを殺すべきだろうか」。タイセイヨウセミクジラの長期的な生存を確実にする最善の方法は、今のうちに小さい個体群から問題のある個体を間引くことかもしれないという可能性に、はっと我に返る。

ついに分析された1334号のサンプル

２０１４年春、カナダ・オンタリオ州のトレント大学の研究室で、生検サンプルから１３３４号の遺伝子プロファイルを構築する作業が始まった。ブラッド・ホワイトは、１３３４号に関してある予感があった。１３３４号は、栄養状態の善し悪しにかかわらず出産が可能になる遺伝子型をもっているのではないだろうか。タイセイヨウセミクジラの雌全体で、１３３４号が最も多産で継続的に出産しており、北大西洋振動、メキシコ湾流指数、南方振動指数などものともせずに9頭の子どもを産んでいる。

当初、１３３４号の核ＤＮＡを分析すると、対立遺伝子《アレル》は極端にホモ接合型だった。父親と母親との遺伝的多様性が大きく欠如しているのだ。これはタイセイヨウセミクジラではよくあることだった。「多様性がもっと大きい種では、こういうケースはめったにない」と、１３３４号のＤＮＡ

のグラフを覗きながらホワイトが説明した。グラフを見ると、どの染色体にしても、各遺伝子座にほぼ必ず同一の対立遺伝子《アレル》がある。

1334号の生殖能力と遺伝子に関するホワイトの予感は、まったく異なる種の研究を積みかさねた賜物だった。彼が長年研究していた種は、実は5000万年前にクジラと祖先を共有していた。乳牛だ。過去40年で、乳牛1頭あたりの平均的な乳汁産生量は、乳汁産生量を決める形質の遺伝子選択によって倍増した。ところが、乳牛の生殖能力は乳汁産生量が増えるにつれて低下する。

牛の乳汁産生と生殖能力の遺伝的関係については、それを明らかにする経済面の強力なモチベーションがある。2009年、アメリカ国立衛生研究所と農務省が率いた研究により、モンタナ州のヘレフォード種の牛のゲノムが解読された。これには6年がかりで300人の研究者が関わった。「L1　ドミネット01449」と呼ばれるこの牛は、遺伝子の数は約2万2000、そのうち1万4000が全哺乳類と共通だった。その後の研究で、この牛のゲノムで、乳汁、脂肪、タンパク質収量、そしてホワイトの意見では何より重要な生殖に関連する形質の遺伝子と染色体領域を特定した。

「牛の分析結果から、栄養状態がよくなくても動物が妊娠する、もしくは妊娠状態の維持を可能にする遺伝子が確実に存在するとわかった」とホワイトは話す。彼は、タイセイヨウセミクジラのゲノム配列を解析し、乳牛で乳汁産生に影響していると判明した領域を見れば、遺伝的特徴がタイセイヨウセミクジラの栄養、環境、生殖とどう関係しているかを知る手がかりになるかもしれないと思っている。

２０１３年、ホワイトはタイセイヨウセミクジラの遺伝物質を、すでにミナミセミクジラのゲノム配列の解析を完了していたユタ大学の分子生物学者たちに送った。２０１４年にタイセイヨウセミクジラのゲノムのドラフト配列を完了した彼らは、それを乳牛とミナミセミクジラのゲノムのそれぞれと予備的に比較することにとりかかった。

トレント大学の研究室は、１３３４号のミトコンドリアＤＮＡにも関心を寄せていた。ミトコンドリアＤＮＡは母親から受けつぐもので、核と細胞膜のあいだにある物質である卵細胞質経由で伝わる。この遺伝物質の一部は、核ＤＮＡより10倍進化が速い。これによって、動物の行動についてさまざまなことがわかる。

渡り鳥のように、セミクジラやそのほかのヒゲクジラ亜目の種は、餌を与えるために子どもを連れていった場所に強い愛着を抱いている。母親は、自分の母親と同じ「保育場」を利用し、その場所への愛着を娘にも伝える。こうして、数百万年も前から何世代にもわたって、血統がつながってきた。これらの大昔から続く血統、または「族」は、異なるハプロタイプのクジラのミトコンドリアＤＮＡの構造であらわになる。ミナミセミクジラはミトコンドリアＤＮＡのハプロタイプの多様性が顕著であり、雌だけでも少なくとも数十程度の異なるグループがある。一方、現在のタイセイヨウセミクジラのハプロタイプは５種類しかない。そのうち１種類は雄４頭にしかなく、それらが死にたえるのと同時に消滅する。

サンファン号の下から発掘された16世紀の骨をマクラウドが分析したところ、現代の個体群にはない６つめのハプロタイプが見つかった。もしかしたら、かつて、餌を求めてベルアイル海峡にやってきてバスク人に殺されたタイセイヨウセミクジラの一群がいた、という証拠になるかもしれない。

この可能性はなかなか興味深い。というのも、このたび発見されたミトコンドリアDNAのハプロタイプの消失は、かつて餌場があったという知識の消失かもしれず、現在、なぜベルアイル海峡でタイセイヨウセミクジラを見かけないのかという説明の補足になるかもしれないからだ。一方、ファンディ湾を本拠地とする一群が捕鯨の世紀を生きのびられたのは、ただ単に、その辺りでクジラを捕まえるのは危険すぎると、捕鯨業者が尻ごみしただけの話かもしれない。

科学者には、タイセイヨウセミクジラのミトコンドリアDNAを分析してわかったことがあった。捕鯨業者はタイセイヨウセミクジラを殺しただけではなかった。かつての生息域――西サハラ沿岸部、アゾレス諸島、ビスケー湾、イギリス諸島西部、ノルウェー海――におけるタイセイヨウセミクジラの乱獲が、雌に代々受けつがれてきたタイセイヨウセミクジラの文化を結果的に消滅させることになったのだ。そうとわかると、奇妙な場所でときおり見かける1334号のような変わり者のクジラに、ますます興味が湧く。

「タイセイヨウセミクジラの古名のひとつは『ノールカパー』という。ノルウェーのノール岬という意味だ」とボブ・ケニーが説明した。「雄のポーターがそこに出没した。今でもたまにグリーンランド沖やアイスランド沖、セントローレンス湾で変わり者のクジラを目撃することがある」。タイセイヨウセミクジラの異端児たちが餌を探してかつての回遊ルートをたどり、自分たちのDNAに刻まれた記憶を頼りに、昔の生息域を再訪していることはあり得るだろうか。ファンディ湾から

２０１３年にクジラが消えたとき、別の餌場を見つけたのはこの方法だったのだろうか。そしてその水域も、気候変動の影響に弱いのか。

この広い大海原のどこかで

２０１４年後半、ブラッド・ホワイトは、１３３４号のＤＮＡの分析結果をわたしに見せてくれた。ハプロタイプを分析すると、予想どおり１３３４号は非ファンディ族の雌で構成されている「Ｂ」グループだった。

１３３４号の核ＤＮＡにより、産んだ子ども2頭の父親が判明した。片方の父親は１０５５号で、１９７９年に初めて目撃されて以来、５月下旬になるとニューイングランドの南大航路にちょくちょく姿を見せる。

もう片方の父親は１５１３号、名前はクレストで、チューブから出た歯みがきのような白い傷跡が尾の部分にひと筋ついている。クレストは１９８５年にケープコッド湾で初めて目撃され、翌年はノヴァスコシア州南部のローズウェイ海盆で目撃された。その週、ニューイングランド水族館の研究者は、その地域で約70頭の記録をつけた。母親と子どもはローズウェイ海盆ではめったに見かけない。たいていは雄だ（１９９０年代には、雄もその海域を見すてたらしかった。餌が不足していたのだ）。

近年では、春の終わりにクレストが北上する途中でよく南大航路を通過することが判明している。だが、クレストはどこで１３３４号と合流して交尾したのだろうか。

最も大きなカギは、冬のあいだにクレストが出現した場所かもしれない。冬は雌が妊娠するとされる季節だ。２００８年から２０１０年は、クレストは冬になるとメイン湾に現われた。タイセイヨウセミクジラの研究者のあいだでは、ここが中心的な交尾の場所で間違いないと意見が一致している。

２０１３年には、ブラッド・ホワイトを含む7人の学者が、６年間に及ぶ上空調査のデータを、『エンデンジャード・スピーシーズ・リサーチ』という学術誌に掲載した。それによれば、個体群の約半分が11月から1月にメイン湾に姿を見せた。しかしボブ・ケニーが説明してくれたように、この風変わりな種は万事そうなのだが、いったん研究者が確信すると、期待を裏切って違うところに行き、違うことをする。以来、メイン湾で冬にタイセイヨウセミクジラを見かけることはほぼ皆無となった。

１３３４号と仲間の非ファンディ族が夏にどこで餌を得ているのかも、相変わらず謎のままだ。研究者のなかには、セントローレンス湾が別の餌場なのではないかと推測する者がいる。ここ数年、タイセイヨウセミクジラ・コンソーシアムはプリンスエドワード島、ノヴァスコシア州、ニューブランズウィック州、ケベック州、ニューファンドランドでアウトリーチ活動を始めた。３００か所以上の埠頭、カナダ沿岸警備隊の船、フェリー、ホエールウォッチング会社にパンフレットを配って、タイセイヨウセミクジラの目撃情報を募った。

また、別の研究者は、ノヴァスコシア沖の大陸棚と、アイスランドの南でグリーンランドの東にあるフェアウェル岬捕鯨場に設置した音響モニタリング装置からデータを収集して、タイセイヨウセミクジラの声を録音できるかどうか試している。どこを探せばいいか手がかりさえつかめれば、ミナミセミクジラの個体数を数えるのに衛星を使いはじめたアルゼンチンの科学者の手法に倣えばいい。こんなに巨大な生きものなのに見つけるのが至難の業で、姿を見つけるのに人工衛星くらい大きな望遠鏡を使わなければならないこともあるなんて、途方もない話ではないか。

１３３４号がどこに行くのか知りたいとは思うけれど、するりと逃げていくそのとらえどころのなさを、わたしは応援したい。そして、１３３４号と仲間を脅かす力から逃げおおせるだけの広さが、まだ海にあってほしいと願わずにいられない。

第5章　ハワイガラス　*Hawaiian crow*

聖なるカラスを凍らせて

「冷凍標本」で遺伝子を保護することに
意味はあるか?

現代版「ノアの箱舟」はニューヨークの地下に

ノアは箱舟をつくって世界の生態系を救った。現代において、世界の生態系を救いたい場合は、科学者が冷凍庫をつくる。

アメリカ自然史博物館の地下で、わたしはジュリー・ファインスタインと待ちあわせた。「アンブローズ・モネル冷凍コレクション」という彼女の研究室の前だ。どうやら「グッゲンハイム鉱物ホール」か「ロス隕石ホール」の下あたりにいるらしいが、本当にそうかどうかはわからなかった。展示フロアから下って保管施設を抜け、発送室を通ってここに到着するまで、廊下を数えきれないほど曲がったからだ。

1869年に設立されて以来、アメリカ自然史博物館はニューヨーク市の名物として大切にされてきた。小学生や観光客は有名なブロントサウルスやシロナガスクジラの展示に群がる。その光景を見ていると、博物館の展示は、博物館業務全体のなかではあまり重要視されていないことを忘れがちだ。

アメリカ自然史博物館は、200人以上の科学者を抱える立派な研究施設でもあるが、研究施設の側面は一般の目に触れないようになっている。カモフラージュしたドアの向こうには、迷路のような廊下と職員しか使えないエレベーターがある。実際に奥で何が行われているのかを知ると、アメリカ自然史博物館は、まるで次から次へとウサギが飛びだしてくる奇術師の帽子のように思えてくる。

たとえば、中庭に建つ10階建てのチャイルズ・フリック棟の保管スペースは３７１６平方メートルで、世界最大の哺乳類と恐竜の化石コレクションを有するが、一般人はこの建物を外から見ることすらかなわない。この博物館が収集した標本の数はつい最近33万点を超えたが、その99パーセントは一般展示エリアの裏にしまわれている。

ファインスタインの研究室は、アメリカ自然史博物館の知られざる驚異のひとつだ。世界最大級の凍結組織サンプルのコレクションを有するこの研究室は、77丁目とコロンバス・アヴェニューの交差点そばに建つチャイルズ・フリック棟の西端の狭い地下に閉じこめられている。そこに行く途中に、先端が尖った15センチメートルほどの金属がついた高さ約２・５メートルのフェンスで周りを囲まれた、１万１３６０リットルの液体窒素タンクがある。このタンクは研究室内部のステンレスの大桶に窒素を供給している。大桶には、世界各地から収集したクジラ、鳥をはじめとする８万７０００件の組織サンプルが、マイナス１６０度で凍結した状態で保存されている。

ファインスタインはこのコレクションの管理者だ。植物学の修士号をもっており、趣味で都市の野生動物に関する本を書いている。毎朝、ブルックリンから地下鉄に乗り、59丁目駅で降りて、残り３キロメートルほどを歩いて出勤する。マンハッタンのミッドタウンとセントラルパークの鳥、虫、動物が観察できるからだ。

ブルージーンズにピンクのボタンダウンシャツというカジュアルな格好のファインスタインは、整理整頓されたオフィスで、わたしと一緒に腰を下ろし、自分の研究とアメリカ自然史博物館の冷凍コレクションの価値について話してくれた。

「かなりの数が、値がつかないくらいかけがえのない標本なの。政治的に収集が難しい土地のものもある。それらを入手するために世界各国を旅するのはタダというわけにはいかないでしょう。それに、どれも科学のために死んでくれた生物なので、ある意味、本当に値段がつけられないくらい貴重ね」。組織サンプルを凍結するのは簡単な作業ではない。少なくとも後世のためにDNAを壊さないように凍結するのは。「組織を保存するのは大変。エントロピーと無秩序が横溢しているから。冷たいから取り扱いにも苦労するし。それに、ここに来る前は信頼ならないひどい方法で保管されていたのよね」

暑い夏の日に、結露で表面が汗をかいているスチールの容器の中身に想像をめぐらすのは難しい。わたしは、ファインスタインに中を覗いていいか聞いてみた。彼女は、大桶に接触する予防策として、プラスチックのゴーグルと厚手のゴム手袋を着用した。外周は、大人2、3人が両手を広げて抱えるくらい大きくて、けっこうな高さもあり、蓋を開けるのにファインスタインは小型の踏み台に乗らなければならなかった。彼女が蓋を開けると、白くて厚い霧がこぼれだした。容器の中の温度は、果物を入れると凍ってガラスのように粉々に砕けるほどだ。ファインスタインは一緒に踏み台に乗るようわたしを誘ったが、そのとき、蒸気を深く吸いこまないようにと注意してくれた。

覗きこむと、中はボードゲームの「みんなでクイズゲーム」巨大版さながらにパイの形状に6つに区切られていて、それぞれに金属の棚9段がついている。ゴム手袋をした手で、ファインスタインはパイのひとつを回し、ラックを1段引っぱりだした。ラックには13個の白い箱が重ねられていて、それぞれの箱には5センチの小びんが100個入っている。小びん全部にバーコードと通し番号がついていた。

ファインスタインは鉗子《かんし》を使って箱から適当な小びんをひとつつまみ出し、中身を見せるために振ってみせた。ササゲのようなものが中に入っていた。ファインスタインは「これは第110029号」とバーコードを読みあげた。隣接しているオフィスに戻ると、彼女はコンピュータでコレクションのデータベースを開いた。「これこれ。第110029号はニューヨーク市保健精神衛生局から入手した蚊よ」。そして少し間をおいた。記憶をたぐりよせていたのだ。「確かこれ、誰かの博士課程の研究だったはず」

「冷凍標本」が地球を救う?

2001年にスタートして以来、「アンブローズ・モネル冷凍コレクション」には毎年1万件前後のサンプルが追加されている。このコレクションの収容能力は数百万件、人間以外のあらゆる生命体がコレクションの対象だ。遺伝子構造を通じて生命体の進化の関係を俯瞰しようという博物館の試みの基礎となるのがサンプルであり、それぞれ門、綱、目、科、亜科、属、一般名、そして大陸、国、水域別に、ヴァーチャル・データベースに分類されている。

標本の多くは、きわめて貴重だ。どれも世界の果てとも言える土地で収集された。絶滅のおそれがあるカリフォルニア州チャンネル諸島のシマハイイロギツネ、南太平洋の島国バヌアツのオウムガイ、アリゾナ州のファチューカ山脈のヒョウガエルもサンプルが収められている。なかでもとりわけ不可思議なのが、ラクダ、ロバ、マナティーから採取したヒト由来ではないパピローマウイルスの大量の標本だ。鱗翅類学者ダン・ジャンゼンの研究生活の成果――40年かけて集めたコスタリカのチョウの標本コレクション――も収められている。カリフォルニアコンドル、ニシアメリカフクロウ、カーナーブルー〔シジミチョウ科の青いチョウ〕など、アメリカ国立公園局が収集した組織標本も全部このコレクションに収められている。

地球という惑星の生命体の遺伝的多様性の最大にして最も包括的なコレクションを目指すという使命を帯びているにもかかわらず、ファインスタインがランダムに選ぶ標本が、どれもこのオフィス近くの水たまりからつまみだされたようなものばかりなのが、なんともおかしい。もちろん、見た目に騙されてはいけない。どれも同じに見えるが、中身は違う。

ここでのファインスタインの仕事は、標本に関連づけられた膨大な量のデータをきちんと系統立て、それぞれ正しく分類し、世界各国の専門家から研究用にと要請があったときにいつでも供せるようにしておくことだ。いわば貸出図書館の司書だ。司書が優秀な分子生物学者で、蔵書にあたるそのコレクションがかけがえのない本物ばかりだとしても、分類と保存が正しくなされていなければ、理解できないし意味もない。この仕事には、細かな部分に目配りする傑出した能力と忍耐が必要だ。

ファインスタインは、ひどい環境の下で収集されることも珍しくない未加工のサンプルを、何百年も耐え得るように定められた実験室基準に沿うように整える。彼女曰く、困難だらけのプロセスだ。その筆頭が、標本を集めているのが変人ともいうべき科学者たちが相手であることだ。とある生物学者がメキシコの山で収集した貴重なハーブとコピーしたメモを、黒いごみ袋を落としてばらまいたときのことを話していた彼女の表情ときたら、まるで苦虫をかみつぶしたようだった。ごみ袋に入っていた850点もの薬草を分類するのに1年半を要した。

ファインスタインの監督下、アメリカ自然史博物館の冷凍コレクションは高く評価された遺伝子バンクのモデルとなった。わたしが会ったとき、彼女はグローバルゲノム生物多様性ネットワークが主催する第1回生物多様性バンキング国際会議から戻ってきたばかりだった。

グローバルゲノム生物多様性ネットワークは、生物多様性を冷凍して貯蔵する組織の国際的なコンソーシアムだ。会議のさなかに、ドイツのドキュメンタリー映画監督たちが彼女にインタビューを申しこんだ。「あなたは英雄です」と彼らは彼女に伝えた。ほかの人が遺伝子バンクでの彼女のリーダーシップを讃えるのを、わたしも聞いたことがある。

まったく異なるふたつの分野、データ管理と分子系統分類学をマスターしたという点でも彼女は珍しい存在だ。ロンドンで行われたこの第1回会議の参加者は、世界各地からアクセスできる単一の組織サンプルのデータベース創設推進に注力していた。「世界で一番つまらないテーマだった。データベースなんて」とファインスタインは一蹴した。

だが、遺伝子バンクという措置には、間違いなく布教活動が必要になるくらい切羽つまった感がある。種の個体群の縮小と絶滅危機が叫ばれる時代に、冷凍組織コレクションは別の脅威を抑えこむ最善の方法だという期待がますます高まっている。目に触れられることも、記録されることもなく、種の遺伝的多様性が失われていくこの驚異は、「密やかな絶滅」と呼ばれている。「これは世界規模で本当に重要な使命を帯びた仕事なの」とファインスタイン。「日々地球を救っているんだから」

「遺伝子保護」の最前線へ

何世紀にもわたって、人間は周りの生きものを採集し、詰めものをし、ピン止めし、せっせとため込んでいくことで、地球の生物多様性を理解しようとする専門家や一般人の興味を満たしてきた。2050年には、世界各地の約6500か所の自然史コレクションで保管されている標本の数は、現在の24億件から500パーセント増えるとされている。

また、30年くらい前から、専門家は大きさが違うものの収集を始めた。標本ではなく遺伝子だ。ゲノミクス——DNAを研究して進化生物学、分類学、生化学、集団遺伝学、飼育下個体群の生物の管理を理解する学問——が発展するにつれ、科学者は研究のために凍結組織を維持する必要に迫られるようになった。だが、実際に着手したのは、ひょんなことがきっかけだった。

「個々の科学者は、たいてい個別の組織で研究をしているため、彼らの標本は最終的には行方がわからなくなってしまう」と話すのはアメリカ自然史博物館のサックラー比較ゲノミクス研究所の所長、ジョージ・アマートだ。ファインスタインが管理している冷凍コレクションは、この研究所の管轄である。「実験室の奥にある冷凍庫の故障が原因のこともあれば、担当者の退職が原因のこともある。これまで、どれだけのサンプルが失われたことか……まったく」。冷凍コレクションは、この類いの標本を1か所に集め、その潜在的な科学的価値を高めることを目的としている。標本は、アメリカ自然史博物館の学芸員からだけでなく、外部からも募られている。

そして現在、この類いの保管施設の数はどんどん増えている。2011年、スミソニアン協会は標本を最大42億件収蔵する施設を着工した。国際バーコードオブライフプロジェクトという遺伝子貯蔵コンソーシアムもある。この組織の目標は、50万種のDNAから500万点のバーコードを作成することだ。

ゲノム10Kプロジェクトでは、1万7000種の組織とDNAサンプルを採取して、1万件のゲノム配列を解析しようとしている。発表時、この取り組みはそれまで提案された分子進化の専門研究で最大と謳っていた。「大量の遺伝子マーカーを容易に調べられる能力があれば、今まで手に負えなかった保全に関する重要な問題の多くが解決される」と創設者たちは息まいた(1)。オーストラリアでは、ダボのウェスタンプレインズ動物園が、サンゴの精子700億個と胚細胞220億個を液体窒素で凍結させた。これはグレートバリアリーフで危機にさらされているサンゴの幼生を育てるのに使われる。

科学の助成金と研究の焦点はいつも流動的だ。一定のサイクルで変化するファッションの流行に似ている。現在、世界の生物多様性の凍結保存は大流行中で、遺伝物質を保存しようという人々の熱意は、かつて植物標本室、動物園、自然史博物館に向けられた19世紀の人々の熱意とそっくりだ。

世界の遺伝的多様性は保全する必要に迫られている、と真っ先に認識した人物に、オーストラリア生まれの遺伝学者で植物育種家のオットー・フランケルがいる。1900年生まれのフランケルは、若いときには共産主義者で、飢餓問題の解決に人生を捧げるつもりで大学では農学を専攻していた。

1960年代に、いわゆる遺伝資源保護の提唱者となり、まずは国際生物学事業計画に関わった。これは、大規模な生態学研究と優先順位制定をまとめるプロジェクトで、第1回総会が1964年にパリで開催された。数年後、フランケルは「植物の遺伝資源の調査、利用、保全」というタイトルの会議の開催に尽力した。この会議は、遺伝資源に重きが置かれる流れをつくった画期的なできごとと見なされている。

フランケルは、植物種の遺伝的多様性が失われるばかりであると悟り、長期的な種の保存、コンピュータによるデータ分類、遺伝資源センターの国際ネットワークの創設でその流れに対処すべきだと思っていた。もっと大事なことに、彼は、人間が遺伝的多様性に及ぼす影響の規模は甚大であり、わたしたちは「進化上の責任を引きうけた以上、『進化の倫理』を定めなければならない」と訴えた(2)。

1974年、フランケルはカリフォルニア州バークレーで開催された国際遺伝学会に出席して「遺伝的保存――進化に対するわたしたちの責任」という論文を発表した。これは、その後に登場した保全生物学のリーダー諸氏によれば、保全に対して概念的かつ倫理的なテーマを提示した点で画期的だった。フランケルによれば、進化の倫理とは、文明人として、他の種の継続的な存在と進化を自らの存在の一部だと認めることだという。

農耕時代以前の祖先も、それ以降の農耕民も、次の食事や次の年の作物以外に心配することはなかった。農耕時代以前は膨大な量の種の多様性を利用できたからであり、農耕時代に入ると農業によって種が自らを変化させたことで、種の内部に生まれた多様性を利用できたからだ。だが、この状況も科学的選択の到来で終わりを告げた。今は遺伝的基盤の保全と拡張が懸念されている。遺伝子プールの保全には今後50年から100年かかると見こしているが、この時間枠では、我々の時代における技術の前代未聞の移りかわりの速さを認識するくらいしかできない。今から50年から100年後にどのような穀物が使われているのかすら予見できない。だが、野生動物の保全の場合、事情はまったく異なる。保全に対する懸念は新しい。破壊の時代の産物だ。自然保護は、保護区とその法的な承認を求めて戦っている。しばしば視点は短期的な目標に据えられるが、究極の目標は永続性だ。野生動物の遺伝的保全は、進化の規模で考慮しないと意味がない。その視線は遠い未来にまで向けられるべきだ。(3)

フランケルがこのメッセージをバークレーで発表した1年後、サンディエゴ動物園の分子生物学者であるオリヴァー・ライダーは、同動物園の「冷凍動物園」のために野生動物の組織サンプルを収集し、凍結する作業に着手した。コレクションの主な目的は、絶滅しそうな希少な動物の保全であり、フランケルが説明したように、その視線は遠い未来に向けられている。冷凍動物園は、遺伝子のためにつくられた箱舟だ。このようなコレクションの必要性は1970年代に生物学者のあいだで広がっていった。

「遺伝的多様性は、種と種のあいだだけでなく、種の内部でも維持するメリットがある」と1976年にノーマン・マイヤーズは言っている。[4]「研究を通じて不確実性を減らせるようになるまでは、できるだけ多くの選択肢を維持すべきだと思う。保全で最も肝心なのは、生物地理区を代表する例をしっかり確保しておいて、種のコミュニティ全体に保護範囲を拡大することだ」

冷凍動物園で凍っているのは、遺伝的に貴重な個体の組織サンプルだけではなかった。貴重な個体の精子、卵子、胚も凍結保存されて、さまざまな生殖補助技術に用いられる。保全生物学者のロバート・レイシーは、このプロセスを、進化を停止・凍結するものと表現した。「配偶子と胚の凍結保存は、大昔に死んだドナーを未来世代の遺伝学的な親として使用することで、進化を遅らせる強力なツールを提供する」[5]

サンディエゴ動物園では、生物学者が凍結保存した精子を使ってキンケイに人工授精がなされ、無事にひなが生まれた。彼らは、死んだミナミシロサイの卵母細胞と精子を採取して、体外受精も行った。設立以来、冷凍動物園は1000種を超える1万以上の個体から組織サンプルを集めていて、これまでにない高度な生殖補助技術とクローン技術を開発している。その結果、コレクションは比喩的にも文字どおりの意味でも、そこにすべての動物をまとめて保存し、復活させたいと科学者が願う冷凍庫となった。

冷凍動物園や冷凍コレクションをはじめとする、世界各地の遺伝子貯蔵の取り組みは、未来へと末永く続くよう設計されている。未来でも科学者が奇跡のような技術をもっているか予測するのはほぼ無理だ。いくつかの例では、サンプルは、採取しておかなければ失われてしまったであろう歴史の瞬間のスナップショットのようなものだ。湿地の水を凍結したサンプルは、今から100年後に生態系を回復する際に欠かせない微生物を明らかにするかもしれない。この未知の可能性が、サンプルを、想像力をかきたてるかけがえのない存在の構成要素とし、科学者にも市民にも「もし～だったら」というわくわく感と希望を与える。

生物多様性の凍結コレクションがあれば、保全活動は不要になる？

「これらのコレクションには潜在的な力がある」と話すのは、イェール大学の医学史・科学史研究者であるジョアンナ・ラディンだ。「おそらく、将来役に立つのは、サンプルの微生物の多様性でしょうね。おそらく、それが実際の貢献になるでしょう。コレクションの潜在的価値はわからないし、これらのコレクションの話になると、みんな『何の役に立つのか正確には知らないけれど、きっと何かの役には立つ』と言っているわ」

冷凍コレクションの組織は、通常の研究に使うDNAの保存よりもずっと低い温度で保存されているため、サンプルのさまざまな利用可能性の選択肢が維持されている、とラディンは説明する。彼女の研究テーマは、生命を凍結するという概念の歴史だ。それは、20世紀に、人類学者と遺伝学者が現場から実験室へ人間の血液のサンプルを輸送するために開発された保冷技術から始まる。これによって、凍結保存は遺伝的救済という概念が可能になった。オットー・フランケルが強調するように、凍結保存で救済されるのは野生動物や植物だけではない。絶滅の危機に瀕していると思われている種と民族も救われる。確かに、国際生物学事業計画の目的のひとつは、「汚れのない」自然のサンプルの保全だった。その対象には、世界各地のいわゆる未開人の血液と組織も含まれていた。科学者は期待に胸を膨らませて血液を収集し、血液に含まれる遺伝子の秘密を救済するために血液を凍らせた。いずれ科学がその秘密を明かしてくれるだろうが、そのときには当時の関係者はこの世にいない。

ラディンによれば、これらのサンプルは、生物多様性の凍結コレクションや動物園のサンプルのように「休眠状態の生命」だ。生物上の物質が、完全に死んでいるわけでも、かといって完全に生きているわけでもない状態になっている。

数か月のあいだ、わたしは冷凍コレクションに何度か足を運んだ。研究室をあとにすると、その足で上のフロアの博物館の展示を鑑賞したものだ。アンフィキオンやメリキップスといった絶滅種の化石の前に立ち、多様な生命体のはかなさ、そして絶滅という現象の意味について考えをまとめようとした。

ウォレス哺乳類・絶滅近縁種棟で、照明を暗く落としたアフリカの哺乳類のジオラマを見ていると、野生動物を風景画にして時間とともに閉じこめたいという衝動は、今立っているところの地下にあるコレクションと大差ないのではないか、という思いがよぎった。そのコレクションでは、小びんに入ったＤＮＡが凍結されて鎮座している。

アフリカ哺乳類ホールを設けるという先見の明があった人物は、カール・エイクリーだ。生物学者で、大物狙いのハンターで、剥製師で、写真家で、そしてアフリカにとりつかれている男であった。エークリーは、アフリカの風景が失われていくことに目を向けさせるためにも、キリン、ライオン、サイなどアフリカ大陸の花形である野生動物を保護する義務があると信じていた。「かつての状況、わたしたちが語りたいと思っている物語はもはや存在せず、あと10年もしたら、それを知っている人間はみんないなくなる」と1926年に書いている。

エークリーは、とくに当時のベルギー領コンゴ〔現コンゴ民主共和国〕のヴィルンガ山地のマウンテンゴリラに魅了されていた。1902年に科学者が発見した種だ。エークリーはマウンテンゴリラに強い仲間意識を抱いていて、何頭かを撃ってニューヨーク市まで連れてきたほどだが、この経験に良心の呵責を覚えた。「これではまるで自分は殺人者だ。そう思わないようにするためには、科学への情熱をかきたてるしかなかった」とのちにエークリーは書いている。[6]「実際にどうかと言われれば、わたしは野蛮に攻撃したと認めざるを得ない」

標本保全となると、エークリーは自分をいっぱしのアーティストと見なしていた。当時の標準である動物に藁で詰めものをするということをしなかった。ゴリラの骨格を期待されるポーズにして標本にし、そこに粘土で筋肉と筋を成形していき、最後に皮膚をつけると、野生環境で撮影した写真のような自然な仕上がりになった。ハイクオリティな映像を見なれた現代人の目からすれば、エークリーのジオラマは少々生気がなく、人工的に映るが、一般公開された当時は、写実主義の最高峰と思われていた。

エークリーの死後50年が経つと、アフリカの野生動物に抱いていた彼の懸念は現実のものとなった。数千頭いたマウンテンゴリラは、250〜280頭に減少した。サハラ以南のアフリカの土地の45パーセント近くが農業用地になった。だが、エークリーのゴリラは今でも時が止まったままだ。未来の世代に見てもらうために保存されている。一方の冷凍コレクションでは、時空は5センチメートルの小びんに閉じこめられている。わたしは、自分が見ている小びんの中身がクジラなのか蚊なのかもわからないが、大した違いはない。どちらも、時間とは過ぎてゆくものだということをあらためて思いださせてくれる。ときどき、あまりに早く過ぎてゆくので、物質が消滅する前に停止ボタンを押さなければならない。ある意味、冷凍された生きものは、わたしたちがほかに救う手だてを知らなかったための譲歩とも言える。ラディンはこう言っている。

「わたしは、基本的に凍結は先のばしの技術だと思っているわ。未来への先のばし行為。そしてその未来は、やって来ないかもしれない。このコレクションの価値は、わたしたちが次のように言えることだと思うのよ。まあ、最初から問題があるのはわかっていて、産業化の副産物という意味では、科学がその問題を生みだした責任はかなり大きい。何をすればいいのかわからないけれど、でも将来は、ほかの人がましな答えをもっているだろうから、わたしたちが破壊している世界の生息環境の一部を保全するのは、未来の世代に対する責務だということ」

わたしは、冷凍コレクションは保全活動が自然を保護する戦いにおいて陣地を明けわたした証と思うかどうか、ラディンに聞いてみた。わたしたちの焦点は、風景の保全からDNAの救済に移ったのだろうか。

するとと彼女の返事はこうだった。「片方がもう片方に取ってかわるというのはイヤなんだけど、どんな科学プロジェクトでも、何かを選択することからは逃げられない。どんどん還元主義的になっていくプロセスについて、使える言い分があるわ。まず、わたしたちは生息域全体を保護しようとした。次に生きものとその行動。たとえその生きものが自由に駆けまわれる生息地にいなくても保護する。そして今は、ＤＮＡを保護すれば、その動物について知りたいことがすべてわかるだろうという認識ね」。けれど、とラディンは続けた。ＤＮＡを保護すれば種に関する基本的なデータが救済できるという考えかたは、熱狂的に受けいれられてから数十年が経ち、現在では医学界や科学界でも厳しい目にさらされている、と。

環境から切り離された遺伝子に意味はあるか

一部の環境倫理学者は、長いこと警鐘を鳴らしてきた。きわめて強烈で挑発的な遺伝子還元主義の傾向への解毒剤は、ホームズ・ロールストン３世から発せられた。彼の種に関する究極の目的《テロス》説とはこうだ。種とは、他の生命体への仲間意識があってはじめて満たされる究極の対象であり、目的である。この説は風変わりだが、遺伝子バンクの文脈で検討すべき内容だ。

ロールストンはこの考えを著書『遺伝子、創世記、神（*Gene, Genesis, and God*）』で披露した。彼が本書を上梓するきっかけとなったのは、リチャード・ドーキンスの『利己的な遺伝子』（日高敏隆他訳、２００６年、紀伊國屋書店）を読んだことだった。ドーキンスの本は、生物学における遺伝子の役割について歪んだ見方をしているし誇張している、とロールストンは思った。彼にとって生態系は、それが哺乳類の子宮であろうが森林であろうが、遺伝子同様、究極の真実だ。生命体は、自分のために行動するときや自分の内在的価値を守るときに、自分の遺伝子を使う。だが、生命体は自分のためだけに行動しているわけではない。行動するのは、自分と、自分が属する種を結ぶ歴史の軌跡を守るためでもある。これぞ、他者との関係でしか表現できない究極の目的《テロス》だ。

生命を有する個体が送る一生は、その個体を通りすぎてゆくものであると同時に、その個体が本質的に有しているものだ。このような自己はすべて、他者との仲間意識において属性が確立されるのであり、自分だけでは確立されない。個体の、そして血統の属性は種の系統に位置し、死と再生のプロセスでずっと維持される。どちらの属性の情報も、遺伝子型レベルで保存される。種は、長い年月を経て遺伝学的に再び主張される別のレベルの生物学的属性だ。セコイア－セコイア－セコイア、ハチ－ハチ－ハチ、というように。属性は必ずしも単一体の生命体やモジュール体の生命体だけに付属しているわけではない。長い年月をかけて個別のパターンとして残ることもある。個体は種に従属しており、その逆はない。目的《テロス》がコード化されている遺伝子セットは、明らかにそれを次世代に伝える個体の所有物であると同時に、種の所有物でもある。[7]

ロールストンは、わたしが彼のコロラド州の自宅で話を聞いたときに、これをもうちょっと噛み砕いて説明してくれた。月面に遺伝子を落としただけでは、何も起こらない。機能する世界がない遺伝子は意味がなく、遺伝子は、環境と相互作用して初めて遺伝子たり得る。関係性のないところに究極の目的《テロス》はない。

「みんな、遺伝子が支配権を握っているとか、遺伝子が生命体の成りたちやその行動などを支配しているなどと言っていたものだ。以来、エピジェネティクスの研究や思考が積みかさねられてきた。確かに遺伝子は存在するし、遺伝子なしでは何もできないが、遺伝子は環境と相互作用する。これは双方向のやりとりだ。成功作であれ失敗作であれ、生命体を世に送りだすのは遺伝子だけではない。遺伝子は確かに生命体を支配しているが、その生命体はすぐに環境と相互作用しだす。生命体は暑かったり寒かったり、じめじめしていたり乾燥していたりする環境に置かれることもあるし、自分を食べてしまうものが迫ってくることもある。こんなとき、生命体はどうするかと言えば、遺伝子を情報チップとして利用する。『乾燥してきたから、もうちょっと酵素が必要』となると、生命体は、自分をつくる遺伝子のスイッチを入れたり止めたりする。環境と遺伝子は双方向に作用している。世界中の生物学者は、このしくみは思っているよりずっと複雑だ、と声を揃えることだろう」

人のもとでしか生きられない「聖なるカラス」

冷凍動物園の冷凍庫に、アララ、別名ハワイガラスの細胞がある。

アララは、かつてハワイ諸島の森に生息していた。アララの組織は、通常は死んだ個体の目や気管から採取する。採取されると、細かく切り分けられ、酵素と培養物と一緒に混ぜられて、分化して細胞に栄養を与える。1か月経つと、細胞が成長して何倍にも増殖し、細胞が凍結したときに膜が破れないようにするため、抗凍結剤が加えられる。この混合物は直径1ミリメートルの小びんに分けて冷凍庫にしまわれる。冷凍庫の温度は80度から0度まで徐々に下がる。この時点で、細胞株をマイナス196度の液体窒素で凍結する準備が整った。

「細胞は、宙ぶらりんではあるが死んではいない状態で、凍結されたままずっと保存されます。いつまで保存するかは誰にもわかりません。なぜなら、技術はここ20年、30年くらいで登場したばかりだからです」[8]。サンディエゴ動物園の研究技術職員であるアンドレア・ジョンソンは、凍結プロセスについてそう書いている。凍結された状態なので、アララの細胞は保全の用途に使えそうな可能性満載だ。

現在生息しているアララの唯一の個体群は、保護された10羽が飼育下繁殖で維持されてきた。数年前、サンディエゴ動物園保存研究所の遺伝学研究室は、この10羽から抽出したミトコンドリアDNAを調べた。ゲノムのうち互いに異なっていたのは、ふたつだけだった。こうした発見から、生物学者はこの鳥が環境の変化と病気に対応するときの潜在力と可能性を探ることができる。生き残っているアララの潜在的な繁殖力を彼らが理解し、最適化することにもつながる。いつの日か、凍結細胞から精子と卵子をつくり、新しいアララを誕生させて個体群に加えることができるようになるかもしれない。「冷凍動物園で仕事をしていて報われたと思うのは、冷凍動物園が将来の環境保全学者のための資源になるとわかるときです。彼らの技術や目標は想像するしかありませんが」とジョンソンは綴っている[9]。

鳥が精神的にも象徴的にも特定の居場所を占めているハワイ文化では、アララという言葉にはいろいろな意味と含みがある。ある者は、朝になるとアララの声が森に響きわたることを指して、アララという言葉はアラ（起床する）とラ（太陽）に由来すると説明する。一方で、アララとは子どもが立てる音という者もいる。18世紀のカメハメハ王の宮殿では、アララは王に詩や歌で知らせを伝え、また戦争時には指令を戦士に伝える雄弁家を指した。

アララは大きくて、羽は夜の闇のように黒く、青い目は成長するにつれて褐色になる。ハワイの山林や山腹に多数生息していた。これらの場所にはオヒアの木やコアの木が生え、果実や種だけでなく、昆虫やネズミなどの小さい生きものが豊富だった。林冠は、アララがイオと呼ばれるハワイノスリから自分と子どもを守るのに一役買った。ハワイノスリはアララより大きい唯一の森の鳥だ。ほかのカラス科の仲間同様、アララは感情豊かで賢い。餌をとる道具に枝を使う光景が目撃されており、野生で最長18年間生きたことがわかっている。一夫一婦制で、相手と長く続く絆を結び、毎年早春になると、ひなが孵る前に一緒に巣づくりをする。その声は耳ざわりで、遠ぼえ、唸り声、ぶつくさ言う声など幅広い。ハワイの言葉で、アララには「わめく、めそめそする、キーキー声を出す、叫ぶ」という意味もある。[10]

1800年代後半には、考古学者のヘンリー・W・ヘンショウが「一般的なアメリカのカラスとハワイのアララの気質がこんなに違うとは想像を絶する」と書き残している。[11]「アララは、慎重で用心深いという性質ではなく、人間をまったく恐れず、森で侵入者を発見すると、結構な確率でそこまで飛んでいって、大声でカアカア鳴いて出むかえる。侵入者をずっとつけ回しもする。木から木へと飛びうつり、その人物をじっくり観察して性格と目的を把握する」

生きるためのアララの戦いは、どうやら1500年ほど前にポリネシア人がハワイに移住してきたときから始まったらしい。このとき、一緒に「カヌー種」と呼ばれるブタやシカが持ちこまれ、アララと餌の奪いあいとなった。1800年代には、餌をめぐる競争は、入植者が連れてきたネズミ、マングース、ネコの到来によってさらに熾烈なものとなった。ハワイの森は牧場建設や伐採によって細分化され、禽痘《きんとう》やマラリアといった病気が広がった。

1950年になると、アララは手つかずの森として残っている狭い地域に追いやられてしまう。そして1985年には、アララの生存に暗雲が立ちこめた。生物学者の予想では、野生に生息しているのはわずか5羽から15羽、その大半はマッカンドレス牧場に集中していた。コナ地区の私有地だ。絶滅の危機という事態を受けて、アメリカ魚類野生生物局は、野生のアララを数羽捕まえて、ハワイのポハクロアにある絶滅のおそれがある動物の飼育施設に移した。そこではハワイガン、ハワイマガモ、レイサンマガモがすでに飼育されていた。連れてこられたアララのうち、ひなが生まれたつがいは4組だけだった。

1980年代後半から1990年代初めにかけて、野生のアララの個体群の衰弱が進み、飼育下繁殖プログラムもうまくいかなかった。そのため、もっと多くの野生のアララを施設に移して飼育しようとしたら、これが大論争に発展した。私有地の所有者と、アメリカ内務省、シエラクラブ法律弁護基金、全米オーデュボン協会、著名な保全生物学者が対立したのだ。私有地の所有者はシニー・サリー。1915年に240平方キロメートルあまりの土地を買い集めはじめた一族の子孫で、自分の地所に生息するアララを守ろうと必死だった。

彼女は、鳥を研究しに来る生物学者は、別の意味でアララの環境を破壊する存在と見なしていた。政府の飼育下繁殖プログラムと一緒で、種にとっての最善の利益――野生環境での生存――を考えて行動していない。この話は、ジャーナリストのマーク・ジェローム・ウォルターズがアララの保全の歴史について記した画期的な作品『聖なるカラスを探して――ハワイの島の政治と絶滅の物語（*Seeking the Sacred Raven: Politics and Extinction on a Hawaiian Island*）』で披露されている。1991年に専門家がアララを研究できるようにするため、私有地の開放を知事が要請すると、サリーはこう返事をした。「貴殿経由で察せられる、自分のアプローチ全てがアララを救済する唯一の手段だという、野生動物を研究する生物学者の傲岸不遜ぶりは不愉快ですし、間違っています[12]」

アララをめぐる戦いは、ハワイの歴史において、支配権、植民地主義、国家の監督権が長いこと幅を利かせていた土地における象徴的な闘争だった。訴訟になり、全米研究評議会によって、政府および自然保護主義者側と、ハワイ先住民および土地所有者の象徴的な代表であるサリー側との膠着状態に決着をつけるための専門委員会が結成された。

1993年、両者は合意書に署名した。成体ではなく野生の集団が産んだ卵なら、生物学者はアララを採取してもよいという内容だった。これらの卵は飼育下繁殖プログラムで孵化させてから、ひなの一部は野生に還され、残りは遺伝的多様性を増やすために飼育下繁殖させている個体群に追加される。だが1993年から1999年のあいだに、飼育下繁殖プログラムで育てられ、のちに野生に戻された27羽のうち21羽が死亡してしまった。

1996年、最後の受精卵が生物学者によって野生の巣から採取された。生物学者のひとり、サンディエゴ動物園の「ハワイ絶滅危機鳥類保全プログラム」ディレクター、アラン・リーバーマンは、あとから考えてみれば、このたった1個の卵が飼育下繁殖プログラムにとってとてつもなく重要だった、と書いている。

この卵は無精卵だったかもしれないし、ひなが孵らない可能性もあった。だが幸いにも、それは受精卵でひなは孵った。雄のひなが6月9日に生まれると、生物学者はオリと名づけた。「儀式での詠唱」という意味だ。オリはたくさん子をなしたわけではない。たった6羽しか子どもをつくらなかった。だがその遺伝子は、子をなす熱意の欠如を補ってあまりあった。オリの子どももみな繁殖能力があり、次の世代に繁殖能力のある子どもを残した。こうしてオリの血統は世代ごとに延びていった。

2002年、野生の最後のアララ2羽が消滅して以来、森でアララは目撃されていない。これで、飼育下繁殖プログラムは種全体の遺伝子プールをもっていることになった。飼育下繁殖プログラムの114羽のうち47羽がオリの遺伝子を受けついでいる。これらのアララの繁殖能力はじゅうぶんあり、生物学者は、うまくいけば何羽かは管理されている森林保護区に放せるかもしれないと思っている。それらは厳しい監視下に置かれ、餌や治療の面では人間に半依存状態となるだろう。

リーバーマンによれば、この種は健全なハワイの森林にとってのカギ、それも唯一のカギだ。ロウルやハラペペなど、さまざまな自生の植物と樹木の種子を播《ま》くために必要だ。クルミに似た果実がなる低木ホアワは、アララによる種子の散布が頼りで、アララの消化器官を経由してからでないと発芽しない。アララがいなくなり、かつてアララが生息していた森の植物と樹木の構成は変わってしまった。この生態系と種のあいだの共存関係が回復するかもしれない、という胸躍る可能性が考えられるなど、オリがいなければあり得なかっただろう。

失われたアララの「文化」は再生できるのか?

1996年に見つかったたった1個の受精卵のように、冷凍動物園に保存されているアララの細胞株は、アララが未来まで生きのびるために絶対に必要なものとなる可能性はある。だが、確かなことは誰にも言えない。アララのDNAをもってしても、すでに進行中の別の絶滅、すなわちアララ文化の消滅を阻止することができないのは確実だ。アララは複雑な生きもので、その学習能力と社交性は霊長類やイルカに匹敵すると証明されている。

わたしは、トム・ヴァン・ドゥーレンの作品でカラスの文化について学んだ。彼はオーストラリア・シドニーのニューサウスウェールズ大学の環境人文学の上級講師で、鳥類専門の絶滅研究という新しい分野における世界有数の研究者だ。ヴァン・ドゥーレンによれば、彼の研究では生物学と生態学が哲学と対話するという。著書『鳥たちのありかた——絶滅のがけっぷちでの生と喪失(*Flight Ways: Life and Loss at the Edge of Extinction*)』では、21世紀のアホウドリ、インドハゲワシ、アメリカシロヅルの運命を検証し、これらの種を、次々と明らかになる悲劇の真っ只中にいる血肉の通ったキャラクターとして描いている。数百万年をかけた進化が、わたしたちの時代に終焉を迎える。

ヴァン・ドゥーレンは、レイチェル・カーソン環境社会研究センターの客員研究員として滞在しているドイツから、ずっとカラスに魅せられてきたとわたしに語ってくれた。彼は、ハワイにあるアララの飼育下繁殖センターでしばらく過ごして、アララを観察し、世話係、生物学者、地元住民と話をした。

最後のアララがケージで飼われているのを見るのは嬉しくもあり、悲しくもある、とヴァン・ドゥーレンは言う。その第一印象は、19世紀の鳥類学者が描写したように、アララの祖先が森を移動していたのと寸部違わず、現在のアララも細長いケージ内を移動しているということだった。あるときは飛び、またあるときは枝と枝のあいだをひょいと移動して、誰が自分たちの縄張りに入りこんできたかを見さだめようと待ちかまえている。「アララを見に訪れたときは、喜びと悲しみが入りまじった気分になった」とドゥーレンは語った。「飼育下繁殖プログラムのアララは実に哀しい存在だ。適応力が高く、知能も高い社交性のある生物だというのに」

ヴァン・ドゥーレンの説明では、アララが森林性鳥類としての行動を維持していけるかどうかが、保全の取り組みにとっての中心的な課題となる。ほかの鳥と違い、アララは特定の行動をとるよう生まれついておらず、言ってみれば、少しずつ学習してカラスになっていくのだ。いかにしてカラスになるかは、孵化した年に親から教わる。その後、幼鳥になると群れに合流する。この群れには幼鳥の一族が数世代所属している。

一方、20年以上、飼育下繁殖しているアララが産んだ卵は、巣から取りだされて、確実にひなが孵るようにと保育器に移される。２０１３年までは、最初の雌は自分で卵を孵化させてひなを育てることが許されたが、現存しているアララについては、抱卵、孵化、飼育を人間が一手に担っている。その結果、アララの文化が一変したという証拠がある。かつては世代間で継承されてきたアララ特有の行動が消滅したのだ。発声のレパートリーは減った。1990年代に飼育下繁殖のアララを自然に還そうと試みたが、ハワイノスリの避けかたがわからなかったらしい。かつては仲間と結束して戦っていたというのに。また、すっかり人間に慣れてしまって自分で餌を探さなくなった。習性を失ってしまったために、野生で生きていくのは不利になるおそれがあった。

ヴァン・ドゥーレンはアララについてハワイの地元住民と話をした。話した相手にはシニー・サリーもいた。自分の地所にいた最後の野生のアララを守るために徹底抗戦した人物だ。サリーは、飼育下繁殖プログラムがアララをすっかり変え、まったく別の種にしたと考えている、と彼に話した。

アララは、昔は森の王、森の女王とでもいうべき存在でした。ハワイノスリを追いかけていたものだし、ノスリのほうでもアララにきちんと敬意を払っていました。ところが、アララの幼鳥を野生に戻してから4、5年後に、ノスリにはアララが、かつて自分たちを追いまわしていた好敵手とは違うとわかったんです……。最初から野生で育ったアララはもういない。そこ「ケアウホウ鳥類保護センター」にいる鳥はすべて操り人形によって育てられたものです。だから、そこで育った鳥を森に戻したあとに何があっても、わたしにはもう完全に別の種としか思えません……。何を野生に戻すにせよ、進化の点ではゼロからのスタートです。野生に戻された鳥は、すべて一から覚えなおすことになります。鳴きかたも含めて……最初の発声から始まって、さぞかし多くのことを学ばなければならないでしょう。[13]

ヴァン・ドゥーレンに言わせれば、種の正統性と属性の問いは、鳥のことになるとことさら混乱し、場合によってまったく役に立たない。鳥類はその知性によって、想像もつかない方法で何千年にもわたって人間の文明に順応してきた。現代の日本では、ハシブトガラスは走っている車を使って木の実を割り、赤信号で車が止まったときにその実を回収する。北アメリカのカラスは人間のゴミをあさるのが得意だ。こうした行動こそが、もしかしたら21世紀のカラスのあるべき姿なのかもしれない。

ヴァン・ドゥーレンは、アララがとるべき行動、とるべきではない行動については柔軟であるほうがいいと語った。祖先とまったく同じ行動をとらないにせよ――たとえば、木ではなくゴミ箱から餌を得るにせよ――アララと見なされることに変わりはない。だが、野生のアララから飼育下繁殖プログラムのアララ、そして野生に戻されたアララの文化の継続性に価値を置くには理由がある、と彼は信じている。「種を保全するのは、ある意味、進化した（たとえまだ進化途上だとしても）『ありかた』を失わないようにするということだ」と彼は書いている。[14]「世界のなかでの存在のありようが危機に瀕している。人間の文化よりも複雑だ」

哲学と人類学両方に立脚したヴァン・ドゥーレンの視点からすれば、「絶滅は種の死である」という概念は、現在のアララに起こっている事態をまったく正しく理解していない。絶滅とは「繊細に絡みあっている種のありかた」[15]を時間をかけて解体していく作業だ。

これらの理由から、ヴァン・ドゥーレンは、組織を保全する遺伝子バンクは大きな問題をはらんでいると考える。「ゲノムを分離できたから生命体や種の本質をとらえることができたというのは、あまりに還元主義的だ」と批判する。「行動は遺伝子で決定されているという概念イコール発達プロセスの作用のしかたではない。残念ながら、この話題は何度も何度ももちあがる。わたしの博士課程の専門は知的財産権と植物資源だった。人々は、まるでゲノムが生命体の青写真でもあるかのように、遺伝子配列の特許を取得している」

低温物理学がテーマの近作のためのエッセイで、ヴァン・ドゥーレンは遺伝子バンクの概念と、この措置がほのめかす明るい未来を受けいれるのは問題ないし、いいことだという見方に反論している。「絶滅危機に瀕する種を保全するための低温技術はどれも、程度の差こそあれ、多くの人々がいつまでも残しておきたいものを保全するのに失敗しているという共通点がある。これは生息場所以外で保全する方法の根底にある一種の還元主義だ。この考えかたでは、あるものを『新規取得』する際には――それが生きた鳥であれ、種子であれ、DNAサンプルであれ――それが登場し、維持されてきた関係性という巨大な蜘蛛の巣の外側で行われなければならない」[16]。文化を液体窒素漬けにはできない。アララが生息していた森を保全できないように。人間のDNAを冷凍すれば、わたしたちを人間たらしめる要素が保存されていることになる、という者はいまい。

だがヴァン・ドゥーレンは、遺伝子バンクは廃止すべきだとは言っていない。飼育下繁殖施設と同じように、遺伝子バンクは最後の手段としての取り組みであり、これがなければアララはそもそも生きのびられなかったかもしれない。だからこそ、飼育下繁殖のアララを見るのは悲喜こもごもなのだ。アララはまだ生きているという事実には希望がもてる。ハワイの表現を借りれば「ケ・ナエ・イキ・ネイ・ノ」、まだいくらか息がある。と同時に、こんな状態になりはてて、という哀しさもある。

ヴァン・ドゥーレンは、人間はカラスから悼む心を学ぶことができるのではないかと、『鳥たちのありかた』に書いている。悲嘆に暮れるという、人間らしさに絶対必要と思われる行動をいち動物の種が人間に教えるというのは、わたしには過激に思えた。だが、カラスが死者を悼み、呼びかけ、再び訪れる様子が観察されている。ほかの仲間が死んだ場所を避けさえする。

ヴァン・ドゥーレンはさらに綴る。「1羽のカラスの死が『ここは危険』というシグナルだとすれば——長いことその場所を避け、飛び方や日々の餌とりルートを変えるほど危険なのであれば——あるカラスの種全体の死は、このとき同時に起こっているほかの一連のもろもろとともに、科学者や注意深い観察者に何を訴えているのだろう。これらの種の絶滅は、変化しつづけるこの脆弱な世界で、新しい飛びかた、新しい生きかたをわたしたちが見つけなければならないと訴えていることにほかならない(17)」

その後わたしは、ハワイでは愛する人を亡くした女性の泣きさけぶ声も「アララ」というのだと知った。

「遺伝子バンク」は種の保全にちゃんとつながっているのか？

銃規制を訴えもせずに、銃で撃たれた患者を治療している医師を非難するのは、つむじ曲がりのやることだ。同じ理由から、遺伝子バンクの支持者を、種を生息環境で保護することに注力していないとは非難しにくい。

わたしは、保全生物学者と遺伝学者を、救急治療室の医師のように見なすようになっていた。保全生物学者と遺伝学者は緊急を要する環境で作業し、惨事の最中に生態系消失の重症度を判別する。絶滅という脅威に直面し、限りある資金でどの種を救うか即決せざるを得ない。となると、消滅前の限られた遺伝子プールの残りを保全することが多くなる。確かに、小びんに収められたこれらの生命の冷凍スナップショットは、将来、中にあるものを思いだし、理解し、さらには再生するかもしれないときに必要になるだろう。絶滅が加速している時代に、遺伝子バンクが保全活動のなかでひときわ重要な存在ではないと、誰が言えるだろうか。どんな災難が迫ってきているのか、はたして遺伝子バンクは次々と襲いくる生態系の危機を切りぬけて、永遠に失われたと思われた風景を再現する力を授けてくれるのか、予測がつかない。

この黙示録さながらの論理は、世界中の遺伝子バンクプロジェクトに浸透している。

ノルウェーでは、北極近くの氷棚をくり抜いた貯蔵庫が完成した。万が一、核戦争や自然災害が起こっても、世界の農業生物多様性と食糧を代表する種子を保管しておける。これはスヴァールバル世界種子貯蔵庫と呼ばれ、スヴァールバル諸島にある。この場所が選ばれた理由のひとつは、地球温暖化の影響で北極の氷冠が溶けても、種子が水に濡れることがないだけの海抜があるということだ。

２００６年にイギリスの科学者によって開始されたコンソーシアムである「フローズン・アーク」は、サンゴ礁、氷冠、そして熱帯雨林の大半といった生息環境の適切な保全を望むのはもはや無理だろうという考えのもと、２０１５年までに1万種の遺伝子サンプルを冷凍保存しようとする取り組みだ。ハーバード大学の昆虫学者で環境保護活動のリーダーであるエドワード・Ｏ・ウィルソンは、生物多様性すべてのかけらを保護するのは、人類がその価値を理解するまでの倫理的な責務だと発言している。この発言は、フローズン・アークのミッション・ステートメントに引用されている[18]。

だがアララが示すように、遺伝子バンクは、種とそのたくさんの可能性を活気づけるものの貧弱な概念を保存するだけだ。自然選択というダイナミックなプロセスが自然環境で繰りひろげられることを可能にするのではなく、進化を急速冷凍して閉じこめる。

それでも、遺伝子バンクは種を保全する戦いの防衛線になりはじめている。人類学者のトレイシー・ヘザリントンは、遺伝子バンクがここまで魅力的に思えるのは、政治の現実と道徳上の難問について一時的にでも考えずにすみ、未来の時代と場所について思いを馳せることができるからではないか、という説を披露した。ヘザリントンは「環境破壊から大虐殺へ――科学技術は自然を救えるか」と題したエッセイで、「世界が破滅する日は近いという聖書の引用と、大惨事は技術と科学の力で防げると信じこむ力によって、1992年のリオデジャネイロの地球サミットでさまざまな取り組みが思い描かれたが、それらが次々と失敗したあとに登場したフローズン・アークプロジェクトは、切迫感と皮肉とともに広がっていった地球規模の環境運動の道徳的な主張を反映している」と書いた(19)。

ウィスコンシン大学マディソン校教授のヘザリントンは、遺伝子バンクは現代科学の矛盾を露呈していると話す。生物多様性の消失を技術で食いとめようとする作業そのものが、文化的な生命体と生物学的な生命体の両方が組み込まれて存在している自然というものの正統性に反することだという。

ここまで挙げたすべての理由から、ヘザリントンは、生物学的本質主義、そして遺伝子バンクが代表する技術的な解決策に寄せる信頼はいたって眉唾ものだという結論に至った。「動物の行動プロフィールは遺伝子のみに基づいて再現されるという考えは、完全に生物学的本質主義的だわ。動物は学習プロセスも文化もないばかりか、情報も学ばないし情報をほかの種に伝えもしないという考えかた。とんでもなく人間中心よね。動植物相には種の文化も関係性もないとか、動植物相は遺伝子に集約されるとかっていうのは」とわたしに言った。

環境倫理学者のブライアン・ノートンは、環境保全学者のあいだの「トリアージ」的な考えかたを批判している。それは結局、絶滅しそうな種に手あてを施すことを、遺伝的多様性を守る問題でしかなくしてしまい、結果として種を単なる遺伝子セットの保管場所としか見なさなくなることにつながるからだ。著作『なぜ自然の多様性を守るのか（*Why Preserve Natural Variety*）』で、ノートンは、アララかフロリダパンサーかタイセイヨウセミクジラのことを言っているのでは、と思えるような例を挙げている。

遺伝的多様性の喪失は、縮小の一途をたどる生物学的多様性という根深い問題が表面化したものだ。自然の生息域が変化してほかの用途に供され、単純化されたために、多くの種は個体数が減っている。残り少ない個体群を保護して遺伝的多様性を守ろうとするのは、最も根本的な問題に目を向けず、それぞれの種を急場しのぎで救うことの繰り返しでしかない。真の解決策であれば、ますます多くの種の個体数が激減しているから種ごとに個別の関心を向けるべき、という傾向に歯止めをかけるだろう。この傾向の原因である深刻な問題が是正されない限り、絶滅の危機に瀕している種の残り少ない個体群を守ろうとする努力が追いつかなくなると予想される[20]。

ノートンがこう書いたのは1987年であり、以来、急場しのぎはさらに狂気を帯び、さらに切実になってきた。

「科学ではない。価値観の問題だ」

一部の保全生物学者も、遺伝子バンクの可能性が本当に種の保全に直結するかどうか、疑問を抱いている。保全生物学の父祖であるマイケル・スーレは、2000年にカリフォルニア州サンディエゴで開催されたシンポジウムの席上で、保全のためのハイテク・アプローチが成功した例はないと、同僚に挑戦状を叩きつけた。その発言には、絶滅のおそれがある種の個体群の保全戦略としての遺伝子分析・管理ばかりに熱心な領域に対する批判が込められていた。

そのシンポジウムの観客席に、ジョージ・アマートがいた。当時、野生動物保護協会の保全遺伝学部部門ディレクターだった。アマートは、著名な科学団体や保全組織で次々と研究成果をあげ、リーダーシップも発揮して、保全遺伝学を定義するのに一役買った。

スーレがこの挑戦状を突きつけてから15年ほど経ったが、大きな変化はないというのがアマートの意見だ。種を救うためのハイテク事例の成功例は今もそうはない。アマートは冷凍コレクションのオフィスにある小さい丸テーブルの椅子に深く腰を下ろして、話してくれた。そこは彼が責任者を務めるサックラー比較ゲノミクス研究所のオフィスから数階下りたところで、冷凍コレクションの冷凍組織サンプルを収めているスチール製の大桶のすぐそばだ。アマートには孫がいるが、それにしては若く、運動選手のように締まった体つきをしている。

保全遺伝学の欠点についても、渋ることなく率直に語ってくれた。「いくつかの動物園では実にハイテクなプログラムが実行されている。批判点は、それらのプログラムは、重要なことをなしとげるにしては規模が小さいことだった。1回こっきりの取り組みで新聞に載っておしまい、となりがちなんだ」。アマートは著作で、絶滅の危機を抑制しようというその努力がそもそも還元主義的であり、「消滅しそうな森林から目を離さずに、そこにある木1本1本の遺伝的特徴を明らかにしている」(21)意識はあるか、と保全遺伝学者に盾ついた。絶滅の危機にさらされている動物に対する技術的な干渉は、その動物を固有の環境からますます孤立させることになりかねず、科学者はメディアと一般市民が遺伝子操作に惹きつけられる傾向を抑制すべきだ、と彼は考えている。

だが同時に、将来の研究用である冷凍コレクションと代表的な遺伝子バンク制度は、おそらく自分がその分野になし得る最大の貢献だろうとも認めた。「人間が地球に及ぼしている影響は、人間がそれを自分のなかに取りこみ、理解するペースを大幅に上回っている。良識があれば、それらの標本を入手しないのは怠慢だろう」とつけ加えた。

道徳的な信念や個人的な感情という枠組みで仕事が切りとられるのを環境保全学者が嫌がることに、わたしはすっかり慣れっこだった。その信念の道徳的な根拠を示してほしいと粘ると、彼らはたいてい種の保全について功利主義的な説明をした。種は生態系の健康には必須であり、生態系の健康は人間の生存に必須だ、というセリフもついてくる。

超長期的な観点ではそうかもしれないが、わたしは短期的にはその逆も真なりというケースもたびたび経験してきた。世界中の人間は、燃料を得るために木を切り、発電のために川を堰きとめ、種播きのために土地を耕し、お金のために密猟するが、これらは全部生きるためだ。自分の研究を成功させるために、この倫理的な相対性を進んでいこうとする保全学者は、それどころか認めようとする環境保全学者も、ほとんどいない。彼らにとって、種を救済するという正義は一種不可侵な真実なのだ。たとえ他人がそれは特権階級の道楽だと思っていても。

アマートは、わたしとの会話でこの相対性を認めただけでなく、賛成を表明した数少ない環境保全学者のひとりだ（わたしにとっては最初の人物でもあった）。「最近、保全生物学を宗教にしてしがみついているグループと論争になった。わたしがこの研究をしているのは、何かしないと食べていけないからだ。この分野で仕事するのを楽しんでいるし、やりがいも喜びも感じている。だが、わたしは人生の価値を、今から25年後にゾウがいるかどうかで測ったりしない。それは、わたしでどうにかできるものではない」。ゾウが絶滅するかもしれないというのは、絶滅について心配する理由にはならない、ともアマートは思っている。「今から25年後にゾウがいなくなるから、あなたは環境保護を心配すべきだ、とは思わない。環境保護は、生活の質、全体を通じてあなたがどんな地球に住みたいかにかかっている」

　アマートの「宗教」という表現は、わたしにとって天啓だった。わたしは環境保全学者が研究を専門用語で語るのに慣れていたが、アマートは保全をまったく別のものとして説明していた。科学ではなくひと揃いの好みや信念への固執だというのだ。

「（保全は）複雑な領域だ」とアマートは続けた。「人間による倫理の構築物だ。それに対して１００パーセント科学的でありたいというのであれば、まず『科学的な質問とは？』というところから始めないと。ゴリラがいる世界といない世界と、どちらがよいのか。これは科学ではない。価値観の問題だ」。アマートは、厳然たる真実は、人間は今より種が少ない高度に改良された環境でかなり長く生きていけるということだ、と指摘した。保全生物学者の本分は、深いところで未来についての議論を継続することだ。

聖なるカラスの亡骸を抱きしめて

わたしはこの目でアララを見たことはない。しかし、アマートが言ったことを考えると、自分はアララがこの世界に生息しているかどうかを、そしてアララがいつかまた森で暮らせるようになるかもしれないという一縷の望みがあることを、深く気にかけていることに気づいた。アララの組織サンプルがサンディエゴの冷凍動物園にあるというのは、あまりぞっとしない話だ。では、消滅が冷凍組織より望ましいなんてことが、あり得るだろうか。この葛藤はロマンティシズム、ノスタルジア、そしてわたし自身の美的嗜好に根ざしているのかもしれない。それでも、悲しいという気持ちはまぎれもない本物だし、ほかにも同じ思いを抱いている人がいる。

『聖なるカラスを探して』で、マーク・ジェローム・ウォルターズはバーバラ・チャーチル・リーについて触れている。リーは1976年から1981年まで飼育下繁殖プログラムに関わり、アララを世話していたボランティアだ。だが彼女は、ある事件がもとで解雇された。エレウという雌のアララは、リーの監視下で鳥マラリアにかかって死んだのだが、彼女はその亡骸を州政府の生物学者に渡さず、埋葬したのだ。

ウォルターズはことのいきさつを記録した。リーはエレウの亡骸を州の役人のところにもっていき、その役人が死骸から組織を採取した。その後、彼女はエレウを捕まえた山に連れていき、ある意味では亡骸を科学の目の届かないところに隠した。リーはウォルターズにこう語っている。

わたしは専門家としての思考に徹することがどうしてもできませんでした。感情があるんですもの！　ファアラライの山を車で登っていったときのことは、けっして忘れません。膝の上にはエレウの亡骸を収めた小箱があり、涙が止まりませんでした。膝の上に載っていたのは、種の生存と絶滅とをつないでいた最後の壊れたリンクでした。体の奥底から、ハワイの歴史と信念の深い声が聞こえてきました。その声が、エレウを埋葬するのが唯一の正しい行いだと告げていました。

かつて戦士の集団は、敵が発掘して釣り針やオブジェを製作するなど冒涜行為をしないよう、仲間の骨を隠したものです。カメハメハ王はどこに埋葬されたのか、今も誰ひとり知りません。もしかしたら、コハラコーストのどこか洞窟の奥深くに埋葬されているのかも。

わたしは、敵にエレウの骨を渡したくありませんでした。渡したら、彼らは好き勝手に冒涜して、冷凍庫に入れるか棚の上で乾燥させるかして、最後には捨ててしまうでしょう。エレウを埋葬したのは専門的には正しいことではないとわかっています。けれども、道義的には正しいことだったと思っています。(22)

第6章　キタシロサイ　*Northern white rhinoceros*

そのサイ、絶滅が先か、復活が先か

「iPS細胞」でクローンをつくれば絶滅は止められるのか?

iPS細胞で絶滅した動物を蘇らせる

2008年初め、幹細胞研究者のジーン・ローリングは、スタッフを連れてサンディエゴ動物園で現地視察を行った。当時ローリングはカリフォルニア州ラホヤのスクリプス研究所に引き抜かれたばかりで、現地調査は一緒に移ってくれた研究室のスタッフに感謝するいい機会だった。この科学者一行にとっては珍しい現地調査だった。長年、スクリプス研究所は医学研究の最先端を走り、白血病、エイズ、多発性硬化症の治療法の開発・治験を行っている。

ローリングの専門分野は、人間の細胞を操作して神経疾患を治療する再生医療だ。この分野の草分けと見なされているローリングは、実験室でヒトの胚性幹細胞（ES細胞）を作製する方法を最初に会得した研究者のひとりだった。彼女は専門分野の普及に熱心で、画期的な法律と特許にも関わっていた。自分のことを大きな問いが好きな科学者と称し、幹細胞に携わっているとそういう大きな問いを追い求めるようになると言っていた。そうした大きな問いのひとつこそ、サンディエゴの旅のサブテーマだった。はたして、野生動物保護に幹細胞技術を用いることはできるのか。

ローリングは、保全遺伝学者のオリヴァー・ライダーが管理している1000種以上の組織サンプルのコレクション、冷凍動物園のことは知っていた。以前、ES細胞が保全生物学にどのように利用できるかについて、ふたりで話しあったこともある。「当時問題だったのは、技術がなかったことでした」とローリングが振り返る。「絵に描いた餅だったんです」。絶滅が危惧される動物の胚から幹細胞を採取するのは、手つづき的にも倫理的にもハードルが高かった。

だが２００６年、山中伸弥が、成長した体細胞を幹細胞に変化させて、人工多能性幹細胞、すなわちｉＰＳ細胞にする方法を発表した（この功績によって、山中は２０１２年にノーベル生理学・医学賞を受賞した）。初期化状態となった新しい細胞は、卵子や精子も含め、体のどんな細胞にも分化可能だ。

山中の手法が発表されると、ローリングはすぐに研究室でそれを採用した。幹細胞を胚から入手しなくてすむ。基本的には、たったひとつの皮膚生検サンプルから好きなだけ幹細胞を作製できるのだ。この手法は失敗が絶対にないので、ローリングは細胞をｉＰＳ細胞にするリプログラミング作業を学部生のインターンに任せた。「ｉＰＳ細胞は、わたしの分野にとって、それは大きな贈りものでした」とローリングは言う。

一見、研究への応用は無限大だった。ｉＰＳ細胞はネズミの皮膚細胞から生きたネズミをつくることを可能にした。これによって、患者自身の細胞から代替組織を作製する道が拓かれたのは大きい。また、ｉＰＳ細胞は必ず患者本人のものであるため、患者の体が拒絶反応を起こすこともない。まもなくローリングの研究室では、パーキンソン病患者の細胞からｉＰＳ細胞を作製するリプログラミング・プロジェクトに着手した。患者のｉＰＳ細胞を脳細胞に分化させ、治療のために脳に移植する。この可能性はローリング曰く「科学者ならだれもが夢みるものでした。まるで魔法のようです」。

サンディエゴ動物園でキリンに餌をやり、動物を観察した視察旅行を終えてから、ローリングのスタッフは突拍子もないことを考えるようになった。冷凍動物園で液体窒素の巨大な容器に保管されている絶滅の危機に瀕した動物の細胞から、iPS細胞が作製できるかもしれない。それがうまくいけば、この新しいiPS細胞は、その動物のどんな細胞にも分化させることができる。精子にも卵子にもなるので、既存の個体群の遺伝的多様性を増加させるのにも、絶滅危惧種の個体数を増やすのにも使えるかもしれない。

「精子と卵子を生成できれば生殖補助医療技術が使えます。体外受精でまったく新しい動物が創造できるのです」とローリングは説明する。「そこで、わたしたちは残されたものを保全するだけでなく、新しいゲノムの組み合わせをつくって、多様性を個体群にもたらします。すべてのカギは多様性です」

地球上で最も希少で、2番目に大きい陸生哺乳動物

オリヴァー・ライダーにとって、このような実験の対象となる最初の候補は、文句なしにキタシロサイだった。地球上で最も希少で2番目に大きい陸生哺乳動物だ。当時、飼育下繁殖で8頭しか生息しておらず、野生では絶滅した。とはいえ、冷凍動物園では12頭の個体から採取したキタシロサイの組織サンプルがある。ライダーはキタシロサイの運命にずっと関心をもっており、その生存に個人的にも関わりがあると感じていた。というのも、著名な南アフリカの環境保全学者であるイアン・プレイヤーと一緒に研究していたからだ。

ライダーが初めて会った1980年代半ば、プレイヤーはキタシロサイの親戚であるミナミシロサイを絶滅から守る保全活動の中心人物だった。ミナミシロサイは、1900年代初めには南アフリカのウンフォロージ（現在はヒュニュウェーイムフォロジ公園の一部）という遠い動物保護区に、わずか数十頭しかいなかった。南アフリカはサイ狩猟を禁止して対応した。プレイヤーが最初にウンフォロージに若い猟場管理人として赴いたのは、1952年のことだ。のちに、彼は初めてミナミシロサイに遭遇した場面を、神話のような筆致で描いている。

「霧のなかから2頭の雄のサイが姿を現わした。2頭が尾根に沿って歩いていたので、体の特徴をしっかりと見られた。口は四角形で、頭と鬐甲《きこう》〔ウマなどの肩甲骨のあいだの隆起〕のあいだのうなじの隆起が目立つ。ハエが体の両脇にへばりつき、背中から湯気がたちのぼっていた。この2頭は完全に過去の遺物だった。移動しながら草を食んでいる。草を食んでいるときには頭を大鎌のように振っている。わたしは、2頭が灰色のンソンボチの木立を抜けてキダチアロエの群生に向かい、霧のなかに姿を消してゆくのを見守っていた。きっと自分の一生は、この時代遅れの生きものに何らかのかたちで関わっていくことになるだろうという思いに、ふととらわれた(1)」

1960年代初めには、ミナミシロサイの数は2000頭を超え、保護区の収容能力が限界に近づいた。プレイヤーによれば選択肢はふたつあった。一定数を殺すか、それともほかの場所に移すか。最初の選択肢は話にならないが、もうひとつの選択肢も同じくらい無謀だった。体重1800キログラムを超える神経質な動物を捕獲して移動させるすべなど、誰も知らない。プレイヤーはその作業に麻酔銃を使った先駆者であり、危険でほぼ不可能と思われていた作業を容易にした。彼のおかげで、猟場管理人が世界各国の動物園や動物保護区で予備の個体群をつくり、ミナミシロサイはその後も生きのびることができた。

そんな組織のひとつにサンディエゴ動物園がある。1970年代初めに数十頭のミナミシロサイを受けいれた。その後まもなくして、キタシロサイとミナミシロサイの運命が変化し、逆転した。ミナミシロサイは順調に回復して1980年には3000頭前後になったが、キタシロサイは激減した。1900年に発見されたとき、キタシロサイは現在のコンゴ民主共和国東部、中央アフリカ共和国、ウガンダ北部、スーダン、チャド南端とサハラ以南一帯に生息していて、親戚のミナミシロサイを数で大幅に上回っていた。ところが1981年には、これらの国が数十年にわたる内戦と政情不安によって荒廃し、ごくわずかな個体群が残るのみとなった。

絶滅が先か、復活が先か

――キタシロサイの遺伝子研究最前線

1983年の全体調査で、キタシロサイは100頭を割っていると思われた。プレイヤーは、次のことを心配するようになった。人々は、キタシロサイとミナミシロサイをひとくくりにして、ミナミシロサイの個体数が順調に回復しているから、減少の一途をたどるキタシロサイの個体群の保護を支援しないのではないか、と。

そこでプレイヤーはライダーをこの件に巻きこみ、この2種類の亜種のDNAを分析して両者の遺伝上の関係を報告するよう依頼した。ライダーは、キタシロサイとミナミシロサイの違いは、数百万年の進化によって分かれた結果、遺伝的にはこの2種類の亜種それぞれとクロサイとの違いくらいある、と報告した。種別のカテゴリーに分類するには及ばないが、キタシロサイは遺伝的に特別な存在であり、保護する価値あり、という評価が固まった。

それからというもの、ライダーは、チャンスがあるごとにキタシロサイの組織サンプルを収集していった。ソ連の動物園に飛んで5頭のサンプルを採取したこともある。スーダン・ハルツームの動物園がサンディエゴ動物園に雄のキタシロサイを送ってきたので、冷凍コレクションにサンプルがさらに増えた。ライダーは、冷凍動物園用に全部で10頭分ほどのキタシロサイのサンプルを集めた。

「これらは消滅する運命の個体群だ。これからはもっと減っていくとみんな思っている」とライダーが話す。「だが、その小さい個体群を救えるかもしれない遺伝子プールがこちらの冷凍庫にある。ネズミの幹細胞が精子と卵子を作製するのに用いられた。[サイの]個体群から失われた遺伝的多様性を取りもどせる幹細胞を作製するには、いくつかやりかたがある」

ローリングの研究に助成金はついていない。幹細胞研究の範疇でも保全遺伝学の範疇でもないからだ。そこで、彼女はこの研究を、再生医療目的の人間の細胞のリプログラミング実験と並行して行うことにした。このふたつの研究は関連していると訴え、かかったコストは妥当だとしたのだ。実は、ローリングとスタッフが提唱している内容が、多少なりとも可能性があると示す例はそれまでなかった。山中が開発した細胞のリプログラミングでは、4つの遺伝子のセットを皮膚細胞に導入する。

モジュレーターとして作用する強力なこの4つの遺伝子は、細胞を変化させ、初期化状態に戻すようその細胞を促す。ローリングは、それらを「マスター」遺伝子と呼んでいる。人間だとその遺伝子を胚幹細胞から採取するが、サイでは無理だ。ローリングは、ウマの遺伝子でリプログラミングを実施すればうまくいくのではないか、と考えたが、思いつきで人間の遺伝子をサイの細胞に導入して作用するかどうか見てみることにした。少し前にローリングの研究室に加わった博士研究員のインバー・フリードリッヒ・ベン－ナンが、生存している最年少のキタシロサイであるファトゥから採取した細胞株を使った実験を担当したいと名のりでた。

ファトゥは、チェコ共和国のドブール・クラーロベ動物園で2000年に誕生した。実験では、ファトゥの線維芽細胞（結合組織を構成する細胞）が数千個ペトリ皿に入れられ、24時間後にベン－ナンがそこにウイルスを導入した。このウイルスは細胞の表面に付着して、遺伝子のデリバリー機構として作用するよう設計されていたが、最初のものは失敗してしまい、別の種類を試さざるを得なくなった。細胞には毎日新鮮な栄養分が与えられた。遺伝子によるサイの細胞のリプログラミングの効率は芳しくなく、うまく変化したのは100万件のうち10件だけだった。

それでも数週間後、ベン－ナンはペトリ皿の中で劇的な変化が起こっているのを目の当たりにした。きらきら光る、なめらかな細胞のコロニーが形成中だったのだ。実験助手がこれらのコロニーをピペットで抽出して、小片に切り分けてから別のペトリ皿に移して数か月すると、数百万ほどのファトゥの幹細胞が成長していた。ローリングは一部をライダーの研究室に送り、細胞の染色体が異常を来していないか確認してもらった。ライダーの研究室は、どれもファトゥ自体から採取したサンプルのように完全に正常だと思われる、と太鼓判を押した。

ローリングは自分のことをこう称している。「運はよくなったり悪くなったりの繰り返しです。主流から大きく外れているかと思えば、中心にいることもあって」。このケースでは、彼女は成層圏にいるようなものだった。

彼女たちは絶滅しそうな種のｉＰＳ細胞の作製に初めて成功したが、この研究を査読つきの専門誌に発表できそうな可能性は皆無だった。そこで２０１１年2月、ローリングたちは、研究成果に目を通してくれるよう『ネイチャー・メソッズ』の編集者と査読者を口説きおとした。同年8月に研究成果が同誌に掲載されると、遺伝病や代謝異常に苦しめられている絶滅危惧種の動物の再生治療手段の整備に向けた大きな一歩だと絶賛された。細胞が本物のサイの精子と卵子になるよう促されて、貴重な胚を作製できるかもしれないという胸躍る可能性もあった。

理論上は、これらの胚を近親種に挿入できる。対象としていちばん可能性が高いのがミナミシロサイだ。生まれてくるのはキタシロサイのクローンだけではない。サンディエゴ動物園の冷凍動物園にある細胞のサンプル12件から作製する卵子と精子からは、さまざまな遺伝的多様性も生まれる。こうしたプロセスの最初の一歩が成功したことは、キタシロサイの個体群にとって待望のニュースだった。『ネイチャー・メソッズ』がローリングたちの成果を査読しているあいだにも、世界全体の個体数は1頭減ったのだから。ドブール・クラーロベ動物園の39歳の雌のネサリが老齢で死亡したのだ。

だが論文が掲載されたというのに、キタシロサイのｉＰＳ細胞はスクリプス研究所で冷凍されており、実験はそこで止まっている。子どもを切望する人間の患者は生殖補助医療の分野に資金を提供する。キタシロサイのｉＰＳ細胞研究市場は、医師と研究者に新しい方法を創造するインセンティブを提供しはするが、実験室でキタシロサイを再生する明確な経済的インセンティブは存在しない。にもかかわらず、ライダーは、あと10年でキタシロサイは冷凍庫から誕生するとわたしに請けあった。「今の個体群のなかで繁殖しても、個体群として持続できない」とライダーは考えている。「わたしたちの案が、キタシロサイの絶滅を阻止する唯一の手だてだ」

しかし、現在生き残っているキタシロサイのうち1頭でも、新たな手法でこの世に登場する仲間と会うまで生きていられるかは、誰にもわからない。キタシロサイは、絶滅のがけっぷちにいながらにして、もうすぐ復活するかもしれない種なのだ。

「復活のパラドックス」――再生されたクローンは元の種と同じか？

冷凍庫に入っているキタシロサイはまったくの別種なのだろうか。実験でリプログラミングによって誕生した細胞から生まれたキタシロサイは、生きているキタシロサイから生まれたものと同じだろうか。この問いに答えようとしたわたしは、気づけば形而上学的なウサギ穴〔『不思議の国のアリス』で冒頭にアリスが落ちて不思議な物語の国に入りこむきっかけとなる穴〕に落ちていた。現実の性質、無常ということ、属性をめぐって2000年前から続いている議論のウサギ穴だ。この議論は「テセウスの船」という思考実験に集約されている。

それはこんな内容だ。紀元前350年ごろ、アテナイ人は建国の父であるテセウス王の海上における英雄的行為を讃える建造物をつくった。彼らはテセウス王の船を港に置き、その船は何世紀もそこにあった。そのうち船板が腐ってきたので、アテナイ人は新しい船板に取りかえた。最終的に建造当初の船板はすべてなくなった。ギリシアの歴史家プルタルコスによれば、この船は哲学者のあいだで有名な謎として関心が集まった。これは同じ船だろうか。それとも、船は変わってしまったのだろうか。変わってしまったとしたら、どのように?

船は依然としてテセウスの船だと考える哲学者もいれば、断じて同じ船ではないと主張する哲学者もいた。アリストテレス哲学の信奉者は、ある事象の形こそがその本質であり、この論理でいけば、その船はテセウスが操縦していたときと同じ形だから同じ船だ。だが、ヘラクレイトスならまた違うことを言ったことだろう。ヘラクレイトスによれば、万物は流転し、ひとところにとどまらない。物事を川の流れにたとえ、同じ川に二度入ることはできないと諭したのは有名な話だ。

賢者ヘラクレイトスの叡知は、現代における生物学の理解に対する予言のようだ。今ならわたしたちは、自分の体の部品――わたしたちの細胞――は絶えず変化しており、死んでは再生するの繰り返しとわかっている。それでもわたしたちは「同じ人間」だろうか。長い人間の歴史において、自然選択はわたしたちの細胞のＤＮＡを刺激して、永遠に続く分子の再配置作業でタンパク質の配列を変えて、それが積もり積もって人間の進化となる。ということは、わたしは大昔の祖先と同じ種なのだろうか。

１９４９年、古生物学者のベンジャミン・バーマは、種は時間とともに変わるのだから、歴史上のある瞬間と次の瞬間で同じ種ということはあり得ないし、着想全体が自然の現実を伴っていない構成概念だと主張した。これはのちにナンセンスだと証明されたが、なぜかをきちんと説明するのは、なかなか骨が折れる。冷凍庫の幹細胞から生まれたサイは、野生環境で生まれたサイとなぜ違うのか、その理由を考えていてふと浮かんだのが、本物かどうかということだった。だが、進化は「本物である」属性を有している種の概念を複雑かつ曖昧にしている。これが、科学者や哲学者が20種類以上の種の概念を考案した理由でもある。時間を超えて残るものは何か。正確にはサイとは何なのか。

形而上学者が、生物学者には不可能だった明確さをこの問いに与える。だが、それにはまず、時空次元やワームホール〔何でも吸いこむブラックホールと何でも吐きだすホワイトホールをつなぐトンネルのようなもの〕の概念を把握する必要がある。

これらの概念を理解しようと、わたしはフランスの哲学者、ジュリアン・ドローの研究に目を向けた。ドローは、２０１４年に発表したエッセイ「絶滅種はクローン作成で本当に再生可能か——形而上学的分析」で、種に対する形而上学的スタンスで有名な例をふたつ紹介した。「実質的本質主義」と「３次元個別主義」だ。(2)

実質的本質主義は、アリストテレスの考え、そして、すべてのウマは同じ性質で、ウマであることの本質を共有しているからウマはウマだというアリストテレスの概念に基づいている。一部の現代の哲学者は、この本質とＤＮＡを同一視した。だが本質主義は、チャールズ・ダーウィン以降ほぼ擁護不可能とされている。ウマをウマたらしめる性質は不変ではないからだ。遺伝形質や遺伝のメカニズムは、何世代かすると消滅してしまうが、だからといって子孫がウマの新しい種とは限らない。また、イヌとオオカミなど異なる種類の動物で遺伝情報が共有されることがあるが、だからといってイヌとオオカミが同じ種にはならない。

ドローが紹介したもうひとつの概念である3次元個別主義は、実際には種は生命体の分類ではなく、個体として説明したほうが適切だとしている。アメリカの哲学者で生物学者でもあるマイケル・ギースリンが、この概念を1960年代に詳しく解説した。ギースリン曰く、それは当初の印象ほど過激な意見でもない。あなたとわたしのような個別の生命体は、それぞれ正式な名前があり、特定の時空に存在が限定された部品で構成されている。両足はサンフランシスコにあるのに、わたしがニューヨークにいるなどあり得ない。種もそれぞれ正式な名称があり、存在している時空は限定されているが、分類学的な種類、つまり宇宙のどの時間、どの空間でも本物である共通の性質によって定義される存在のグループだとされている。

ドローはこのエッセイで、「復活のパラドックス」と彼が称する問題を解決するために、このふたつの概念を用いた。蘇らせた動物ははたしてもともとの種のメンバーたり得るか、確認する問題だ。煎じつめれば、この謎は、進化した生成物（蘇ったサイ）を進化のプロセス（サイの種）にわたしたちが変化させられるかどうか次第だ、とドローは説く。本質主義者の立場であれば、動物の真の再生は実際に可能だろう。とくに「本質」とその動物の遺伝情報を同一視しているのであれば。蘇ったサイは祖先のゲノムをもっているので、祖先と同じ種の一員ということになる。だが、もし種を個体と考えるのであれば、正しい再生という概念全体があり得ない。ドローはこう書いている。

この形而上学的スタンスでは、種の系統学的な絶滅（完全に絶滅）は、そっくりそのまま生命体の個体の死になぞらえることができる。生命にまつわる関係（繁殖的関係、生態的関係など）がなくなって機能的にも、さらには種の一部だった時空の実在としても存在していない以上、物質的にも存在するのをやめたことになる……。それを細胞からであれ、死んだ生命体から採取した遺伝情報からであれ、再生しようとすれば絶対に失敗する。まったく新しい生命体を創造することになるからだ。多くの面で死んだ生命体とよく似ているとはいえ、新しい時空で区切られた個体なのだ。

それから、ドローは分析にワームホールを取りいれ、現実は3次元と4次元と、どちらを使ったほうがわかりやすく説明できるか、形而上学的な議論を展開した。3次元の現実では、物質は空間には存在するが時間には存在しない。この「耐続主義」的視点からテセウスの船を考えると、たとえ船板1枚でも取りかえたら同じ船ではない、とドローは言う。最初の部品がすべて揃って同じ瞬間に船の形で存在していないからだ。3次元の観点からだと、種というものがわからなくなる。世代を経るにしたがって動物は変わるが種としては同じ、と生物学者はわたしたちに説明するからだ。

4次元、別名「延続主義」的な視点で考えると、種とは何かがわかってくる。ドローによれば、この視点は種の再生のパラドックスを美しく解決する。4次元思考では、実在は、過去、現在、未来と連続したものに向かって伸びる時間的なワームホールのおかげで、考えられる多様な状態で存在する。異なる時間のそれぞれの実在も、その実在の一部だ。したがって、テセウスの船の船板が

1枚ずつ交換されたとしても、元の船と同じ時空連続体に存在している。たとえ船板が、何世紀もかけてすべて交換されたとしても。

延続主義者は、ほかのサイが死にたえたあとに冷凍庫の組織サンプルから誕生したサイは、種として同じ時空連続体に存在していると言うだろう。サイの復活はクマの冬眠からの覚醒と同じように自然なことだ。

復活した動物に関する形而上学的な立場にあれこれ気を揉むのは、意味がわからないしくだらないと思うかもしれない。体外受精や代理母で生まれた人間の子どもに、こんなことは聞かない。だが言うまでもないが、人間は善悪を判断する資格が与えられている。動物再生の形而上学がきわめて重要となるのは、倫理や、人間によって創造された動物をわたしたちがどう扱うかが焦点となるときだ、とドローが指摘するのは正しい。もしこれらの動物が、祖先と同じ種という完全なメンバーシップを認められなかったら、「野生の」仲間に比べて関心の度合いも、保護される価値も下がる。蘇ったサイが「本物」かどうかは、近い将来ではそれほど問題ではないのだろう。

こうした形而上学的思考で頭がパンパンな状態で、わたしはケニア行きの飛行機に乗った。地球最後のキタシロサイ4頭に会うために。

「最後の生き残り」に会いに、ケニアへ

ある晴れた涼しいナイロビの朝、わたしはランドクルーザーに荷物を詰めこんで、ナニュキ目指

して北に向かった。ナニュキはケニア山のふもとの活気ある市場町《いちばまち》だ。運転席に陣どっているのはケス・ヒルマン・スミス。イギリス生まれのケニアの動物学者で、世界屈指の野生のキタシロサイ専門家だ。

わたしたちはファトゥに会いに行くところだった。絶滅の危機に瀕している動物から初めてiPS細胞を作製するために細胞が使われたキタシロサイだ。ファトゥは14歳になっていた。母親のナジンを含めたほかのキタシロサイ3頭と一緒にチェコのドブール・クラーロベ動物園から、ケニア・ナニュキ近郊の広さ364平方キロメートルのオルペジェタ自然保護区に移送され、そこで暮らしていた。当時、生物学者たちは、東アフリカの森林地帯に移ることが刺激になってキタシロサイの交尾がうまくいってくれれば、と祈るような気持ちだった。だが5年経っても子どもは生まれない。どうやらファトゥがこの亜種の最後の1頭になりそうだ。

ケスはこの4頭が保護区に到着した直後からずっと一緒だった。夜は4頭の囲いの脇に携帯用毛布を敷いて寝た。東ヨーロッパから移動させるのに檻に入れなければならず、世話係が長い角を切ったので、キタシロサイは発育不良になり、どこかさみしげな風情を漂わせている。到着後数週間は、ケスと飼育係はサイが新しい環境に慣れていくのを見守った。唯一のアフリカ生まれであるスーダンは、4頭の中で最年長の36歳、アルファ雄〔群れで1位の雄。いわゆるボス〕だった。スーダンはすぐに慣れたようで、ほうぼうのお気に入りの木ににおいを残し、縄張りをマーキングしては横になって居ねむりしていた。若い雄のスニはスーダンと違って、あちこち嗅ぎまわるものの、においを残すためのマーキングすることもほとんどなく、おどおどしていた。ファトゥとナジンはいつも一緒にいた。娘のファトゥは成体になってずいぶん経っていたというのに。4頭のキタシロサイは、明らかに動物園の狭い空間で暮らしていたことに起因する行動の型があった。

ケスによると、交尾させる手っとり早い方法は、野生で観察される社会動学が展開される環境を整えることだ。つまり、スーダンとスニは、並列した別々の縄張りを確立する必要があった。そうすれば、2頭はそれぞれ権利を主張し、発情期になったら堂々と雌と交尾できる。もう1頭の雄がそばにいることが、互いにとって刺激になるのだ。ケスは、野生環境で、あるサイの個体群の個体数が8年間で倍増したのを見たことがあった。雌の妊娠期間が15か月から16か月ということを考えると、これは驚きだ。だからこそケスは、環境が整えばキタシロサイの場合もうまくいくはずだ、とわかっていた。にもかかわらず、繁殖は成功していない。明らかに、オルペジェタでは何かがうまくいっていなかった。

誤解のないよう言っておくと、ケスほど野生環境のキタシロサイについて詳しい人物はいない。1980年代初め、彼女はコンゴ民主共和国（当時はザイール）の東端に住んでいた。そこは最後の個体群が暮らしていた場所だ。最初は1年だけのつもりが、気づいたらケスの滞在は24年にも及んでいた。今まで実施された動物の観察プロジェクトのうち、期間の長さでこれに並ぶものはない。

しかも、ケスと同じアフリカの地域で仕事をしていたジェーン・グドールやダイアン・フォッシーとは違い、動物学者と自然保護主義者の国際的でありながらも「狭い」サークルの外では、ケスは仕事での悪い話は聞こえてこなかった。これは彼女の仕事が地味だからということでは断じてない。コンゴのガランバという長いこと放置されていた遠方の保護区で働いていたときには、彼女の監視下で、サイの個体数は32頭に増えた。のちにサイを捕まえては殺す密猟者に対して、彼女はゲリラ戦をしかけた。だが、夫とともに2005年にガランバを去ったときには、残っていたサイは10頭を割り、その後サイを目撃したとかサイを見つけたとかいう話は、もう何年も聞こえてこない。

野生動物の映画監督の先駆者であるアラン・ルートは、ケスをアフリカの苛酷な環境保護活動の戦いの陰の英雄であり、「小柄なヴィーナスで、ふだんは古い軍服と軍靴という格好」と描写した。(3) 彼によれば、ケスはイスラエル軍のイメージガールさながらだった。わたしがケスのアフリカでの活動について初めて聞いたのはオリヴァー・ライダーからだったが、14歳のときに、彼女について本で読んだことがあったのを、あとで思いだした。『これが見納め』(安原和見訳、みすず書房、2011年)というタイトルで、ダグラス・アダムズが1990年代初めに絶滅の危機に瀕する動物に会うために世界各地を旅した、おかしくて感動的な記録だ。キタシロサイも紹介されている。アダムズはガランバに赴き、サイを一目《ひとめ》見たいとケスの隣でシロアリ塚から双眼鏡で水平線を見わたしたが、空ぶりだった。当時、およそ2600平方キロメートルの広さにサイは30頭ほど生息していた。

ケスはすごい女性だ。ちょっとやんちゃな冒険映画からそのまま抜けだしてきたように見える。痩せていて、健康で、目を見張るほどの美人。たいていは古い戦闘服という格好で、その服はボタンがいくつもとれている。彼女はどうやら、地図相手に通りいっぺんの態度をとっている場合ではない、と決心を固めたようだ。その地図というのが、ものすごく大雑把な地形をものすごく大雑把に示したしろものだった。彼女は、ランドローバーはここにあるはずだと決めたが、その猛然たる意志や相当なもので、さすがのランドローバーもそこにいないわけにはいかず、延々と続いたトレッキングの末に、まさかそんなところに、と思っていたところにランドローバーはあった。灌木の後ろに隠れていて、座席の後ろに紅茶を入れたサーモスがねじこんであった。(4)

わたしが今乗っているランドクルーザーにもサーモスがあった。ケスは飲むように勧めてくれた。60代になっても、ケスは若いころのエレガントで華奢な体型と、一触即発の秘めた激しさを失っていなかった。たいていは着ふるした乗馬パンツ姿で、腰骨あたりに洒落た黒の革ベルト――バックルは光る真鍮でサイのデザインだ――を垂らしている。世界最後の野生のキタシロサイを救う試みが失敗した話をわたしにしていると、数十年前の怒りと苛だちが再びふつふつと湧いてきたらしい。「必要最低限の暮らしのためなら密猟や狩猟にも文句はないのよ。食料を得るために、従来の方法で獲物を撃つ。必要だからね」とケスは話す。「だけど問題はそれで終わらないこと」

わたしたちは、キクユ族の豊穣な農地を通る2車線のハイウェイを猛スピードで走っていた。対向車線には、さらに北のサンブル郡で開催されている毎年恒例の慈善イベントから戻る車が列をなしていた。ライノ・チャージというイベントで、オフロードの苛酷な自動車レースを開催してサイの保全資金を集めている。この年は116万ドルと史上最高額を記録した。勝者チームのメンバーには、ケスの息子のドウングゥ（ガランバの川の名前からとった）もいた。

ケニアのサイ保全活動は、過去数年で危機を迎えていた。密猟者が2013年に殺したサイの数は前年から倍増し、警備が厳重な保護区に侵入してもおとがめなしらしい。ケニアの新聞は、こうした密猟者の大半は武装しており、腐敗した政治家の支援を受けた国際犯罪組織がバックについていると報じていた。この犯罪シンジケートがヴェトナムや中国という国々の飽くなき欲望を満たしている。こうした国では、にわか成金がサイの角を薬や二日酔い予防剤として手に入れるのがステータスになっていて、サイの角が1キログラムあたり10万ドルにもなると言われている。金《きん》よりずっと高い。密猟されるサイの数は南アフリカだとさらに増える。2013年、密猟者は1日に平均3頭殺していた。

ケスには、前にもこのような状況に遭遇した経験がある。1970年代、サイの密猟が盛んだった時期のことだ。ケニアに移住してすぐ、ケスはニューヨーク動物園協会と国際自然保護連合に雇われて、アフリカの上空から調査を実施し、ゾウとサイの個体群を分析した。ケスの父親はイギリス空軍所属で、娘の誕生日に飛行レッスンをプレセントしたことがあった。

この上空調査の仕事は、彼女が昔からやりたいと思って準備していたものだった。「生きものがずっと好きだった。アフリカを旅したのも、アフリカで働きたいと思ったのも、イギリスを出てもっと面白くて挑戦できる土地に行きたかったから」とケスが話した。彼女の博士課程の研究は、カエルの心臓観察の電子顕微鏡法についてだったが、この研究は無意味だと感じていた。「どうやって質問をして、調査のしかたを決めるかは学んだけれど、実世界で何の意味もないように思えた。で、すぐにそこから抜けだして、もっと意味があると思った保全の世界に飛びこんだの」

上空調査で目にした状況は暗澹たるものだった。ザンビアのルアングア渓谷では、クロサイが2

500頭殺された。タンザニアのセルー野生動物保護区では3000頭のサイが消滅した。中央アフリカ共和国では、サイは約50頭を残してほぼ全滅した。チャドの個体群も減少しており、いずれ絶滅するだろう。ミナミシロサイは1万7000頭くらいまで回復したが、その親戚であるキタシロサイはなかなか見つからなかった。ケスは当初、スーダン南部〔現在の南スーダン〕のシャンベ野生動物保護区とガランバを中心に1000頭程度残っていると予想していた。彼女は、国際自然保護連合のサイ専門家グループの責任者になり、シャンベとガランバに残っているキタシロサイ保全に資金と労力を集中させるべきだと訴えた。

だが、1981年4月、この地域で内戦が激化したときに再度上空から調査を行ったケスは、シャンベで生きたサイを1頭も見つけられなかった。スーダンの別の場所で地上調査も開始したが、兵器で武装した密猟者が大勢おり、1983年には国立公園のなかに入ることすら困難になった。生き残っているのが1000頭という予想は楽観的だと次第にわかってきた。おそらく全部で10０頭もいない。1983年、北部のイスラム主義政府とスーダン人民解放軍が対立して第二次スーダン内戦が勃発し、ケスはシャンベで働くという考えを捨てて、国境を越えた先のコンゴ民主共和国のガランバに目を向けた。

現在、ケスと夫のフレイザーは富裕層が住むケニア・ナイロビ近郊のランガタに居を構えている。かつてカレン・ブリクセンがコーヒーを育てようと黒綿土《こくめんど》相手に必死で働いていた場所のすぐそばだ。ブリクセンの奮闘は、のちにその著作『アフリカの日々』（横山貞子訳、晶文社、1981年）に結晶する。夫妻の大きな古い屋敷は、木立によって道路から目かくしされていた。車で細い道を進み、ウマがいる納屋の前を通る。家のなかには中庭があって、蔓が生い茂り、4匹のイヌと大勢のネコが我が物顔で闊歩していた。夕方になると大きなベランダによく陽気な客が集い、キャンバス地のサファリチェアに腰を下ろして、ンゴング丘陵の方向に夕日が沈むころあいに姿を見せる野生のイボイノシシやガラゴを見物している。裏庭の向こう側は、61万平方メートルほどのキリン保護区だ。そこでフレイザーは愛犬と散歩し、ケスは飼っているウマに乗る。

のどかな家だが、ガランバでの昔の生活の名残が窺える。どの部屋も最後のキタシロサイに関する書類、研究資料、資金集めキャンペーンの書面だらけだ。壁はガランバ生活で撮影した写真で埋めつくされている。ケスとフレイザーは、ガランバのドウングゥ川のほとりで結婚した。そして娘のチュール、次に息子が生まれた。子どもたちはふたりともガランバで育った。ある写真では、ケスは川の前に立ち、カメラに向かって笑っている。抱っこひもで背中に縛った赤ん坊の娘に白い日傘を差しかけて。ケスは偉業をなしとげた美しさで輝いているように、わたしには思えた。なるべくして、そうなったというように。

だが、その後の展開を考えると、写真には少しばかり悲劇的な感じも漂う。フレイザーはこの普遍的な感情を、夕方のキリン保護区の散歩でそれとなくほのめかして教えてくれた。楽しかったときというのは、往々にしてあとで状況がもっとひどくなって初めてわかるものだ、と。

名ばかりの国立公園のために立ち上がった夫妻の物語

ガランバの生態系は、雨と火で成りたっている。4月から11月の長い雨季に、雨がサバンナと多年草を潤わせる。多年草は大きく太く育ち、やがて波うつ豊かな緑の海となる。乾季には、2メートル以上に成長した多年草が太陽と熱のせいですっかり水分を失い、燃えやすくなっていて、ちょっとしたきっかけですぐ発火する。野火になると、火の手はあっという間に強まり、土壌は一面灰だらけになる。大規模な野火が終わって2、3週間後、柔らかな緑の芽が顔を出しはじめ、バッファロー、ゾウ、サイに食べられるのを待っている。こうして新しいサイクルが再び始まる。バッファローはかつてガランバで最も生息数が多かった。1970年代には5万3000頭ほど生息していた。コンゴキリン、コーブ、イボイノシシ、ローンアンテロープ、ブッシュバック、ハーテビースト、オリビ、ダイカー、ライオン、ブチハイエナは何百頭といたものだ。カバとクロコダイルも無数にいた。ガランバを流れている2本の川に棲むクロコダイルの体長が6メートルなんていうこともあったくらいだ。

ガランバの風景は、コンゴ民主共和国の火山地域ほど派手ではないし、中まで分け入ることができない同国内陸部のジャングルほど印象的でもないが、やたら密集している野生動物を支える能力という点では類を見ない。映画監督のアラン・ルートは、ガランバのゾウを撮影するのは、いにしえのアフリカの名残を見るようなものだと書いている。アフリカ大陸が「果てしなき空間を移動する大群」を有していた時代の名残だ(5)。

ガランバ国立公園は、1938年に当時のベルギー領コンゴに創設された。その目的は、人間の活動を完全に遮断して、生態系の自然なプロセスを維持することだった。コンゴの国立公園は、この国唯一のマウンテンゴリラの個体群が生息するヴィルンガ国立公園も含め、自然がまったく干渉を受けずに進化する場所のはずだった。

ところが、ケスがやって来たときには、この創設時の理念の痛烈な皮肉が露呈しているところだった。1960年にベルギーから独立し、その後シンバの反乱、アンゴラの武装勢力の侵略と続いて、コンゴの政治は不安定で資金も不足していた。地元民と民兵組織は、国立公園の生きものを食料として、また収入を得るための手段として利用した。1970年代初めにはサイは490頭いたが、それから激減して20頭ほどになった。ゾウも同じような傾向をたどり、1976年の2万2000頭から1983年には7000頭に減った。これらの動物の多くが、密猟者のせいでガランバ国立公園の南に追いやられた。密猟者は北部の密集した低木地帯に野営し、そこで獲物の肉をいぶって近隣の村や国境を越えたスーダンに売った。

野生動物の政府保護機関であるザイール自然保護協会の招聘で、ケスは1984年3月からガランバ国立公園に常駐した。フレイザーも一緒で、彼は同公園の老朽化したインフラを修復するために雇われた。フレイザーは南アフリカとボツワナで育ち、野生動物公園維持責任者としてキャリアを積んでいた。彼は1日中サファリショーツにサンダルという格好で過ごしている。サイを追いかけているときも、密猟を偵察するためにセスナで飛んでいるときも。

フレイザーはまた、自然を操作し、問題を解決できる人間で、問題山積のザイールで働くという挑戦には、うってつけだった。密猟者を抑止するために、ケスとフレイザーと国立公園の職員は道路を敷設し、橋を架け、飛行場を建設し、無線通信システムを整備して、戦略上必要な箇所に警備員詰所を設置した。苛酷で打ちのめされそうな仕事だった。2015年に上梓した作品『ガランバ――戦争と平和のなかでの保全活動（*Garamba: Conservation in Peace and War*）』で、ケスは道路網を維持するのがどれほど大変かを書いている。

理想的な状況では、トラクターが6月に道の真ん中の草を刈る。草がランドローバーのボンネットの高さまで伸び、ラジエーターが詰まって過熱する原因になりそうになったら刈る。刈った草は数日後に燃やされ、道は9月まで使える状態になる。9月になると道の真ん中とまた両脇を刈らなければならない。伸びた草が嵐で折れて道を塞がないようにするのだ。この草を全部燃やすと、道は乾季まで利用可能な状態になる。乾季になると、今度はわたしたちが毎年発生する野火を防ごうと努力しても、道全体が火事になってしまうことが珍しくない。簡単そうに聞こえるが、実際にはめったに最後までやりおおせない。まず、すべての道を4回草刈りするだけでも年間で数千キロメートルに及ぶ。トラクターはこのような重労働に耐えられる設計になっていない。それは運転手も同じで、毎日毎日、刈りとった草が立てる埃にまみれながら運転席に陣どって、黄色い花粉の分厚い層の向こう側を見ようと血走った目を凝らす。もっと悲惨なのが運転助手だ。トラクターを先導して歩いてサトウキビ並みに手ごわい草をかきわけ、石、穴、シロアリ塚、木の切り株をチェックする。彼らが停まるのはパンク修理のときだけだ。

フレイザーは泥の小屋を、次に本棚と、風を通すための開けっぱなしの窓とドアを据えつけた日干しレンガ造りの家を建てた。国立公園を再建しようというふたりの努力は、すぐに成果を出したかと思われた。ケスは、今なお前例がない長期的なキタシロサイ監視を、初めて多少なりとも実施できた。複数の世代にわたるキタシロサイの社会動学と交尾の習性を観察したのだ。毎月、彼女はガランバ国立公園の飛行機に乗って個体群の全体調査を行っていた。一抹の希望が見えてきた。最初の10年で生息数が30頭とほぼ倍増したのだ。

獣医のピーター・モーケルとビリー・カレシュと一緒に、ケスはキタシロサイの動きを追跡する画期的な方法を考案した。角にドリルで穴を開けて、無線通信機を角の内側の中心あたりにしこみ、遠隔測定を実施したのである。彼女は、個体群の規模が小さいと近親交配が発生してしまうと心配になり、生検ダーツを実施して、耳から採った皮膚の小片をケニアとケープタウンの研究所に送った。学生もガランバにやって来るようになった。そのなかに、のちにヴィルンガ国立公園所長になるエマニュエル・ド・メロードもいた。このころは、密猟はもっぱらバッファローに限られており、低木地帯の野営地から立ちのぼる炎は、飛行機から簡単に見つけられた。

内戦、密猟、武装勢力 ——煽りを食うのは、いつも……

1991年ごろに、フレイザーとケスは、パークレンジャーに厳しい報告制度を課した。公園で発見した違法行為の種類とパトロールのルートがデータでふたりのところに常時届くようにしたのだ。「系統立てて収集された時間帯と場所の情報を分析し、比較する方法なの」とケス。「これはものすごく役に立った。たくさん情報が入ってきて、それを直接パトロール隊に伝えたら密猟防止率が上がったの。支援を募るのにも使えたわ」

警備員と協力して密猟防止の規則と仕事の流れを改善したら、密猟が実質的にほぼゼロになった、とケスは言った。ところが、ガランバで暴動が発生した。１９９１年、スーダン人民解放軍がスーダン南部の町マリディを掌握し、８万人の難民が国境を越えてやってきて、その多くがガランバ国立公園に逃げこんだ。最終的に彼らは近くに再定住したが、スーダン南部で戦争が続いている限り、密猟は増加するいっぽうだった。第一次コンゴ戦争が１９９６年に勃発したとき、この地域に民兵が続々とやってきた。警備員は武装しておらず、密猟者は３か月間やりたい放題だった。

当時、フレイザーとケスにはわからなかったが、この不安定な時期がガランバを守る戦いの分岐点だった。周囲で狼藉行為が増えるにつれ、公園管理者と密猟者の戦いが激化した。これはガランバの呪いだ。戦争している国にずっと四方を囲まれているのだ。密猟者は自動小銃、手榴弾、ロケット弾発射装置など威力が大きい武器で武装するようになっていた。８人だった密猟防止パトロール隊は20人に増員され、さらに重武装して対応せざるを得なくなった。戦いは激化した。密猟者と衝突すると両方に死傷者が出た。「合法的に射殺する前に３回警告することになっているけれど、そんなもの守りっこない」とケスが話した。

上空からの調査と警備を継続していたにもかかわらず、密猟者による動物への攻撃はやむことがなかった。「そろそろ危ないとわかった」とケス。密猟者がガランバ国立公園を南下して、サイが好きな丈の高い草が生えているサバンナに到着するのは時間の問題だ、ということもわかっていた。

1996年に、パトロール隊は、ガランバ川の近くから銃声が聞こえたので駆けつけるとサイの死骸が2体あった、と報告した。1体は若い雌のマイで殺されたばかりだった。マイのお腹の中には雄の胎児がいて、もうじき生まれてくる予定だった。もう片方は雄のバウェシで、腐敗が始まっていた。パークレンジャーは、マイの頭を切りとって本部に持ちかえった。自分が食べるために公園で動物を捕まえる密猟者がいるのはケスも知っていた。

だが彼女は、これはスーダン人民解放軍のしわざだと確信した。スーダン人民解放軍は、ガランバから国境を越えてすぐのハルツームで依然、政府軍と戦火を交えていた。彼らは飢えているから密猟するのではない。「スーダンには大量の支援食糧が送られている。スーダン人民解放軍は隣人を搾取して、象牙やサイの角を売って武器を入手し、戦争を続けている」というのがケスの見方だ。当時、彼女の不満は最高潮に達していた。「怒りが収まらず、どうやって戦おうかと考える。相手は巨大だし。どうしようもない怒りなのよね。そこから、ポジティブな力を絞りだす必要があるの。どうにかしてそれを撲滅する方法を」

最初の作戦は、スーダン人民解放軍に直接乗りこんで、密猟をやめるよう交渉することだった。彼女はナイロビにあるスーダン人民解放軍の本拠地と、同軍が軍事訓練を実施しているウガンダに出向いた。軍高官は、密猟はごく少数の落伍者のしわざで、脱走兵が臨時収入欲しさに手を染めていると言い張った。ガランバのパークレンジャーと共同で密猟防止作戦を実施することにも同意した。だが、フレイザーとケスは、事態は高官が言うよりずっと複雑だと知っていた。スーダン人民解放軍はガランバ国立公園の境界沿いにキャンプを張っていて、いざとなればとがめられずに行き来できる。パークレンジャーは、単独行動をとっている脱走兵だというには、あまりにもスーダン人の密猟者が多いと気づきはじめていた。

その年のうちに、コンゴの反乱を指揮するローラン＝デジレ・カビラが、兵力を率いてルワンダから東部の国境を越えてコンゴに向かおうとしていた。この一群がキンシャサに向かうと、その威圧感に怯えた敵対勢力の兵士が、命惜しさに津波のように一斉に逃亡し、その途中で略奪行為を働いた。このとき初めて、フレイザーとケスと子どもたちは、身の安全のために自宅から避難した。写真や貴重品を隠し、小型飛行機でケニアに飛んだ。彼らが出発したあと、モブツの傭兵がガランバを占拠した。それから数か月がたってようやく、カビラのコンゴ・ザイール解放民主勢力連合がこの傭兵たちを一掃した。

１９９７年５月、カビラは新しいコンゴ民主共和国の大統領に就任し、７月にフレイザーとケスと子どもたちはガランバに戻った。車、コンピュータ、燃料はすべて奪われた。それよりひどいことに、長期間にわたって密猟防止パトロールができなかったため、ガランバ国立公園の６０００頭のゾウ、バッファローとカバの３分の２が殺された。密猟者の野営地は公園全体に散っていた。なぜかサイの犠牲は２頭だけで、新たに５頭生まれていた。

ガランバの再建にとりかかりはじめたばかりの１９９８年に、第二次コンゴ戦争が勃発した。カビラ大統領はルワンダのツチ族の難民をコンゴから追放して、ルワンダに送りかえそうとした。ガランバのゾウ担当責任者が、ツチ族だという理由で政府軍の射殺部隊に殺された。世界自然保護基金がコンゴ民主共和国のプロジェクトを打ち切ることにしたのも無理はない。

だがフレイザーとケスにとって幸いなことに、国際サイ基金——テキサス州フォートワースが本拠地の保全団体——が、戦闘が激しくなっているにもかかわらず、プロジェクトを引きついでくれた。ケスが自著に書いているように、国外のグループから支援を受けた3つの政権が事実上乱立しており、ガランバはウガンダ軍の支援を受けている将軍の縄張りだった。また、スーダンの紛争地域にも近く、ルワンダが支援する反乱軍が支配している土地のそばでもあった。異なる派閥に対応しなければならず、燃料や食糧の移送も難しくなり、職員の給料支払いも遅れがちになった。

この時期に、密猟防止パトロール中にパークレンジャーが何人亡くなったかをわたしが聞いても、ケスは答えなかった。だが、パークレンジャーが死ぬことも、負傷後に避難することも珍しくはなかっただろう。密猟者自身にとっても状況は悲惨だった。生きて捕まれば投獄される。パークレンジャーは、情報を得るために捕まえた密猟者を拷問することもあった。「パークレンジャーにやめろとは言えない。わたしたちにはそういう権限がないの」とケスが打ちあける。「残酷よね。植民地時代の対応策として根づいたんでしょう」。あるとき、パークレンジャーはフレイザーに、攻撃してきた密猟者を数名殺したと報告した。密猟者が死んだとどうしてわかるのか、とフレイザーが問いただすと、彼らは密猟者の死体から耳を切りとってもってくるようになった。フレイザーはその習慣をやめさせたが、ガランバ国立公園自体が周辺の壮絶な暴力の影響から免れないことが窺える出来事だった。

コンゴ政府の権力闘争が生んだ悲劇

その後数年は、地域としては政治的に不安定な状態が続いたが、サイの生息数は密猟者の侵入にもかかわらず安定していた。２００３年４月、ケスが恒例の上空調査を実施したときには、ガランバで30頭が確認された。だが奇妙なことに、スーダン人民解放軍とスーダン政府軍の停戦は終わりの始まりだった。長年、スーダン人民解放軍がコンゴ民主共和国とスーダンの国境を監視していたが、停戦後は彼らがその辺りを支配しなくなり、国境は穴だらけとなって、まったく新しい敵が公園に入りこんできた。ケスは上空から、ゾウの大群が銃で倒されているのを目にするようになった。

２００４年初めに、パークレンジャーは容疑者を初めて目撃した。スーダン人民解放軍ではなく、ウマに乗ったスーダン人だった。彼らはジャンジャウィードといい、ウマに乗ったイスラム教徒の民兵組織で、ダルフールを混乱に陥れていた。この熟練した戦士たちは自動車や徒歩で移動するよりもずっと速く公園を移動できるし、小型飛行機では国境で彼らの退路を断つことも無理だ。ヘリコプターが２機ばかり必要だが、国連への嘆願——ガランバはユネスコの世界遺産だ——は宙に浮いたままだった。

２００４年５月、早朝にジャンジャウィードにしかけた攻撃ではパークレンジャーが人数で上回り、ジャンジャウィードを銃で倒したが、パークレンジャー側も死者２名と負傷者数名を出した。ジャンジャウィード側の死者は３名だった。「大惨事だった」とケスが振り返った。「結果的には恐怖が広がったわ。パークレンジャーは怯えながらもジャンジャウィードに立ちむかった。ウマに乗った戦士は優秀な狙撃手で闘士なの」。7月にはキタシロサイが公園にわずか14頭しか残っておらず、12月にはガランバ以外にいる4頭を別にすると、残り4頭となった。

1995年の時点で、政府の野生動物保護組織――現在はコンゴ自然保護協会という名前になっている――と海外の寄付者とケスは、もし密猟でキタシロサイが絶滅しそうになったら、すぐに一部をガランバから脱出させようと話しあった。ケスが同意するまでには、さまざまな逡巡があった。キタシロサイはガランバ国立公園の目玉であり、コンゴ民主共和国東部の小さな生態系を保全することに海外からの関心や寄付が集まっている理由でもある。キタシロサイがいなくなったら、この地域に投資しようという動きもなくなってしまうだろう。キタシロサイが残ればガランバへの支援が集まると思っていたからこそ、キタシロサイを残すためにずっとがんばってきたのだ。だが2005年1月には、キタシロサイを生きのびさせるためにはガランバから移動させないとだめだとわかった。ケニアに移し、安全になったら戻す。コンゴ政府のカビラ大統領と4人の副大統領は計画に賛成したが、環境大臣が承認しなかった。彼はテレビの生放送番組で、政府とコンゴ自然保護協会と保全活動団体は、キタシロサイをケニアに売っているんだろうとあてこすった。ケニアでは観光を促進するためにキタシロサイを使うのだろう。政府は、選挙年で国民の目にそれがどう映るかを考えたら腰が引け、計画を白紙に戻した。

このあと、状況はますます不穏になった。キンシャサの政府系野生動物保護団体の派遣団は、ガランバ国立公園近くでなたを振りまわす暴徒の出むかえを受けた。フレイザーとケスも短い期間だが逮捕され、ガランバに不法侵入した罪で告発された。ガランバ国立公園の所長はガランバでの寄付者との戦略会議をキャンセルした。この段階で、夫妻はすでにケニアのランガタに家を購入しており、寄付者とはそこで集まることにした。

彼らの大半にとって、コンゴ民主共和国の政治工作とコンゴ自然保護協会上層部の権力闘争は我慢の限界を超えていた。彼らは内戦のときも政情不安のときもガランバ国立公園復興プロジェクトの味方だったが、ここ最近の一連の出来事で堪忍袋の緒が切れたのだ。非営利団体はガランバの支援を引きあげ、コンゴ自然保護協会に、あらためて支援してもらいたいのであれば、まずは内部の問題を片づけるよう通告した。夏の終わりには、事態が好転した証拠がないため、国際サイ基金――ケスの雇用主――も永久的に資金拠出を打ち切った。フレイザーとケスが人生を賭けて取り組んできたガランバのプロジェクトは、24年で幕を閉じた。

「なんとかキタシロサイを移動させずに救いたいと、コンゴに何百万ドルと投資しました」と語るのは国際サイ基金の現事務局長であるスージー・エリス博士だ。「けれど、わたしたちの手に負えないさまざまな理由で、うまくいきませんでした」

２００８年、生物学者のチームがキタシロサイを探しにガランバ国立公園に入ったが、1頭も見つからなかった。「個体群は絶滅したという意見でわたしたちは一致しています。コンゴでは間違いなく、そしておそらくはスーダンでも」とエリスは続けた。サンディエゴ動物園の冷凍動物園のオリヴァー・ライダーと同じく、エリスは飼育下繁殖プログラムのサイもいずれ絶滅すると見ており、野生環境から飼育下繁殖にもっと連れてこられなかったのは悲劇だと思っている。

「キタシロサイを救うのは手遅れだ、とほとんどの人間は思っています。大失敗だと。クローンでキタシロサイを復活させるテクノロジーははるか未来の夢物語の段階です。さしあたって、わたしたちが学んだ最も大事なことは、どこで間違いを犯したか、でしょう。サイのほかの種で、この間違いを繰り返してはなりません」

キタシロサイの最後の〝楽園〟で

わたしたちは、夕方早い時間にオルペジェタ自然保護区に到着した。ちょうど太陽が、わたしたちの東側にそびえているケニア山を照らそうとしていた。登録ゲートにいるパークレンジャーは、ケスに向かってにこやかにあいさつした。このご婦人はサイに会いに来ただけであって、害をなす存在ではない、とわかっているからだろう。

わたしたちは人気《ひとけ》のない未舗装道路を車で進み、開《ひら》けた低木地帯を抜けて、青々とした草を食むバッファロー、サバンナシマウマ、ガゼルの群れを追いこした。ひんやりとした風が山から吹いてくるが、ごみごみしたナイロビの道路を走ったあとでは、空気も甘く感じられる。調査キャンプに到着すると、ほかにいたのはふたりだけだった。ダニを集めている女性と、無線でライオンを追跡している若い学部生だ。わたしたちはマサイ族のタータンチェック柄の布を下に敷き、分厚いダウンの掛け布団をかけて寝た。

翌朝7時、わたしたちは再び未舗装道路を走り、奥にある敷地面積364平方キロメートルの保護区へ向かった。そこではサイが電気柵と武装した警備員に守られ、広大な囲い地で保護されている。オルペジ（と地元民は縮めて呼んでいる）の警備はケニアの国立公園のなかでも群を抜いて厳重だ。ジャーマンシェパードで構成されている密猟防止警備犬ユニットは、密猟者を察知すると即座に追いかける。

２０１３年、この保護区はクラウドファンディングで４万５０００ドルを集め、周辺パトロール用にドローンを数機購入した。それでも密猟者は後を絶たず、わたしたちが訪れた前月には、夜中に侵入した密猟者によって、ミナミシロサイが１頭殺された。

「俺は密猟者が大嫌いです」と話すのはモハメド・ドヨ、オルペジのサイ飼育責任者だ。彼は10代だった１９８９年から、親を失ったサイの子どもの面倒を見てきた。赤ん坊のサイと一緒の部屋で眠ったものだ。夜中になると赤ん坊サイが彼を起こして、哺乳瓶でミルクをくれとせがんだ。ドヨには幼い子どもが３人いるが、自分の本当の子どもはサイだと言う。オルペジェタに４頭のキタシロサイが到着すると、それを生きのびさせて繁殖させることが、ドヨの個人的な目標になった。

「キタシロサイの子どもが生まれたら、ケスを呼んでシャンパンを開けます」とドヨは語る。

警備員がわたしたちを最初の囲い地――低木と草が散在する約57万平方メートルの土地――に入れると、ドヨはランドクルーザーの後部座席からケスに近況を報告した。４か月前、パークレンジャーは隣の保護区から若いミナミシロサイの雄を連れてきて、ナジンとファトゥ母娘と対面させた。異種交配してくれればと思ったのだ。キタシロサイの雄は種つけ用としてはあてにならなかったからだ。

若い雄のスニがナジンと交尾したという希望がもてる例を除いては、交尾はほとんどなく、妊娠に至ることもなかった。問題は生理学的なものか、環境か、はたまた運が悪かっただけなのかはわからない。雌が生殖に関わる病気にかかったのか。長年、動物園で暮らしてホルモンを大量に分泌しない生活を送っていたために、生殖器官に影響が出たというのはあり得る話だった。

控えめに言っても、問題の一端は41歳と最高齢でアルファ雄のスーダンにあった。飼育下繁殖状態で暮らしていたために、足が関節炎になり、雌にのしかかるのがほぼ不可能となっていたのだ。「スツールを使わないと」とドヨが冗談を飛ばした。スニのほうは、36歳になったというのに、依然として若者のように神経質で心配性だった。

キタシロサイとミナミシロサイを異種交配させてみるというのは、思いきった手段だった。運営委員会で決定されたのだが、そのメンバーにはドブール・クラーロベ動物園の代表者、ケスと一緒にガランバで仕事をしている野生動物の獣医ピーター・モーケル、オルペジェタ自然保護区の保全担当最高責任者のマーティン・ムラマがいた。

異種交配すると、種の絶滅が加速されるおそれがあるし、そのような結合から誕生した子どもがはたして生殖能力があるかどうか、誰も知らなかった。だが今や、生きている動物に種の遺伝子をとにかく残すほうが、完全に消滅するよりましだと思われるようになっていた。異種交配が成功すれば、さらに大きな種の遺伝子プールを救済する試みの一環として、生まれた子どもが再び純粋なキタシロサイと交尾するかもしれない。こうして、2014年1月に、飼育担当者はミナミシロサイの雌2イの雄をファトゥとナジンの囲い地に移動させた。それからまもなくして、ミナミシロサ頭がスニの囲い地に移ってきた。

最初の囲い地にスニがいた。丈の短い草を食み、足を1本1本のんびりと動かしていた。その約30メートル先では、ミナミシロサイの雌2頭も同じことをしていた。わたしたちはランドクルーザーから降りた。ドヨはスニの注目を引こうと干し草をつかみ、それを持った手を振った。オルペジにいるスニやほかのキタシロサイは動物園で育ったため、人間に慣れていて、正しい状況でじゅうぶん注意すれば近づける。

スニはのっしのっしと、わたしたちのほうへやって来た。頭を低く垂れ、どんどん近寄ってくるが、あと数メートルというところまで接近しても止まる気配がないので、ドヨはスニを大声で叱った。「スニ、ダメだ！　ダメ、ダメ」。スニは止まり、数歩下がってドヨが持ってきた干し草を食べはじめた。すると雌のミナミシロサイがいったい何の騒ぎかと寄ってきたので、スニはごちそうを雌に譲った。「雌はスニに興味津々なんです」とドヨが説明した。「だけどスニをいじめることもあって」。ドヨは近くにまいた別の干し草に雌を誘導しようとしたが、雌2頭はどうしてもスニに餌からどいていてもらいたいようで、スニを追いかけては、ずんぐりした足で埃を立てた。わたしは、まさかこんなそばまで近寄れるとは思っていなかった。3頭をうまくよけようとして、むっくりした3頭の図体とわたしとを隔てるものが小さな低木の茂みだけになったときなど、心臓の鼓動が速まった。

野生のサイは気性が荒く、危険で愚かだと長年言われてきた。ケニアの植民地の歴史に関する定期刊行物で、サイがバスに突進してきて道路の脇に停止させた話を読んだ。ものすごい勢いで突進してきたので、角がバスの車体を貫いていた。趣味で狩りをする人は、サイは意地が悪いと思っていた。わざと急にキャンプの火を消したりする。

ところが実際は、サイはかなりおとなしい草食動物で、1日の半分は草を食み、残りの大部分はうたた寝して過ごす。ケスに野生のサイを観察するのはどんな感じか聞いたら、くすりと笑って最初はとにかく退屈だと打ちあけた。太陽にじりじりと焼かれながら、丈の高い草のあいだに座って、1本しかない木の陰で当のサイが気持ちよさそうにうたた寝しているのを観察するのだ。わたしにとっては、サイは可愛くも、強情でもあった。ひっきりなしに叱っていなければならない。手加減することを知らない、やたら人懐こいイヌに囲まれているようなものだ。

わたしたちは次の囲い地に向かった。そこはおよそ3キロ平方メートルの広さで、ファトゥとナジンがいた。ケスは運営状況を見て失望していた。キタシロサイの雌どうしはずっと同じ場所にいるのに、雄のスーダンとスニは囲い地を転々とさせられていて、縄張りを確立できないではないか、というのがケスの言い分だ。「これでは交尾を促す野生環境を再現しているとはいえない」。囲い地は隣りあってはいるが別々でなければならない。というのも、雄はあまり動かず、雌は発情周期を刺激するために入れかえるからだ。「そうやって交尾しようという気にさせるのよ」。ドヨは運営委員会に直訴するようケスを促した。キタシロサイがケニアに来てから5年が経つのに子どもが生まれない以上、新しい方法を試す価値はある。

わたしたちが車を停めると、ファトゥとナジンが30メートルくらいの距離に2頭並んで、しばらくこちらを見ていたかと思うと、いったい何しに来たのかを確認するためにゆっくり近寄ってきた。

遠くからだと、サイは岩を削って創造されたように見える。体は一部がウシ、一部が恐竜で、皮膚の色は全体的に灰色だ。近くで見ると、皮膚は溝やひび割れで肌理《きめ》が粗く、干からびた地表のようでもある。角は完全な円柱形ではなく、でこぼこに削って尖らせた木片のようだ。ヴィーナスのようにふくよかな体つき、眠さに負けてまぶたが落ちそうな目、長くて黒いまつ毛、ゾウのしっぽのミニチュア版といったしっぽを備えたファトゥを見ていると、それまで見たことがない、不思議な美しさをたたえた生きものだと思った。進化がこんな奇妙な生物を創造したのは、驚くべきことではないだろうか。

母娘は、やがてぶらぶらと去っていった。もうすぐ正午で昼寝の時間だ。2頭は思いがけず優雅に横たわった。デイベッドでひと休みするかのように、片腕と片足を体の下にたくしこんでいる。わたしたちは近くから、その様子を無言で見守っていた。ケスは、このまま丸1日、なんなら次の日にまたがってでも、喜んで観察しつづけそうに見えた。

わたしの不慣れな目には、キタシロサイとミナミシロサイの外見がどう違うかわからなかったので、ケスに聞いた。共通の祖先から100万年前にミナミシロサイと分かれて以来、キタシロサイにははっきりとした特徴が現われたそうだ。キタシロサイは頭を高く掲げ、頭の長さと背中の谷間が短い。ガランバのように草の丈がやたら高く伸びる生態系では、このほうが有利だ。「これらの特徴は保護する価値がある」とケスは言う。iPS細胞という手段であれ、異種交配という手段であれ。願わくは、サイがいつの日かガランバに戻り、再び環境がキタシロサイのユニークな特徴を選択しますように。数世代もしたら、ケスのような生物学者でさえ、実験によって生まれたキタシロサイと野生環境で生まれたキタシロサイの区別がつかないかもしれない。

着々と進む絶滅へのカウントダウン

ガランバという生態系がキタシロサイの帰還を待っているかどうかは、大きな疑問符がつく。フレイザーとケスがガランバを去って数年後、ウガンダの反政府組織である「神の抵抗軍」が、現在はアフリカン・パークスという組織が運営しているガランバ国立公園にキャンプを設営し、象牙目的でゾウの密猟を始めた。神の抵抗軍は少年兵を使うことで有名で、残忍な戦争犯罪人ジョゼフ・コニーが率いている。地元やスーダンの密猟者だけでなく、神の抵抗軍もヘリコプターを使っていっぺんに50頭のゾウを殺したと伝えられている。その多くは上空から頭を一撃されて死亡した。コンゴ民主共和国の政府軍も、パークレンジャーの補強として兵士を送りこんだが、どうやら歴史は繰り返すらしい。

暴力行為は北から、南から、東から、西からガランバへとなだれこんでくる。民兵組織がガランバの中にいる動物の価値を悪用しようと集まっているのだ。現在の状況が以前よりも悪化しているのはほぼ間違いない。これはアフリカ大陸全体の野生動物に当てはまる。

ケスは、上空調査を実施するために20代でアフリカに渡ってきた。彼女は野生動物を研究しにやって来て、その経験で人生が変わり、以来アフリカを離れなかった数多くの情熱的な保全学者のひとりだ。

ある日の夕方、彼女の自宅でわたしは夫妻の友人と一緒に夕食のテーブルを囲んでいた。野生動物映画の監督であるアラン・ルートと保全学者のローズマリー・ルーフも一緒だった。ルーフはスイス人で、コンゴ民主共和国からナイロビにやって来た。コンゴには1979年から住んでおり、ほぼ一貫してイトゥリの熱帯雨林でなかなか捕まらない想像上の動物のような生きものであるオカピの保護に力を注いでいた。オカピは600万年以上前から生息しており、キリンとウマとシマウマのかけ合わせのような外見なのに、行動や性格は内気でおとなしいシカのようだ。不法な金鉱採掘、内戦、保護区内の密猟によって、生存が脅かされている。2002年、ルーフの夫でオカピ保全プロジェクトの責任者だったカールは、コンゴ民主共和国東部で自動車事故に遭って亡くなった。

2012年には、モーガンという男が、ルーフのスタッフ6名と飼育していたオカピ14頭を虐殺した。モーガンはマイマイという民兵組織に所属する野蛮な戦争犯罪人で、武闘派俳優のチャック・ノリスを自称しており、ゾウの密猟にやたらご執心だった。ルーフは運よく虐殺の現場にいあわせなかったのだが、モーガンはルーフを公然とレイプしたかったのに彼女がいなくてがっかりしていた、とあとで知った。2013年、国際自然保護連合はオカピを絶滅危惧種に指定した（コンゴ民主共和国政府はモーガンを2014年4月に殺害した）。

回想録『象牙、サル、クジャク（*Ivory, Apes & Peacocks*）』で、アラン・ルートは自身のアフリカ生活を次のように描く。アフリカ生活には「胸が痛む大虐殺がつきものだった。野生保全活動は大失敗だったということだ。失敗した理由は枚挙にいとまがない。強欲、近視眼的な狭量さ、人口急増に対する政策の失敗などだ。とくに人口が急増したせいで、野生動物と手つかずの自然はどんどん消滅している」(6)。この夕食の席上で、わたしの思いはどうしても同席者へと向かった。この人たちは、自己犠牲と悲劇の証だ。自らを戦いに捧げた結果、最後はその戦いに屈する。

再びその思いにとらわれたのは、その5か月後、さまざまな希望が託された若いほうの雄のスニが、ある晩、オルペジェタ自然保護区の囲い地の中で自然死したというニュースを聞いたときだ。それからほどなくして、サンディエゴ動物園にいた雄のアンガリフが死亡した。これで生き残っているキタシロサイは5頭になった〔2014年にはチェコのドブール・クラーロベ動物園のナビレと、アメリカのサンディエゴ動物園のノラが死亡した。さらに2018年3月19日には、最後の雄スーダンが安楽死した。2018年5月現在生き残っているのは雌のファトゥとナジンのみ〕。

ケスは、メールでスニの死という悲しい知らせを認めたが、種の未来については悲観的ではなかった。コンゴ民主共和国にキタシロサイが残っているかもしれないという希望を捨てていない。公園内にはいないかもしれないが、公園周辺の鬱蒼と木が茂る地域にはいるかもしれない。2012年、ウガンダで目撃したという情報を得てケスは色めきたったが、未確認情報だった。

楽観的かもしれないが、あらゆる障害を乗りこえてサイが生きていたのを発見した、というのは前例がないことではない。生物学者が絶滅したと思ってから長い年月を経て、その動物が再び姿を現わすという奇跡は環境保全活動では珍しくないのだ。

1908年を境に絶滅したと思われていたヒラタヤマガメは、2000年にビルマ〔ミャンマー〕で発見された。2009年に、メキシコ南部のクリプトティス・ネルソニ〔コミミトガリネズミの一種〕を研究者が109年ぶりに見つけた。最近では、80年前に絶滅したと考えられていたロードハウナナフシという昆虫が、南太平洋の遠く離れた岩山で再び発見された。２０１３年には、ボルネオ東部で、その地域でとうの昔に絶滅したはずの野生のスマトラサイの姿が白黒の粗い映像にとらえられた。

ここ数十年で67種の哺乳類が再び発見されている。このようなエピソードは、あらゆる障害を乗りこえて生きのびる種の不思議な回復力の証だ。４次元思考を信じていれば、これらの奇跡にも納得がいく。ものごとは時間を通じて存続するという哲学論の延続主義によれば、種はけっして完全に消滅することはないし、絶滅することもない。過去と現在の種の実在をつなぐ時空のワームホールがどんどん長くなるだけだ。死者は、生きていた瞬間から遠ざかっていくだけなのだ。

第7章　リョコウバト　*Passenger pigeon*

リョコウバトの復活は近い？

「ゲノム編集」で絶滅した生きものを蘇らせることは可能か？

50億羽いたハトがたった100年で滅ぶまで

スコットランドの詩人アレクサンダー・ウィルソンは、1794年にアメリカに移住すると、「羽が生えた種族」(1)と彼が呼んでいた生きものの虜になった。

ウィルソンの鳥への愛情は、とどまるところを知らなかった。「ほかの人間が町を建設し、プランテーションを購入して投機や権力の確保に余念がないとき、わたしはひたすらヒバリの羽に思いを馳せ、絶望した愛人のような眼差しでフクロウの風貌を見つめる」と書いている。(2)自然に抱かれた経験を「偉大なる宇宙の創作者」との対話と表現した。鳥はそれぞれ自身に存在の神秘を秘めており、ウィルソンは「理解不能な造物主」と呼んでいた。(3)

新しい鳥を見つけるべく、ウィルソンはカヌー、ウマ、徒歩で何千マイルも旅した。ある年、ケンタッキー州シェルビーヴィル近くを通過したときに、彼は驚くべき光景を目撃した。リョコウバトの大群だ。彼の目算では、その数や20億羽以上だ。胸が赤い鳥の群れは、彼の上を通過するのに何時間もかかった。ウィルソンはこれを、アメリカに移住してから目撃したなかで最も驚いた出来事だったと書いている。

しかし、リョコウバトの大群は初期の入植者にとって恐怖でしかなかった。「膨大な数のハトが飛んでいた。誇張ではなく、ハトの群れで太陽が隠れて空が暗くなった」という1750年代の探検者の発言が残っている。(4)リョコウバトを見るのは滅亡の前ぶれであり、アメリカ先住民か迫りくる疫病が原因で無数の死者が出ると信じている白人の入植者もいた。これらの大群が立てる音は相当の音量で、この世のものとは思えないと言われていた[5]。

1834年、アーカンソー州を旅していたイギリスの地質学者が、愛馬が上空を通過するリョコウバトの群れに恐れおののいた光景をこう記している。「野生のハトのようなおとなしい鳥も、大群となると、往々にして花火のように複雑な旋回を披露したり一斉に散り散りになったりして、しかも動くたびにものすごい風を起こして、恐るべき威力とはこういうものだと見せつける。愛馬のミズーリは、すっかり怯えてしまい、てこでも動かず、馬具をつけたまま震えていた。わたしたちは、その大群が離れていって、ようやくほっとした[6]」

大群で大空を埋めつくす以上に恐ろしいリョコウバトの行動は、群れが巣づくりするために森に降りてくることだった。リョコウバトは1本の木に50個の巣をつくり、何千エーカーもの面積が、リョコウバトの巣をいくつも抱いた木ばかりになる。記録に残っている最大の巣づくりは1871年にウィスコンシン州中央部で発生した。このときはリョコウバトの群れが約3・5平方キロメートルの空を覆った。推定1億3600羽のリョコウバトの重みでオークの木が裂け、倒れた。あるハンターは、地元新聞の読者向けに、この出来事を説明した。彼が夜明けに到着すると、轟音が聞こえてきた。この音と比べると、それまで聞いたことのある騒音はどれも子守歌でしかない。この轟音で、今か今かと興奮して待ちかまえていたハンターの集団は、銃口を下げ、近場の木陰に逃げこんだ。音は圧縮された恐怖だった。1000台の脱穀機が、こちらが移動しているのについてきて、ずっと頭上で作動しているのを想像してもらいたい。それに伴って、同じ数の蒸気船が音を立てて盛大に蒸気を吐きだし、同じ数の列車が有蓋橋を通過しているようなものだ。これが一度に全部まとまって起こったのを想像すれば、不気味な黒い雲をなすハトがものすごい勢いで灰色の朝の光のなか、わたしたちの顔のほんの数メートル先を飛んでいくときに立てる恐ろしい轟音がどのようなものか、おぼろげながらわかるはずだ。(7)

1871年の巣づくりの一件は、確かに滅亡の前ぶれだった。ただし人間の滅亡ではない。10万人もの人間がウィスコンシン州にやってきて、食料として、また娯楽としてリョコウバトを殺したのだ。

死傷したリョコウバトの数は膨大で、死骸が地面に散乱し、孵化したばかりのひなは巣で飢えて衰弱した。30万体ほどの死骸が樽でアメリカ東部に輸送された。東部では市場に大量に出まわり、安値で売りさばかれた。プロの「巣どり屋」は、巣があると電報で連絡を受けると現場に行って120万羽を捕獲した。数えきれないほどのリョコウバトが銃で撃ちおとされた。弾薬を扱う商人は、ハンター相手に火薬3トン、散弾16トンを売った。

「その殺しかたは壮絶で言葉を失う」とは、ある目撃者の発言だ。(8) 19世紀末には、リョコウバトが巣づくりしようと木に止まるたびに捕獲され、しまいには、もう二度と群れが大きくならないことは誰の目にも明らかだった。

1877年、ウィスコンシン州政府の役人は、リョコウバト殺しを抑制する必要があると悟り、ひなを孵《ふ》していたりョコウバトを殺傷したり、妨害したりするのを違法とする法律を成立させた。すでに1848年の時点でリョコウバトを移して保護した州もあったが、アメリカ人の大半は、これだけたくさんいるものが深刻な危機にさらされるわけがないと高をくくっていた。

1857年にオハイオ州政府のある委員会は、「リョコウバトを保護する必要はない」と断言した[9]。「驚くほど多産で、繁殖場として北部に広大な林があり、今日はここ、明日はあそこと、餌を求めて遠くに移動できるのであれば、通常の破壊行為がその数を減らすことはないだろうし、毎年たくさん生まれるひながいなくなることもない」

このような事情から、ウィスコンシン州の1877年のリョコウバト捕獲禁止法はほとんど守られなかった。ただ、リョコウバトには恐ろしい運命が待ちうけていると予言する者もいた。「この世界があと1世紀続くなら、鳥類愛好家は数か所の自然史博物館以外でリョコウバトを目にする機会がなくなるのに賭けてもいい」と言ったのは、作家のベネディクト・アンリ・レヴォワルだ[10]。

1899年には、ウィスコンシン州にいた最後のリョコウバトが撃たれた。1914年には、リョコウバト最後の生き残りである雌がオハイオ州のシンシナティ動物園で死んだ。剥製師のR・W・シューフェルトが、「マーサ」という名のこの雌の検死を行った（マーサのパートナーのジョージはその数年前に死んだ）。「いずれ、世界全体の鳥類相が事実上絶滅する日が来る」とシューフェルトは検死後に述べた[11]。「まさにそのような事態になっている。それもたいていの人が思っているよりずっと速いペースで」。シューフェルトは奇妙な行動に出た。マーサの心臓を解剖するのをやめ、最後のリョコウバトの命をつかさどっていた臓器をそのまま残すことにしたのだ。

リョコウバトが消滅すると、当然ながらアメリカ国民全体が後悔の念に駆られた。新世界の驚異であるリョコウバトがいなくなった事実を受けいれられなかったらしい。ましてや自分たち人間のせいだなんて。あれだけいた鳥が完全に姿を消すということがあり得るのだろうか。リョコウバトはメキシコ湾で大量に溺死した、という説が浮上した。リョコウバトはこぞって南アメリカに渡ったという説もあった。もしかしたら、リョコウバトの白い卵は、野生環境だとカモフラージュできないために、絶滅を引きおこしたのかもしれない。

1909年、アメリカ鳥学会はリョコウバトのコロニーを発見した人に報酬を与えることにした。捜索が始まったが徒労に終わった。

1947年、ウィスコンシン鳥類学会が一連の騒動の幕引きを宣言した。「この種は人類の強欲と無分別によって絶滅するに至った」と記したブロンズの記念碑を建立した。[12]

アメリカの博物学者兼海洋生物学者でニューヨーク動物園協会の鳥類管理者であるウィリアム・ビービは、人類の思慮分別の欠如の餌食になりそうなのはリョコウバトだけではないと見ぬいていた。1906年の著作『鳥――その形と機能（*The Bird: Its Form and Function*）』で彼は、長い歳月を経て自然選択を生きのびてきた鳥類の種が、人間によって翻弄されていると指摘した。「自然界の頂点」を体現している種によって、である。[13]

ビービは「これらの鳥をたとえ1羽でも無為に殺さないよう注意しようではないか。これらは長い歳月をかけた進化を経て君臨していたのだ」と書いている。[14]「芸術作品ににじみ出る美と才能は、たとえ最初の作品が破壊されたとしても、再び表現することが可能だ。消えたハーモニーも、あらためて作曲家の想像力をかきたてることはできる。だが、生物のある種の最後の個体が息を引きとった場合、また同じようなものとなるには、まったく別の天国、まったく別の地球が必要だ」ビービの警告は、絶滅の危機が大きくなり、種が続々と消滅へ向かっていくその後何十年と引用されることになる。だが彼もさすがに、100年のうちに、かつて圧倒的な数で大空を覆い、人間と家畜を震えあがらせた生物の種を復活させる技術を科学者が手に入れるとは、思いもよらなかったに違いない。

DNAからリョコウバトを復活させる——若き研究者の野心

わたしがベン・ノヴァクに会ったのは2013年秋、カリフォルニア大学サンタクルーズ校でだった。あと数日したら学生がキャンパスに戻ってくるという時期で、灰色がかった太陽の光がセコイアの木立を貫いていた。ノヴァクは同校の古代ゲノム学研究室の客員研究員で、ゲノム学の研究者であるベス・シャピロとエド・グリーンが指導教官だった。

シャピロとグリーン(ふたりは夫婦だ)は、種と個体群が年月を経てどのように進化するかを理解する道具としてゲノム学を用いており、ふたりが近ごろ実施したシロクマ、古代のウマ、ネアンデルタール人の分析研究は何かと物議を醸していた。2010年、ふたりは、著名なスウェーデンの進化遺伝子学者スヴァンテ・ペーボと一緒に、ネアンデルタール人のゲノムのドラフト配列を世界で初めて発表した。3万8000年前に現在のクロアチアに住んでいた3人の女性から採取したゲノムだった。

研究室でのノヴァクの仕事は、世界各国の博物館やコレクションに収蔵されている1500羽のリョコウバトの一部からとったサンプルを用意して、そこからDNAを抽出することだった。古代ゲノム学研究室には65羽分のサンプルがあった。400年以上前のものもある。シャピロが、カナダのロイヤルオンタリオ博物館のコレクションと個人コレクションから集めたものが大半だった（のちにロチェスター博物館・科学センターが4000年前の標本を提供した）。

ノヴァクが行っているDNAの分析によって、リョコウバトの生態と絶滅についてまだ答えが出ていない問いを垣間見ることができる。リョコウバトはなぜあんなに増えたのか。種はどれくらい古かったのか。その進化史がわかれば、絶滅の脅威に屈しやすかったことが明らかになるのか。

だがこうした問いは、もっと大きな野心を秘めているノヴァクの計画にとっては、ほんの序の口にすぎない。「われわれはリョコウバトを復活させます」。一緒に研究室を歩いて回っているときに、ノヴァクは宣言した。「失敗したら、どこがまずかったか見つけてもう一度やりなおします。40年かかろうが、10年で実現しようが問題じゃない。絶対実現させます」

その後、ノヴァクは『ニューヨークタイムズ・マガジン』の特集記事の中心人物として登場した。映画『ジュラシック・パーク』のように、絶滅した動物を蘇らせる可能性についての記事だったが、ノヴァクはすでに、脱絶滅はもうすぐ可能になる素晴らしい取り組みで、保全にとって多大な価値がある立派な科学的試みだ、と臆面もなく信じているにわか伝道師になっていた。

わたしは、ノヴァクにとって大事な日に研究室を訪問した。苦労続きの長い歳月を乗りこえて、リョコウバトの標本がじゅうぶんなＤＮＡを提供できたか、判明する日だったのだ。その結果を受けて、リョコウバトのゲノムをつなぎ合わせる作業を始める。30件のサンプルがひと晩かけて加工されており、ノヴァクは結果が出るのを待っていた。各サンプルの何パーセントが実際のリョコウバトのＤＮＡかわかれば、ゲノムの塩基配列の最善候補がわかる。パーセンテージが高いほどプロセスは潤滑に進む。

ノヴァクは、骨からとったサンプル数件から質のよいＤＮＡが抽出できるよう祈っていた。「今まで、リョコウバトの骨を使って作業した人間はいませんでした。骨はたいていＤＮＡが少ないので、役に立たないんです」と言う。そうはいうものの、これらの骨は、アメリカ植民地時代のリョコウバト大虐殺によって個体群のボトルネックが発生する前のひじょうに古いものばかりなので、大量消滅しはじめる前のリョコウバトの遺伝的特徴や個体群の構造が明らかになるかもしれない。ノヴァクはこの情報は重要だと考えていた。リョコウバトが生きのびるためには巨大な群れが必要で、野生環境で生存するには何百万羽と脱絶滅させる必要があるという考えに、彼は与しないからだ。ノヴァクが正しいのではないかと示す研究もあるにはあるが、そう証明する遺伝学的なデータを誰ももっていなかった。

わたしがサンタクルーズを訪れる数か月前、ノヴァクはＴＥＤｘのイベントでリョコウバト復活計画について講演し、それがメディアで頻繁に取りあげられた。だが、脱絶滅のスポークスパーソンとしての彼の立場は、科学界のエリート層からはまったくと言っていいほど支持されていなかった。保全生物学者は、リョコウバトの脱絶滅をめぐるツイートや、脱絶滅プロジェクトに対するメディアの注目は、近い将来、急速に種が絶滅するという本物の脅威を考えたら「不愉快きわまりない話」だとわたしに話した。

サンタクルーズの研究室でも、ノヴァクはＤＮＡを抽出している20代半ばの研究者のひとりに過ぎなかった。おまけに彼が抽出しているＤＮＡは、古代のウマやネアンデルタール人ほど古くもない。リョコウバトを復活させるというノヴァクの野望についてどう思うか、研究室の同僚に訊いてみた。かなり面白いと思う、という鷹揚な返事のあとに、でもかなりぶっ飛んでいる、というコメントが続いた。何と言っても、ノヴァクは周りと比べると学歴で見おとりした。これは本人も素直に認めている。「僕には博士号も、発表論文もありません。多くの人からは狂信者とか超楽観的な夢想家と思われているし、冗談だとしか受けとめてもらえないことも多いし」

リョコウバト愛好家たちの言い分

ノヴァクが抱いているのは、リョコウバトへの一途な愛情だが、これは偏執と紙一重だ。「リョコウバトが好きなら、一生つきあうことになります」と彼は言う。「理由はわからないけど、リョコウバトは最も感情豊かで、情熱的で、諦めない人間を惹きつけます。僕もそのひとり、その仲間です」

このセリフは、ほかのリョコウバト愛好家との会話でも耳にした。彼らはリョコウバトの記憶を絶やさないようにすることに膨大な時間とエネルギーを費やしており、ノヴァクのことは、人づてにせよ直接にせよ知っている。彼らは標本や記念の品を集めている。彼らの非公式なまとめ役がギャリー・ランドリーだ。ルイジアナ州生まれのフランス語を話すケイジャン〔フランス系カナダ人の末裔〕で、リョコウバトの歴史専門の彼のウェブサイトは、リョコウバト愛好者のインターネット上のたまり場になっている。ランドリーはわたしにこう話した。「長年かけてわかったことを教えよう。これは絶対の自信があるが、これまで会った人の共通点として、リョコウバトに心奪われたのは子どものころだと全員が断言する。大人よりも子どもがリョコウバトにぐっと心をつかまれる。あんなにたくさんいたものが、完全にいなくなってしまうなんて」[15]

数年前、ランドリーは史上初のリョコウバトプロジェクトの会議に出席した。リョコウバトプロジェクトは、リョコウバトについての啓発を通じて、種と生息地の保全を促進する組織だ。多くの参加者は、一緒に時間を過ごすうちに、自分がリョコウバトを好きになったのは、子ども時代がきっかけだったのだ、とあらためて認識した。子どものとき、森に入り、そこが何百万羽ものリョコウバトでいっぱいになっている光景を想像しようとしたものだ。

同じように心ひかれるのが、絶滅を逃れたリョコウバトが最低でも1羽、運がよければもう少しいるはずという考えだ。「子どものころ、彼らはリョコウバトを探したものだ。大人たちは間違っていると証明したくて」とランドリーは笑った。彼は、ウィスコンシン大学の重鎮の鳥類学者、スタンリー・テンプルが、子ども時代に近所の仲間を引きつれて、リョコウバトを探しに行ったエピソードを話してくれた。

ランドリーはルイジアナ大学ラファイエット校で植物学を教えており、地元の町フランクリンでは小屋で数千羽の鳥を飼っている。コキンチョウ、ヒムネバト、ブンチョウ、ミフウズラがいる（彼の話では、アメリカのミフウズラの変異はどれも、自分が1991年にイギリスから輸入した1羽に端を発している）。

だがランドリーの大切な宝物は、イーベイで3000ドルで買ったリョコウバトの剥製だ。購入すると、彼は自分のサイトにこう書きこんだ。「子どものころからリョコウバトの虜だった。ついにリョコウバトを自分のものにできたのは、ひとえに天の思し召しであり、この嬉しさは未だ言葉にならない」。ランドリーはこの鳥をジョージと名づけ、時間をかけてその歴史をたどり、1870年から1888年のあいだに野生環境で殺されたらしいと突きとめた。毎年、リョコウバトの剥製が1体か2体売りに出る。決まった市場価格はなく、買い手候補がその標本をどれくらい欲しいかで値段が決まる。ものによっては1万ドルに跳ねあがる。

「たかがハトだ」とランドリーは言う。「特別なことは何もないけれど、強いて言えば、あれだけ大量に生息していたのをわたしたちが1羽残らず殺してしまった事実によって別格になっている。ほかにも絶滅したハトはいるが、そちらはどうでもいい。絶滅しそうな種もあるが、わたしたちは興味がない。リョコウバトももともとの生息数が少なかったら、わたしたちは現在、思いを馳せることすらしなかっただろう」

古代ゲノム学研究室で、ノヴァクは椅子をくるりと回転させて、メールをひととおりチェックした。彼のiMacにはトランスフォーマーのおもちゃが飾ってあり、キーボードの脇には手づくりの糖蜜クッキーを入れた袋があった。ちょっと前にノースダコタ州の実家に帰ったときに、祖母が持たせてくれたのだという。彼は、自作の絵を写した写真を見せてくれた。多くは二重らせんがキャンバスいっぱいに広がっていて、前景に羽を休めているリョコウバトがいる。

ノヴァクはだらりと垂れた茶色い髪を片方になでつけていた。白いスニーカーにジーンズにTシャツという格好だ。労働者階級出身で、絆の固い、温かな家庭で育ったという。故郷のアレクサンダーの人口は200人。父親は、息子には自動車整備工である自分と違う人生を歩ませると決め、息子が幼いころから恐竜や科学への興味を促し、息子を博物館に連れていき、『ナショナルジオグラフィック』誌を購読した。一方、ノヴァクは機械修理工だった祖父のアントンから鳥への愛を受けついだ。アントンはニワトリ、ガチョウ、シチメンチョウ、ホロホロチョウ、ハトを裏庭で育てていた。一時はカナリアのつがいを250組飼っており、地元のペットショップに卸していた。

アレクサンダーにあった唯一の公立校は、スポーツチームを結成するほどの生徒数がなかった。クールな生徒は成績がいい生徒で、ノヴァクはそのひとりだった。彼はいくつかの州の科学展で展示を手伝った。第8学年のとき『ナショナルジオグラフィック』で生物多様性と絶滅に関する記事を読んで、突拍子もないアイデアが浮かんだ。いつか鳥のドードーのクローンが誕生したとしたら？　彼はそのアイデアを中心にして研究全体のコンセプトを組みたてて、ノースダコタ科学技術展で出展した部門の最優秀プロジェクト賞を受賞した。

翌年の科学技術展はマイノットで開催された。彼はそこで全米オーデュボン協会の本を見つけた。本を開くと、リョコウバトの絵が載っていた。ノヴァクがリョコウバトを見たのはそれが最初だった。その絵は彼の想像力をがっちりととらえ、脳裏から離れなかった。その経験は恋に落ちるのと似ていた、と彼はのちに語っている。「ドードーのように、リョコウバトは絶滅したハトです。でも、その形は、大草原の僕の家の上を飛んでいるハトや各都市の街路を気どって歩いているハトそっくりでした。そのようなハトとの違いは、今まで見たなかで最も美しいということです[16]」

生徒数の少ない地元のハイスクールを卒業すると、ノヴァクは家を出てモンタナ州立大学に進学した。遺伝学と考古学の授業をとれるだけとると、ますます種の絶滅に魅了された。21歳のとき、オハイオ州生まれの無名の博物学者A・W・ショージャーの『リョコウバト――その自然史と絶滅(*Passenger Pigeon: Its Natural History and Extinction*)』という本を読んだ。ショージャーのこの作品はリョコウバトの歴史の決定版で、ノヴァクは深い感銘を受けた。「森に分け入って『わあっ』って感嘆するのはわかるけれど、森に分け入って、その森にかつてリョコウバトが棲んでいたと知ったら？　僕がそういう森に入っていっても、すごいって感動することはありません。だって、元の森はもっと壮大だったと知ってますから。その森は、昔の森と比べると大きくも立派でもない」

大学院に進む段になると、ノヴァクはカナダのオンタリオ州ハミルトンにあるマックマスター大学を選び、古遺伝学を学んだ。だが数年後、彼は授業の単位を落としはじめた。憂鬱になり、不安と不幸感に苛まれていった。このような症状は前もあったが、今回は勉強に支障をきたした。覚悟して精神科医の診察を受けると、強迫性障害という診断だった。ノヴァクが診断について話すのを聞いていると、これが彼にとって決定的な、だが解放的な瞬間だったのは明らかだ。薬を飲みはじめ、認知療法も開始した。とことん自己分析して、自分は無神論者だという結論に達した。「外の世界ではどの真実や哲学が作用するのか探求したかったけど、出会ったものにはどれも満足できませんでした」とノヴァクが話した。「キリスト教も、僕にとって究極の真実として意味をなさなかった」。彼が信じることができたのはリョコウバトのクローンをつくる夢だった。DNAを抽出できそうな標本を探しはじめた。インターネットのサイトをあちこち当たり、ついにフロリダ州でリョコウバトの剥製の販売広告を見つけ、持ち主に連絡をとった。剥製3体はすでに売り切れだったが、持ち主は彼をギャリー・ランドリーに紹介すると言ってくれた。ランドリーは、リョコウバトが市場に出ているかいちばん知っていそうな人物だ。ランドリーも長年リョコウバト愛好家に何百人と会ってきたが、絶滅したリョコウバトを復活させることを口にした人間は、ノヴァク以外にいなかった。「リョコウバトを復活させられるかもしれない、と考えるだけで胸が躍る。たとえ動物園の鳥の檻の隅っこに追いやられるのであっても」とランドリーは話す。彼はイリノイ州に住む友人のジョエル・グリーンバーグに、自分たちが愛する鳥を蘇らせる話をする若い青年について伝えた。

当時、グリーンバーグはシカゴ科学アカデミーの研究員で、リョコウバトの歴史を執筆していた。のちに『空を覆う羽の川（*A Feathered River Across the Sky*）』という題名がつけられたこの作品は、リョコウバトについてはシコージャーの作品に次ぐ包括的な文献だった。グリーンバーグはアメリカ文化におけるリョコウバトの位置づけの大きな流れを示し、リョコウバトの絶滅は、加速する絶滅の脅威の時代に対する戒めとなるべきだと訴えている。リョコウバトについて、そしてリョコウバトはこれだけいるのだから絶滅するわけがないと、かつてアメリカ国民が一笑に付した事実について知っていれば、現在の危機ももっと切実に感じられるのではないか、と彼は言う。「野鳥観察はわたしの人生の情熱だった」とグリーンバーグはわたしに語った。「だけど、これまでいちばん多く見た鳥はなんだろう？　たぶん、ネブラスカ州のプラット川のカナダヅル25万羽だと思う。今いるものは大切にするが、かつてここ北米大陸には、世界のどこにも負けないくらいさまざまな生命体が生息していたかと思うと……」。気持ちが高ぶるにつれて、グリーンバーグの声は震えて小さくなった。「どんなにたくさんいるものも消滅することがあるという問題に対して、これほどうまい戒めはない」。グリーンバーグとノヴァクは、お互いのリョコウバト愛を通じてつながった。とはいえ、グリーンバーグは脱絶滅については複雑な思いを抱いている。脱絶滅は、彼がこれまで人生を賭けて語りつづけてきた教訓のリスクをはたして最小限にできるだろうか。それでも、グリーンバーグはノヴァクをリョコウバトプロジェクトに加入させた。このプロジェクトは160か所の博物館と環境団体が加盟している全国的な取り組みだ。保全の擁護・啓発運動のために、リョコウバト絶滅100年を記念して設立された。

わたしたちには、自然を修復する能力も責任もある ――「脱絶滅」推進派の主張

ちょうどこのころ、サンフランシスコのベイエリアに住む作家のスチュアート・ブランドと妻で実業家のライアン・フィーランが、彼らが「リバイブ・アンド・リストア」プロジェクトと名づけた活動の初めての会合を企画した。ブランドは宇宙から見た地球の画像の公表をNASAに迫るキャンペーンを張ったことで有名であり、環境保護からサイバーカルチャーまで、さまざまなカウン

ターカルチャー運動で歯に衣着せぬ発言をする存在で、近年では「現実的環境主義者」として登場している。

ブランドにとって、現実的環境主義とは、地球温暖化が永遠に環境を変えてしまった事実と折りあいをつけることであり、人類の文明を救うために自然を操作するかどうかは、ひとえに人間にかかっている。保護するために土地の周りにフェンスを張りめぐらせるだけでは不十分だ。未来では、わたしたちが慎重に自然を管理しないと自然は失われてしまうかもしれない、とブランドは言う。

ブランドが環境運動に携わることになったルーツは、深いところにある。1960年代に、スタンフォード大学で生物学を学び、ケン・キージーとヒッピー集団の陽気ないたずら仲間《メリー・プランクスターズ》にサンフランシスコで出会い、『ホール・アース・カタログ』を創刊した。コミューンや郊外の生活に必要な道具と商品を紹介するガイドブックで、ヒッピー運動の大地回帰というロマン主義的傾向が反映されていた。とはいえ、カタログという形態は当時としては時代の先を行っていた。新しい環境理想主義をめぐるアイデア、人、商品、消費者をつないだ。スティーヴ・ジョブズはこのカタログについて、グーグルのコンセプトを先どりしていた、と評した。

カタログを創刊したあと、ブランドは次から次へと違うアイデアに飛びついた。スペースコロニーについて本を書き、ニューメキシコ州の名高いシンクタンクであるサンタフェ研究所の評議会に名を連ねたこともあった。

2010年、彼は『地球の論点――現実的な環境主義者のマニフェスト』（仙名紀訳、英治出版、2011年）で、一部の人間にとってルーツとの異端的な決別とも思える行動に出た。批判者は、この本はブランドが現状に身売りした証拠、または大がかりな生態系工学を実施するのが現在の環境危機を回避する唯一の手だてと言い張る反ユートピア的な論理だと思った。だが、多くの科学者、エンジニア、生態学者は、生命システム工学、別名「合成生物学」は、気候変動対策として工学、デザイン、環境科学を統合した分野ともてはやしている。これはブランドにとって、自分が定義に尽力した環境運動と哲学的には対極にある。

ブランドと妻は、新しい気候工学の技術が利用された未来で、脱絶滅が重要な戦略になるという考えを掘り下げはじめた。この未来なら、ふたりが「深部に至る環境改良」と呼んでいるものが生みだせるかもしれない。[17]

リバイブ・アンド・リストアは、保全遺伝学を促進する非営利組織で、「遺伝的救済」という言葉を取りいれた。[18]これは1990年代初めのフロリダパンサー保全の取り組みを説明する際に用いたのと同じ表現だ。彼らはこの言葉の意味を広げ、交雑の影響を抑えるための個体群の移動から、生息している種のゲノム編集（病気を治療して遺伝形質を変えるなど）、クローンによって絶滅した種を復活させる十全なゲノム工学、体外受精、代理母などさらに幅広い干渉措置まで含めた。リバイブ・アンド・リストアの野心を阻むものはなさそうだ。

脱絶滅を促進する会議を招集する以外に、脱絶滅候補をいくつも挙げている。海洋哺乳類、植物、昆虫、両生類、更新世の大型動物、鳥類が候補に並ぶ。オオウミガラス、ドードー、ニュージーランドのジャイアントモア、ハシジロキツツキ、テイオウキツツキ、カロライナインコ、ムネフサミツスイ、ステラーカイギュウ、カリブモンクアザラシ、カモノハシガエル、クセルケスカバイロシジミ、オーロックス、フクロオオカミ、ケブカサイ、ギガンテウスオオツノジカなどだ。

このプロジェクトの主張は、これらの動物も人間が絶滅に追いやったのだから、環境に対して正義をなす、言いかえれば償いをする責任がある、だった。「クローンでもつくれば復活させることができる」と、ブランドは2013年のTEDトークで発言した。[19]「人間は過去1万年で自然に大きな穴を開けた。今なら、わたしたちはその被害の一部を修復する能力があるし、そうする道義的な責任もあると思う」。脱絶滅支持者にとっては、現在の人間の技術力をもってすれば、自然の法則に影響を及ぼすのもひっくり返すのも自在だし、自然の法則を彼らなりの正義へと向けるのも可能なのだ。

死を解決する ――シリコンバレーとの交差点

リバイブ・アンド・リストアのサイトの「よくある質問」コーナーは、当然といえば当然だが、映画『ジュラシック・パーク』についても触れている。サイトには、「あれは素晴らしい映画でした。1993年に脱絶滅という概念を世界に広めたのですから。とはいえ、あのSF映画は現在の現実とはまったく違います」とある。[20]「まず、残念ながら恐竜はなし！　恐竜の化石から（そして琥珀に閉じこめられた蚊からも）復元可能なDNAは見つかっていません。科学者のロバート・ランザが言うように『石からクローンは作成不可能』です。また、映画は島にあるテーマパークの商業上の秘密を守るという内容に沿って進んでいきますが、実世界の脱絶滅は完全な透明性をもって実施されています。最終的に復活させた種を野生に戻すのは、現在、消滅しそうな種と自然環境を世界全体で守っているのと同様に、商売ではありません。もちろん、エコツーリズムは商業活動ですが、保護区域の管理費用を賄うのが目的です」

商業的に透明というくだりは、厳密には正しくない。脱絶滅に利用される技術と同じものが、保全という枠を超えて大がかりな商業用途にも適用されるからだ。2013年にブランドがTEDトークを行ってから1か月ほどのちに、『MITテクノロジーレビュー』誌は、リバイブ・アンド・リストアのコンサルタント2名――ハーバード大学医学大学院の遺伝学者であるジョージ・チャーチ――が、アークコーポレーションというバイオテクノロジー企業を立ちあげた、と暴露する記事を掲載した。

この会社の中心となる技術はiPS細胞、キタシロサイのために作製された細胞だ。アークコーポレーションはこの技術を、動物を脱絶滅させるのみならず、遺伝的に望ましい家畜をつくりだすのにも用いる。これは、商業的にひじょうに大きな可能性を秘めている。その技術によって、いつか男性の皮膚から卵子が、女性から精子ができるようになるだろうし、男性ふたりと女性ふたりで、4人全員の遺伝子をもつ子どもをもつことも可能になるだろう。年齢が原因の不妊や出産の問題は事実上なくなる。『MITテクノロジーレビュー』誌の生体医学担当上級編集者であるアントニオ・レガラードは、動物の脱絶滅は、大儲けできる可能性を秘めた科学実験に毛を生やして血を通わせ、首をつけたものだと評した。(21)

わたしは、皮肉と紙一重の大いなる疑念をもってこの話題に近づいた。脱絶滅への関心が高まっているのは、やはり太陽の光がまぶしいカリフォルニアの別の取り組みに共鳴しているからではないだろうか。

2013年、グーグルはカリフォルニア・ライフ・カンパニー（California Life Company）、略称キャリコという新しい医療関係企業を設立したと発表した。キャリコの社是は「死を解決する」だ。[22] ブランドなどが絶滅を解決しようとしているのと同じようなものだ。種の絶滅と人間の死のつながりには、偶然以上のものがあるのかもしれない。

1959年、ピーター・マシーセンはこのふたつの類似点を自身初のノンフィクション『北米大陸の野生』（早川麻百合訳、東京書籍、1994年）で挙げた。「絶滅という絶対的な状態は厳粛で、永遠という絶対的な状態と似ていなくもない」と書いている。[23]「人間は、星々の何万光年もの向こう側、宇宙の向こう側、虚空の向こう側に何があるのか想像しようとすると、宇宙に取り残されたような思いにとらわれる。人類は否が応でも種の死に向きあわざるを得ない。種の死は、人類が登場する前に何度も繰り返されてきたことであり、人類が消滅したあとも確実に続く。人類は別の虚空に向きあわざるを得ず、孤独に苛まれる。種は登場し、変わりつづける地球に取り残されたかと思うと、永久に消えてしまう。この避けようがない運命に一抹の慰めがある」

ブランド、チャーチ、グリーンバーグはみな、ノヴァクをカリフォルニアに連れてくるのに一役買っていた。2012年、リバイブ・アンド・リストアの初期の会合で、ブランドとフィーランはごく少数の科学者、鳥類学者、ライターをハーバード大学ヴィース研究所に招集した。そこにはグリーンバーグ、チャーチ、ベス・シャピロもいた。リョコウバトのような生きものの脱絶滅プロジェクトの運営はどのように進むのか。チャーチは、自分が現在開発している技術でリョコウバトのゲノムを構築するには、120万ドルの資金と5年の歳月が必要だと述べた。

同年に刊行された『再創造——合成生物学はいかにして自然と人間をつくり変えるか（*Regenesis: How Synthetic Biology Will Reinvent Nature and Ourselves*）』で、チャーチは、リョコウバトなどの絶滅種を復活させる明白な理由は、「現在進行中であり、完新世——人間の時代——の特徴である大量絶滅の趨勢を、たとえ部分的にであっても弱めるためだ。数々の種が次々と失われていくのが悲劇であれば、効果的な措置を導入し、その結果、種の多様性が向上するのは利点以外の何ものでもない」[24]。チャーチは、確かにわたしたちの好みと先入観にしたがって種を復活させるのは、擬人化された「特化型」環境[25]ではある、と認めたうえで、それでも人間はすでに自分たちの欲望と需要に沿って世界を再構築している、それも農業革命以来そうしてきた、と書いている。

グリーンバーグはハーバード大学で開催されたこの会議を終えると、ノヴァクにメッセージを送った。「わたしたちはこれこれこういう人たちとかくかくしかじかの会議を開催した。彼らは、君がずっとやりたいと言っていることを真剣に検討している。ぜひ連絡をとりなさい[26]」

当時、ノヴァクはまだカナダにいた。カナダでシカゴのフィールド自然史博物館から入手したリョコウバトのサンプルを、やっと検査しているところだった。ノヴァクはチャーチに連絡して、自分の分析を研究用に提供すると申しでた。チャーチはノヴァクのメールをブランドとフィーランに転送した。数か月後、ノヴァクはカリフォルニア大学サンタクルーズ校の研究室にいた。

こうしてノヴァクは、リバイブ・アンド・リストアから資金の提供を受けて、リョコウバトのゲノムの配列決定作業を実施し、この種を復活させるための最初の段階に着手した。復活したら、新生リョコウバト《ネオ・エクトピステス・ミグラトリウス》と名づけようと思っている。

ゲノム工学で自然をコントロールすれば絶滅は解決するのか?

ノヴァクは脱絶滅懐疑派についても重々承知しており、懐疑派数名と同席して、脱絶滅技術の影響について議論したこともある。そんな機会のひとつが、スタンフォード大学の法学・生命倫理学の教授であるハンク・グリーリーが主催した会議だった。グリーリーは脱絶滅に興味があった。2013年5月、彼は環境倫理学者、保全生物学者、科学者、弁護士を集めて脱絶滅を徹底的に議論した。

グリーリーが驚いたことに、スタンフォードの学者コミュニティはこの会合に否定的だった。「ある有名な生物学者はわたしにメールをよこして、スタンフォードがこの会議を開催するなんて恥さらしだ、と言ってきた」と彼が打ちあけた。「とんでもないと思っている人間がいるんだ」。グリーリーは、脱絶滅は不可避という意見だ。いったん技術的に可能とわかれば、民間企業はこのクールな技術につけこむ手だてを見つけるだろう。

政府の役人のなかにも脱絶滅は避けられないと思っている者がいる。カリフォルニア州漁業狩猟局の職員は、「この話題は、こちらに持ちこまれる前にきちんと話しあっておく必要がある」とグリーリーに告げた。復活種は、種の保存法ではどのように分類されるのだろう。すでに厳しい政府の生息域保全研究のための予算は、最終的にゲノム工学とクローン作成に向けられるのだろうか。

スタンフォード大学の会議では、絶滅した種を復活させることが可能になれば、政策立案者や一般市民が、現在の絶滅の危機をあまり悲惨なものととらえなくなってしまうのではないかという点に、参加者の関心が集中していた。脱絶滅なら、野生環境に生息する種の保護にまつわる、慎重を要する政治的で倫理的な意思決定を避ける容易な抜け道を提供できる。人々は、種を復活させるために、飼育下繁殖プログラムには投資せず、標準的な慣行として遺伝物質の冷凍を開始するかもしれない。

野生動物保護団体「ディフェンダーズ・オブ・ワイルドライフ」会長兼CEOで、アメリカ魚類野生生物局元局長のジェイミー・ラパポート・クラークは、政治家は絶対に脱絶滅の技術を利用して、種の保全を弱体化させようとしている、と列席者に訴えた。「『絶滅の危機に瀕した』という言葉は絶滅しそうという意味なのに、脱絶滅できる以上それを証明できないというのは、とんでもないペテンの論理です」とクラークは発言した。[27] 彼女は、1990年代にパンサーをテキサス州からフロリダ州に連れてきた中心人物だった。「復活した種はクールだから、みんなお金を払ってでも見ようとします」とクラークは言う。[28]「だからといって、わたしたちが現在救済しようとしている種の野生環境での保全への支援が増えていることにはなりません」

ノースイースタン大学の哲学の教授であるロナルド・サンドラーは、脱絶滅は必ずしも種全体の価値や、その種と生息域との関係を保護することにはならないと指摘した。もちろん、絶滅を防ぐことにも、絶滅の原因を是正することにもならない。

ルイス・アンド・クラーク大学の准教授で哲学科長のジェイ・オーデンボーが提起した倫理の問題は、わたしにとって今まででいちばん面白いものだった。

オーデンボー曰く、地球は人間が原因の気候変動によってますます人工的になっている。彼は、地表の80パーセント以上は人間が直接の影響を及ぼしているという研究を引用した。その数字がなぜ重要かと言えば、それが地球史上最大の規模で人間が気候と環境を支配している証だからだ。もしわたしたちが、地球上の生命体の進化や絶滅の指揮を執っていた創造主の地位に居すわったのであれば、謙虚になれというほうが無理だ。わたしたちより上位で、邪魔をする存在は何もない。環境の価値を考えるときに謙虚さは大切だ、とオーデンボーは説く。生命体との関係で、わたしたちの相対的な位置を示してくれるものだからだ。謙虚さがないと、宇宙との関係において、わたしたちの価値を簡単に過小評価したり過大評価したりしがちになる。

これはけっして目新しい考えではない。謙虚さは長いこと、「自然を改造するには慎重さが必要である」という自然保護主義者の主張の要だった。だが、わたしたちの技術力が急速に頂点に達したとき、もしかしたら、謙虚さという言葉がもつ力は最も弱いのかもしれない。オーデンボーにとって、人間が「神を演じる」から脱絶滅が本質的に悪いものだという考えは、さほど重要ではない(29)。「神を演じることを心配するには少々手遅れだ」と彼は思っている。「わたしたちはすでに神を演じており、今後も演じつづける」

スチュアート・ブランドもその会議に出席していた。会議の終わりに、脱絶滅という新しい分野を特徴づける倫理観や価値観をめぐる懸念によって意見が変わることはなかったのか、とある参加者が彼に質問した。
「そういうのであれば、倫理の欠如《モラル・ハザード》とは何か、わたしに説明してくれませんか?」。ブランドは皮肉混じりに応酬した。[30]「正しいことという意味ですか? 前にウィキペディアで調べたんですよ」。そして、保全戦略としての脱絶滅を擁護した。今の子どもの多くは、生きているうちにマンモスの赤ん坊を動物園で見られる可能性がある。そしてそのたった一度の経験が、自然界に向きあう姿勢に一大変化をもたらすかもしれない。「人間は正しい方法で脱絶滅を扱えるし、さらに絶滅など過去に犯した深刻な失策を挽回さえできるという意味では、自然と保全を相手に悲劇的ではない関係」を選ぶチャンスを、次世代に与えられる。[31]

わたしは、サンタクルーズの研究室で解析結果が戻ってくるのを待っているノヴァクに、人間がバイオエンジニアリングによって自然を管理するようになるのをどう思うか、訊いてみた。「僕たちが現在の世界の創造主になるっていうのが、いかにも操っている印象で嫌だっていう人がいますけど、実際に僕たちはもうとっくに地球を形づくっているんです!」とノヴァクは息まいた。「まずはそれを認識しないと。僕たちは、今起こしている変化がこれからの10年、100年、1000年後だけじゃなくて、1万年後にどう影響するかを考えるべきです」

ゲノム工学で自然のプロセスを人間がコントロールしたら自然が衰えるという考えかたが、ノヴァクの逆鱗に触れた。「リョコウバトのゲノムは11億塩基対あります。地球上で40億年かけて生命が進化した結果です。その塩基配列が決定されるんですよ。僕にとっては何より畏れおおいことです。もうすぐ配列解析の結果が戻ってくるんですが、僕が見たり解読したりできるより大きい。僕たちより小さいなんてことはない。僕たち全員より大きいんです」

脱絶滅の力がどれほど謙虚かを知るためにも、生きて息をしているリョコウバトをみんな見るべきだ、とノヴァクは力説する。「これが宇宙を、生命を生みだすものを探究しているということです」と彼が続けた。「星を眺めるくらいのと同じくらい壮大なことです」

リョコウバトに関するバイブルを探して

ある日ニューヨーク市で、わたしはリョコウバト愛好家の永遠のバイブルである本を探しに出かけた。ショージャーの『リョコウバト――その自然史と絶滅』は、リョコウバトに関する歴史的記録の長年にわたる研究成果だ。まず、マディソン街34丁目にあるニューヨーク公共図書館の科学産業ビジネス図書館に行ったが、無駄足だった。ここにしかないはずの1冊が、大昔に紛失していたのだ。数か所に電話をかけた結果、ブルックリン公共図書館本館に初版があった。ここの司書はこの本が館内閲覧図書としてまったく人気がないと思っていたため、貸しだしてくれた。それから1週間、わたしは脆くなったページを破かないように気をつけてめくりながら熟読した。ページはとても脆くて、聖体拝領用の聖餅《せいへい》のように破けた。

生化学者のアーリー・ウィリアム・ショージャー（仲間うちでは「ビル」と呼ばれていた）は、針葉樹の油についてぱっとしない論文を書いて1916年にウィスコンシン大学で博士号を取得した。中西部で連邦政府や研究所で働いたのちに、1926年に『セルロースと木の化学（*The Chemistry of Cellulose and Wood)*』という本を出版した。一生のあいだに、木材化学の分野で35件の特許を取得したが、飽くことを知らない熱心な自然史の学者としてもキャリアを積んでいた。

ショージャーの緻密な研究の中心テーマは鳥類学だった。鳥や自然に関する論文を172本発表し、キジ類の足の脂肪含有量といったわけのわからないテーマを追求したり、野生のシチメンチョウの1本の胸毛の断面図を作成しようとして失敗したりすることに、長い年月を費やしてきた。彼のプロジェクトのひとつに、1900年以前のウィスコンシン州の新聞に掲載された野生生物に関する記事にすべて目を通すというものがあった。これは20年続いた。

1951年に65歳で化学者として引退すると、ウィスコンシン大学はショージャーを野生生物管理の名誉教授に任命した。彼はその職を20年務め、形ばかりの報酬は大学図書館に寄付した。友人を自認する人々でさえ、ショージャーは知りあいになるのが難しいと認めた。彼は政治的、社会的に保守派で、めったにラジオを聴かず、テレビを持っていなかった。余暇には自然史の書籍の膨大なコレクションを読んで過ごし、日曜日にはよく野鳥観察に赴いた。

ショージャーの一連の著作は、研究者らしく細部に目配りがなされていただけでなく、ほぼまったく記述的な説明がないことでも際だっていた。彼がリョコウバトについて書いた最初の論文は、1939年、ウィスコンシン鳥類学会の機関紙に創刊号から3回連続で掲載された。タイトルは「ウィスコンシン州における1871年のリョコウバトの大型営巣」だ。彼は実際に起こったリョコウバト殺しを実に細かいところまで記録した。「1日あたり100樽を出荷し、それが40日間続くと、全部で4000樽、120万羽のリョコウバトが殺された計算になる」と書いた。[32]「この数値は、殺された総数からすると控えめだろう」

だが後年の作品では、ショージャーが、知識ではどの先達にも負けなかったであろう種に対して抱いている感情が窺える。ショージャーがリョコウバトを知ったのは、幼いころ、おじと一緒にオハイオ州北部の田舎道をウマに乗っていたときだった。おじは、農地が広がっているところは、昔は見わたす限りブナ林だったと教えてくれた。毎年春になると、ブナの木が実を落とし、リョコウバトがこぞって実を食べにやって来た。人間が森の境に立って通過するリョコウバトに向かって発砲すると、「道路には青いリョコウバトの死骸が散乱し、運べる以上の数が殺された」[33]。若きショージャーにとって、かつてあれほどたくさん生息していた種が絶滅するとは信じられなかった。時を経ても畏怖の念は消えなかった。「若いときに深く心を揺さぶられたものは、そう簡単に忘れない」と書いている[34]。

ショージャーの20年に及ぶリョコウバトの研究は、手書きのノート7冊と自著における2200件ものその研究への言及というかたちで結実した。心のなかでは、リョコウバトが突然絶滅した原因について、ほぼ確信があった。「継続的に迫害されていたために、種を存続させるだけの数のひなを育てられなかったことが、リョコウバトが絶滅した原因だという結論にならざるを得ない」とショージャーは記している[35]。

大群でないと生き残れないとしたら？

だが、リョコウバト研究の決定版ともいうべき作品を上梓したにもかかわらず、ショージャーは、この種が生きのびられる限界値があったのかどうか知らなかった。数千羽を保護して飼育下繁殖プログラムで育てれば救えたのか。ショージャーは、この問いに答えられなかった。彼は、ニューイングランドソウゲンライチョウ（現在、リバイブ・アンド・リストアで脱絶滅の可能性を検討している種）を引きあいに出した。1890年から1916年にかけて、北米大陸に生息していたニューイングランドソウゲンライチョウの保護区での個体数は200羽から2000羽に増えた。だが、方針として、保護区の管理人はどんな山火事もすぐに消しとめた。実はこの山火事は、それまでニューイングランドソウゲンライチョウが生きのびるための生息地をつくるのに一役買っていた。手の施しようがない山火事が1916年に起こり、ニューイングランドソウゲンライチョウの大半が焼死した。1926年に個体数は50羽まで落ちこみ、1932年に絶滅した。「この種は1世紀以上も絶滅の危機にさらされていたため、種の維持に必要な生息数を決めることは不可能である」とショージャーは分析した(36)。

19世紀から囁かれていてショージャーも挙げていたのが、リョコウバトは、アレクサンダー・ウィルソンをはじめとする人々が感嘆するくらいの大群で行動しないと生きのびられないという説だった。1980年、イギリスの爬虫両生類学者が、『バイオロジカル・コンサヴェーション』誌に発表した論文でこの説にあらためて太鼓判を押した。イギリスのミルトン・キーンズにあるオープン大学を本拠にしているティム・ハリデイが、人間の活動だけではこれほど急速にリョコウバトが減少した説明がつかないと言い、リョコウバトは「アリー効果」の犠牲になったという見方を示した。アリー効果は生物学の原理で、個体群の規模や密度と社会を形成する種の生存は関係があるとしている。もし個体群の規模や密度がこれ以上妥協できないというところに達すると、その種は維持できなくなる。リョコウバトは繁殖を成功させる大きな群れが必要だったが、いったん減少しだすと死亡率に繁殖率が追いつかなくなった、とハリデイは考えた。

論文が発表されてまもなく、この考えかたはリョコウバトに関する知識の一部になり、ほかの生物学者も取りあげた。1992年、南アメリカの生物学者のエンリケ・ブチェールも、リョコウバトが餌をうまく見つけるには最小存続可能個体数が必要という話のときに、アリー効果を持ちだした。ブチェールは、北米大陸のブナとオークの林が農業と土地の細分化によって減少したので、リョコウバトの群れの餌探しの能力に影響が出たと考えた。個体数が減少すると致命的な負のループが発生して、リョコウバトはこの重要な任務をうまく遂行できなくなった。生育地の喪失と「個体群の密度が低い状態での社会的促進〔集団で作業すると、相手の存在が刺激となってひとりでやるより捗ること〕が、1羽たりとも殺すことなく、また森林もかなり残っていたにもかかわらず、リョコウバトを絶滅へ追いこんだのだろう」と結論を下している。(37)

ショージャーは、アメリカ入植者のあいだで狩りが普及する前は、リョコウバトは30億羽から50億羽いたと見ていた。ハリデイやブチェールのような専門家が正しいとして、リョコウバトはこのように天文学的とも思える個体数がいないと生きのびられないのだとすれば、21世紀にリョコウバトを復活させるという考えは、ばかばかしいとは言わないまでも、きわめて非現実的だと思えてくる。

飛行機、工業的農業、高層建築、郊外の時代以前、リョコウバトは19世紀のアメリカを破壊する存在だった。農民は、ときには何日も、銃や棒を手に、種を播いたばかりの畑に陣どって、リョコウバトの群れを追いはらっていた。リョコウバトは食い意地が張っていて、たいてい何でも食べた。好物は森の木の実だった。ブナの実、ドングリ、クリという順番だ。とはいえ、手に入るものなら何でも食べた。ジュニパーやヌマミズキの実、ブラックチェリーの実、サッサフラスの果実、スーマックの種子、野生のブドウ、イチゴ、草、昆虫、ミミズ、マコモの実などだ。

かつての「害鳥」の復活は本当に歓迎されるのか?

高名な博物学者のアルド・レオポルドは、リョコウバトを生物学的嵐と称し、「森や草原に実った果実を食べつくしたあげく、あとを焼け野原のような状態にして何も残さずに嵐のように去っていく」と描写した[38]。すでに山火事や洪水といった天災に寛容ではない現代のアメリカ人が、自分たちの土地にこのような暴力的な生きものが戻ってくるのを歓迎するとは考えにくい。

これこそまさに、ジョージア工科大学の環境倫理学者で公共政策学の教授であるブライアン・ノートンが真っ先に挙げた点だった。わたしは彼にリョコウバトの脱絶滅の話をしていた。ノートンは、ハトというのは森の生態にとって有益かもしれないが、19世紀の経済活動で増えていた農民にとっては厄介な存在だったと指摘した。「リョコウバトがいたとき、住民はその存在を喜んでいなかったというのは教訓だ。［リョコウバトは］作物を全部ダメにした。食用になるひな以外は、害鳥として殺された」

ノートンは、遺伝子操作や遺伝子の保全に適切な干渉の連続体というものがあると考えている。連続体の一方の端には、絶滅の危機に瀕した動物の個体群の交雑を避けるための慎重な遺伝学の利用がある。真ん中は、種を存続させるために創造的に手を加えた人工的な形質ということになるだろうか。「わたしは連続体のその部分の専門ということで満足している遺伝学者だ。もっと先に進むと、自分たちがやっていることは、保全遺伝学ではなく、遺伝学の職人技ということになりはしないかと心配になる」とノートンは話した。「これだけはしっかり問わないといけない。わたしたちはどこに向かっているのか。種を存続させる方法を模索しているときの安全地帯はどこなのか」

ノートンは専門分野では自ら認める現実主義者であり、実際的な環境問題を解決するための倫理的な戦略と手段を定めることに関心がある。したがって二項対立、自然か不自然かと白黒つけたがる議論には慎重だ。「きっかり線引きをし、何に対しても一方は自然でもう一方はそうではないと決めようとするなら、暴力的手段に頼るしかない」とノートンは言う。

だから、彼は現代アメリカが遺伝子の職人技の時代であり、リョコウバトがもたらす経済効果について懸念を抱いているものの、生きているリョコウバトをぜひ見たいと願ってもいるし、このような技術の偉業から科学が学ぶべき貴重な教えは山ほどあると考えている。「注目するに値する素晴らしいケースだ」と言い、「生物学的には複雑だが、面白いし刺激的だ」と締めくくった。

復活させられるなら、絶滅させても構わない?

ノートンの同僚のなかには、この企みは醜悪だし、危険でさえあると批判する者もいる。彼らにしてみれば、リョコウバトの復活は、自然保護の議論を支える論理を覆そうとしていることにほかならない。ニュージャージー工科大学教授のエリック・カッツもそう思っている。彼はこう懸念している。「実験室で再生できるから種の絶滅を引きおこしても構わないというのは、保全の概念を根本的に変えてしまう」

カッツは1970年代、ボストン大学の大学院生時代に、環境倫理学のテーマで、北米初となる論文を書いた。その論文「環境保護主義の道徳的弁明」は、彼の医療倫理への関心と、昏睡状態の人間、認知症患者、精神障害者にとって、道徳論はどう関連するのかについての関心から生まれた。この研究から、カッツは人間ではない対象物、動物と生態系に対する道義的責任という問題にたどりついた。

当時はまだ内在的価値という概念が比較的新しかった。ホームズ・ロールストン3世の初期の作品に触発され、カッツは自身の道徳論を築きはじめた。カッツに言わせれば、環境倫理と実用性の論理とを融合させようとしても、うまくいくはずがない。人間の生存と環境保護が求めるものがたびたび衝突する第三世界ではとくにそうだ。自然を保護する理由として人間中心ではないものを探していてカッツがたどりついたのは、自律性の原理だった。これは、その後の一貫した彼の研究テーマとなった。

カッツによれば、自律性とは個人と自然のプロセスが自由自在に発展することであり、その反対は支配だ。人間が自分たちの理想と自分たちの計画を自然とそのプロセスに押しつけようとするのは、ある種の人間中心的な支配だ。「道徳を媒介する存在として、わたしたちの最も道徳的な目標は、人間界でも自然界でも、自律性を維持し、あらゆる形態の支配に抵抗することだ」と自著の『テーマとしての自然（*Nature as Subject*）』で訴えている。[39] 彼にとってバイオエンジニアリングとは、自然を型にはめ、操り、支配する人間の力が別形態で拡大されたものだった。絶滅種を蘇らせるのも同様だ。カッツにとって、リョコウバト復活計画は合理的な保護活動ではなく、人間のノスタルジアの産物だ。

「種や生態系の復元であれ気候工学であれ、これらの事例はどれも、人間が自分の利益のために世界を操るノウハウをもっていると言っているだけだ。これは間違っている」とカッツは批判する。「これらは存在論的に見ても、元のものとは違う。元のものとは、存在としても、本質的にも違っている。新しい種は自然の種ではない。種のように見えるし、そうふるまうかもしれないが、実際には人間の創造物だ」

さらなる野望——近縁種をゲノム編集でリョコウバトに

ベン・ノヴァクは科学的に新奇なもの、動物園の見世物をつくる気はない。アメリカの空に再びリョコウバトの大群を羽ばたかせたいだけだ。そうすれば、いつの日かリョコウバトは人間の干渉なしに自分たちで個体群を維持できるようになるかもしれない。リョコウバトをアメリカの森に放てば、生態系が健康になるだろう。かつて山火事が果たした役割を代わりに担って、土地を肥沃にし、栄養素を活性化させ、太陽の光をとりいれて新芽を育てるのだ。

生物学者は、アルド・レオポルドが描写した生物学的嵐の効果は一種の生態系エンジニアではないかと見ている。木が倒れ、山火事の元となる燃料が増えると、再成長のプロセスが稼働する。リョコウバトが絶滅し、それに伴ってドングリの消費量が減ったために、オークの木が増えて、その結果シロアシネズミとシカの個体数が増えたのだろう。どちらもドングリを食べる主要動物であり、ライム病を蔓延させるダニが寄生している。アメリカ科学環境評議会の上級研究員でリョコウバト愛好家のデヴィッド・ブロックスタインは、『サイエンス』誌に1998年に掲載した論文で、アメリカでライム病が急増したのはリョコウバトの絶滅と関係があるという意見を披露した。

2014年の1年間、ノヴァクとリバイブ・アンド・リストアは、絶滅種に対して生態系の正義をなすという感傷的なメッセージを訴えるのではなく、アメリカの森林とリョコウバトとの重要な生態系の関係を復元するという自分たちの任務の重要性を強調していた。自分たちは生態系全体を復活させることに注力しており、環境全体ではなく種だけを救済することばかりに気をとられている生物学者とは一緒にしないでもらいたい、というのがノヴァクの主張だった。

脱絶滅は生物学的な関係を復元することが目的だ。ノヴァクの研究では、脱絶滅で蘇ったリョコウバトを森に移すという実際的な面も検討しはじめている。これについて、彼はリスク分析を実施していた。手に入ったデータを綿密に調べて、4つの異なるシナリオを比較検討しているのは、ある意味、リョコウバトの復活は単なる技術的な魔法ではないと証明しようとしているわけだ。

彼が投げかけた問いのなかには、リョコウバトに最も近い現存の種であるオビオバトをアメリカ北東部に導入してみたらどうなるかというものがあった。人間が何もしなかったらどうなるだろう。人間が操作して、オビオバトをリョコウバトに変身させたら、どうなるだろう。リョコウバトが森に及ぼしていた影響を人間が再現できるとしたら、どうなるだろう。ノヴァクはまた、500個のドングリとクリを計測した。その一部をオビオバトに餌として与える計画だった。その後、糞を土に埋めて、どの種《たね》をオビオバトが食べてダメにして、どの種《たね》は無事生きのびて播かれたのちに木に育つか、確認しようとした。

だがどのようにして、ノヴァクは実際にリョコウバトを復活させるのだろう。生きたリョコウバトのひなを孵すには、脱絶滅の文脈ではこれまで試されたことのない一連の技術的なステップを踏まなければならない。ノヴァクは、それぞれのリョコウバトの標本にどの程度DNAがあるかわかった時点で、いくつかの標本を選んで塩基配列を決定することにした。これらの塩基配列に、リョコウバトがほかのハトと違う手がかり、すなわち種と定義される進化上の変異がある。

しかし、塩基配列はただの地図《マップ》で、細胞は読むことができない。この塩基配列を実際に役立つようにするには、染色体にまとめ、細胞核に挿入しなければならない。細胞核なら実際に細胞に指示を出せる。だが、どうすればそれが可能なのか、誰も知らない。

ノヴァクの戦略は、その問題を避けた。リョコウバトに欠かせない変異を含むように、オビオバトのDNAを編集するのだ。これはCRISPR－Cas9（クリスパー・キャスナイン）というゲノム編集ツールを使って行う。このツールを世界で最初に開発したのが、カリフォルニア大学バークレー校の分子化学者であるジェニファー・ダウドナとその同僚だ。一部の細菌に自然発生するタンパク質であるCRISPR－Cas9は、異質なDNAの宿主ゲノムを察知してそのDNAをゲノムから「切り離す」能力をもっている。一部の人間からは「分子ばさみ」と呼ばれているこのCRISPR－Cas9だが、科学者は今では、植物であれ、動物であれ、人間であれ、これをゲノムの希望する箇所に誘導し、特定の遺伝子を切ったり修正したりする方法を知っている。

ハーバード大学ヴィース研究所では、ジョージ・チャーチがCRISPR－Cas9の技術を使って、蚊の遺伝子を操作する実験を行っている。この実験がうまくいけば、蚊がマラリアの病原体を媒介することもない。また、この技術を使って、人間の細胞の遺伝子発現を制御し、HIVを抑えられるようになる。チャーチの別のプロジェクトでは、ゾウの細胞を操作するツールを用いてマンモスの復活を目指している。

ノヴァクは、CRISPR－Cas9を使ってリョコウバトを蘇らせることにした。オビオバトの始原生殖細胞（発達すると精子と卵母細胞になる）のDNAを編集する方法だ。その始原生殖細胞は、長い尾羽と赤い胸というリョコウバトの形質を含む。この生きたキメラのような細胞が胚に挿入される。

オビオバトからリョコウバトが生まれるのは理論上は可能だ。２０１２年、カリフォルニアを本拠とするクリスタル・バイオサイエンシズ社が、絶滅の危機に瀕した種を、別の種の鳥を代理母にして繁殖させる方法を開発することに成功したと発表した。同社の研究者は、雄のホロホロチョウの「種間キメラ」を生みだした。[40] その睾丸に入っているのはニワトリの生殖細胞だ。ニワトリの細胞はやがて正常に機能する「ニワトリの」精子となり、その後、ニワトリの胚細胞に注入されて、正常なニワトリのひなが孵《かえ》る。同社は、代理母となる数百羽の鳥から絶滅の危機に瀕している鳥が短期間で何千羽と孵ると見積もっており、現在はリバイブ・アンド・リストアと組んで、この未来の技術を用いてリョコウバトの復活を目指している。

ノヴァクの意見では、リョコウバトを蘇らせることができれば、群れ全体が自力で存続する条件が整うまで、あとほんの数年の辛抱だ。リョコウバトに似せて彩色を施したカワラバトのなかに、リョコウバトのひなを導入するのが彼の計画だ。数週間するとこの代理の親は取りのぞかれ、リョコウバトの若鳥だけの群れにする。ショージャーが自然環境で見たと書いているとおりの状態だ。その後、伝書鳩に彩色を施された成体の「リョコウバト」がこの若鳥の群れに送られて合流する。

ノヴァクは、「2年か3年もすれば、徐々に代理の鳥たちを取りのぞいて鳥舎を解体できます」とTEDトークで語った。[41]「わたしたちは、リョコウバトが北アメリカのニューイングランドと五大湖地帯の森を自力で見つける光景に立ちあうことになります」。トーク後に、何人かがノヴァクに連絡をとり、リョコウバトの訓練を引きうけようとか、リョコウバトを自分の土地に放そうと申し出た。このプロジェクトにとって私有地か公有地かは重要だった。「州の土地や国有地が数平方キロメートル荒らされたところで誰も気にしないけれど、私有地となると話は大違いですからね」とノヴァクは言う。

2200万年の進化をDNAから読み取れるか?

分析されて戻ってきたデータをノヴァクが見てみると、ほぼどの組織標本も期待以上に質が高かった。標本全体のうち10件は、リョコウバトのＤＮＡが60パーセント以上という結果だった。最もよい標本は——おそらくこの標本で全体の塩基配列を決定することになる——カナダのロイヤルオンタリオ博物館が提供したものだった。１８７１年にトロントのドン川の河岸でウィリアム・Ｗ・Ｓ・グレインジャーという男性が撃ちおとした雌だ。この年に、史上最大のリョコウバトの巣ごもりがウィスコンシン州で記録された。この組織サンプルは、ノヴァクが初めて実験室で加工処理したものだったので、「ベン・ノヴァク抽出第1号、標本第1号」という意味でＢＮ－１と名づけられた。

ノヴァクが依然としてわからなかったのは、種として存続するにはどれほどの数のリョコウバトが必要かということだった。翌年、彼はこの謎の答えを出すべくデータの作成に力を注いだ。種として生きのびるには膨大な個体数が必要だと考えている生物学者もいれば、リョコウバトはつねに数十億羽単位で存在していたという説を否定する証拠を見つけた生物学者もいた。

ジャーナリストのチャールズ・マンは、2006年の著書『1491——先コロンブス期アメリカ大陸をめぐる新発見』(布施由紀子訳、NHK出版、2007年)で、科学者ふたりが、アメリカ大陸最大級の古代都市カホキアの遺跡調査のために2003年にイリノイ州に赴いたときのことを描いている。彼らはリョコウバトの痕跡を探していたのだが、自分たちの発見に驚いた。何千もの骨が埋まっていなかったどころか、リョコウバトがいたという痕跡がほとんどなかったのだ。そんなことなどあり得ない。アメリカ開拓民が言うように開拓民と同じ数のリョコウバトがいたのなら、リョコウバトがアメリカ先住民の重要な食料だったという証拠がほとんどないのはなぜか。

考古学者のトマス・ニューマンも1985年に同じことを考えていた。アメリカ東部の先史時代の土地を分析して、のちに大量に存在することとなったリョコウバトは、先史時代は小さい個体群だったと考えるに至った。ニューマンは、ヨーロッパ人と接触する前のリョコウバトの数は、彼が人類と自然との競争と表現する現象を通じて抑えられていた。アメリカ先住民がリョコウバトの数を抑えていたのは、リョコウバトの餌である木の実、つまりブナの実、ドングリ、クリを、彼らも食べていたからだ。

先住民がヨーロッパ人と初めて接触し、病が大流行して先住民が大勢死亡すると、この生態系の関係は崩壊した。開拓民が目撃した数十億というリョコウバトは、実は「生息数が急増した個体群」だったとニューマンは『ニューヨーク・タイムズ』紙の論説欄で述べた[42]。種が先天性の生物学的進化を遂げた結果ではなく、食料の供給量が増えた結果だったのだ。同じことがバイソン、ヘラジカにも当てはまる。「ヨーロッパ人が見た巨大な群れは、アメリカの気前のよさではなく、先住民がいなくなったことの現われだった」

ノヴァクは、森林に影響を与えるのにリョコウバトが何十億羽といる必要はないが、生態系エンジニアとして威力を発揮するには密度は必要だろうと考えていた。2015年初めに、彼はオビオバトの完全なゲノム2件と、リョコウバト2羽のゲノムの配列を解析してもらった。得られた結果は、彼のそれまでのリョコウバトの進化史の理解を完全に覆した。「今では、リョコウバトの進化系統がどこまで遡れるかわかっています」。そう語るノヴァクは、興奮のあまり一息ついた。「オビオバトとリョコウバトは2200万年前に分岐しました」。この数字にはただただ驚く。ほかの鳥がみんなリョコウバトより歴史が浅いわけではない。ハチドリは4200万年くらい前から生息している。だが、ハチドリはそこから338の種に分かれて進化したが、リョコウバトはずっとリョコウバト1種だけだ。ノヴァクと古代ゲノム学研究室の彼のアドバイザーは、2500万年ほど前に、北アメリカの森林に巨大なリョコウバトの個体群が生息していたと考えている。その後、2200万年前に、シエラネヴァダ山脈とカスケード山脈が形成されて、その個体群を分断した。昔のオビオバトは南アメリカとカリブに広がり、最終的に17の亜種に進化したが、リョコウバトは1種だけで2200万年間続いた。ノヴァクが指摘するように、ハトのほかの属はすべて亜種に分かれている。「ハトの系統は3000万年ほど続いていて、40属ほどに分かれました」。ノヴァクの声は興奮で上ずった。「ナゲキバトでも5種から10種あるんです！」

リョコウバトの生息数は、その歴史を通じて比較的安定していた。氷河期や気候変動が原因の遺伝的ボトルネックがあったと示すものもない。これがしばしノヴァクを悩ませた。大昔、リョコウバトの生息域の半分が氷で覆われていたのなら、どうして生息数が落ちこまなかったのだろう。リョコウバトが木の実に限らず、ほぼなんでも食べたからではないか、とノヴァクは見ている。

「森がこれだけ変化しても、リョコウバトにまったく影響がなかった。それがどういうことを意味するのか解明しようとしていますが、この事実は、リョコウバトは上種《じょうしゅ》〔分類学上、種の上位に来る分類階級〕だったという考えの裏づけになります」とノヴァクは説明した。「リョコウバトは決まった移動パターンがなく、放浪型でした。だから森が変われば、リョコウバトはそこを去って食べ物を変えるだけのことでした。1800年代には、ドングリとブナの実を食べているところが観察されています。2万年前は、おそらくマツボックリやトウヒの実を食べていたんでしょう。環境の変化に順応できる超広食性動物だったんです。リョコウバトにとって大事だったのは、直接利用できる森の面積と、その森の生産性でした」

ノヴァクがオビオバトとリョコウバトのゲノムを完全に比較して、互いの種の違いを正確に特定するのは、それからまだ数か月先のことだった。DNAでは3パーセントほど違いがあるらしく、その大きな違いは社会性だという可能性が濃厚になっていた。どれくらいの密度でねぐらにつき、巣づくりするかの違いだ。オビオバトは分散して行動するが、リョコウバトはわずか数本の木に何千羽と集まることで知られている。

ノヴァクはゲノム編集の実験を2016年には開始できたら、と思っている。だが、これはもはやオビオバトをリョコウバトのように見せかけることではない。特定の遺伝子上の差異が、リョコウバトが有するほかの種と異なる社会的行動につながっているのか、ゲノムに変異を導入するだけで、こうした社会的行動を新たに生まれる鳥からうまく引きだせるのか、彼は理解する必要がある。とてつもない難題だ。ある意味では、２２００万年分の進化を実験室で再現しようとするようなものだ。もしかしたら、リョコウバトの社会的行動は先天性ではなく後天性かもしれない。ノヴァクにはわからない。だがあと10年もすれば、新しくもあり古くもある鳥の赤い目を眺めることができるだろうという自信は失っていない。

わたしにとって、２２００万年の進化、その年月にわたってのリョコウバトの驚くべき柔軟性で信じられないのは、永劫とも思える歳月を生きのびてきたのに、その歴史のわずか10万分の１の期間で消滅してしまったことだ。今では、人間の破壊行動がリョコウバトを絶滅させたのは絶対確実と言っていい。数百万年にわたり、アメリカ北東部の森はリョコウバトの棲みかだったが、絶滅してからわずか１００年しか経っていないにもかかわらず、わたしたちはリョコウバトがいたことをすっかり忘れている。

サンタクルーズの研究室を辞去する前に、ショージャーならこの試みのことをどう思うだろうと、ノヴァクに訊いてみた。ノヴァクはひと呼吸置いてから、こう答えた。「全面的に支持してくれたと思います」

そして、ＴＥＤトーク後に受け取ったメールについて話してくれた。フロリダ州のエド・ライルという男性がメールを送ってきたそうだ。ショージャーが書いたリョコウバトが題材の名著のサイン入り初版に興味はないかという内容だった。ライルは、ウィスコンシン大学の学生のときにショージャーの身の回りの世話をしていた。そのとき、ショージャーはすでに視力と聴力を失っていた。亡くなる1年前の1971年の夏、ショージャーは自著にサインしてライルに贈った。そして今、ライルはノヴァクにそれを持っていてもらいたいと思っている。

「この本に払ってもらう対価は、仕事に対するあなたの飽くなき情熱と献身です」とライルはメールに書いた。「この本は、わたしよりあなたが持っているほうがふさわしい」。ライルはその後わたしに、ショージャーならきっとノヴァクの研究を賞賛しただろう、と話した。ショージャーはリョコウバトの絶滅を、不要かつ不幸な損失だと見なしており、誤りを正す絶好の機会だと歓迎したことだろう、と。

第8章　ネアンデルタール人　*Homo neanderthalensis*

もう一度“人類の親戚”に会いたくて

「バイオテクノロジーの発展」が
わたしたちに突きつける大きな問い

ネアンデルタール人復活計画は、もはやSFではない？

あらゆる脱絶滅の可能性のうち、抜群にぶっ飛んでいて、魅力的で、ひときわ象徴的でもあるのは、わたしたち人間のいちばん近い親戚であるネアンデルタール人をいつの日か蘇らせることではないだろうか。

わたしたちがネアンデルタール人に関心を示したのは、1856年にドイツで彼らの化石が発見されたことがきっかけだ。彼らはどんな生きものだったのだろうか。なぜ消滅したのだろうか。20世紀初めには、ネアンデルタール人を主人公にした小説が登場し、この絶滅したわたしたちの親戚と、彼らが蘇るかもしれないという可能性の魅力が色あせないことを見せつけた。

1939年、航空技師でSF作家のL・スプレイグ・ディ・キャンプは「粗野な男」という短編を発表した。主人公のクラレンス・アロイシウス・ガフニーは、ニューヨーク州コニーアイランドで見世物として働いている。実は彼は5万歳のネアンデルタール人で、バイソンを追いかけているときに雷に打たれて不死になった。「仲間にいったい何があったの？」。ガフニーの秘密を知った女性が訊いた(1)。「背の高いやつらはひどく乱暴だったけれど、俺たちよりずっと進化していたので、俺たちの生き方や習慣がばかみたいに思えた」とガフニーは答えた。「最後は、俺たちはひたすらのらくらと暮らし、背の高いやつらのお情けで生かされていた。俺たちは劣等感が原因で死んだようなものだ」

1958年にアイザック・アシモフは「停滞空間」という短編を発表した。4歳のネアンデルタール人の少年が、誘拐されて21世紀に連れてこられるという設定だ。1984年の映画『アイスマン』は、北極の氷から解凍されて現代に蘇ったネアンデルタール人の物語だ。ここ何十年か、人間の進化上の親戚との邂逅は、地球外生命体の存在やタイムトラベルに勝るとも劣らないくらい胸躍る可能性だった。

つい最近では、ネアンデルタール人の復活という根強い人気があるアイデアを、ほかでもないハーバード大学の科学者ジョージ・チャーチが口にした。ドイツの雑誌『デア・シュピーゲル』の2013年のインタビューで、チャーチはネアンデルタール人復活の可能性に言及し、彼らの遺伝的多様性を現代に導入することが社会的なリスクを回避する戦略になる、という持論を披露した。チャーチは、今のわたしたちの人口規模からすると直観に反しているように聞こえるが、現生人類はチンパンジーやペンギンなどの多くの種と比べて、遺伝的多様性がずっと低い事実にも触れた。「ネアンデルタール人が復活したら、自分たちの新しい文化を創造し、一大政治勢力にさえなるかもしれない[2]」。自著『再創造（*Regenesis*）』でチャーチはこう書いている。「問題は、サーカスの見世物としてではなく、遺伝的多様性を向上させるための集中的で科学的な試みの一環として、絶滅したネアンデルタール人のゲノムを世界の遺伝子プールに再導入し、ネアンデルタール人を復活させる義務があるかどうかだ[3]」

ネアンデルタール人を復活させる技術は、リョコウバトを復活させる技術とほぼ同じだ。最もネアンデルタール人に近いもの（現生人類）の物理的なゲノムからまず始めて、ネアンデルタール人のゲノムを操作して復活させる。ネアンデルタール人は遺伝学者が最初に研究対象とした絶滅種のひとつだった。1997年、研究者がネアンデルタール人の標本からミトコンドリアDNAを採取し、それ以来、マックスプランク進化人類学研究所所属の有名な進化遺伝学者であるスヴァンテ・ペーボがネアンデルタール人のゲノムのマッピングを行っていた。

だが、実際にネアンデルタール人の胚を現実世界に登場させるには培養器が必要となる。チャーチが失言したのは、この部分に言及したときだった。この役割には現代の女性がぴったりだ、と発言したのだ。掲載されるやいなや、メディアはこのインタビューに飛びついた。イギリスのタブロイド紙『デイリー・メール』は「ネアンデルタール人を産んでもいいという大胆な女性求む――ハーバード大学教授、洞窟人のクローンの赤ん坊の母親になる女性を探す」と大々的に書きたてた[4]。

その後（自著出版のタイミングに合わせて）ペーボは、『ニューヨーク・タイムズ』紙の論説で、ネアンデルタール人のクローン作成の技術的な実現可能性と、その道徳的な意味あいを徹底的に指弾した。「何といっても、ネアンデルタール人は感情をもった人間だ。文明化社会で、科学的興味を満たしたいがために人間を創造することがあってはならない。倫理的な観点からいえば糾弾されるべきだ[5]」

『デア・シュピーゲル』誌のインタビューの公表後、チャーチは、自分はネアンデルタール人の復活を推進しているわけではない、と公式に抗議した。わたしが話を聞いたときも、そう言っていた。「わたしはネアンデルタール人を蘇らせることはしない」。そして「まだ議論が尽くされていない。「人間の」クローン作成さえ、ほかの理由からまだ受けいれられていない状態だ。だが、人間の改造を受けいれる準備は整った。遺伝子組み換え人間は実際に存在している」(チャーチが言っているのは1997年の実験だ。この実験では、胚を操作して、少なくとも17人のアメリカの赤ん坊が3人の親の遺伝物質をもって生まれてきた)。

チャーチは自分の立ち位置を明確にした。彼は、将来、ネアンデルタール人のクローン作成を実行するかどうかを決めるために、議論する必要があると思っている。遺伝子技術とその可能性に対するチャーチの理解は、確実に一般人のだいぶ先を行っている。彼にしてみれば、迅速で手頃なゲノム工学の時代はすでに到来しており、ネアンデルタール人が蘇る未来はもはやSFの領域ではない。「わたしの実験室では、新技術が登場したときにそれを一蹴するのではなく、それによって間違った方向に行きそうなことを予測しておくよう訓練している」とチャーチは説明した。

基本的にチャーチは、自然を操作するために技術を利用するわたしたちの能力自体は自然なものだと思っている。「アリが蟻穴をつくるのは自然なことだし、人間が高層ビルを建てるのも自然なことだ。ただ高層ビルを建てるという作業は、大昔からやっていることではないというだけだ」と彼はわたしに話した。「全体として、地球などの惑星を探究し、自然を探究して変化させる――小さな変化であれ大きな変化であれ――ことは、全体がいかに大きいか、わたしたちが把握するのに役立つ。わたしたちが変化させればさせるほど、全体は複雑に、多様になっていく」

ネアンデルタール人復活の扇情的な面の裏をつつくと、ほかの種の脱絶滅を検討したときに直面するのとこわいくらい似た問いが浮上した。これは生態系の正義をなすひとつの形態なのだろうか。それとも、自然の法則をわたしたちが支配するための、そして象徴的な意味では、いずれ迎えるわたしたちの死への究極の賭けに過ぎないのだろうか。いくつかの問いに答えるには、ネアンデルタール人が絶滅した2万4000年前に戻らなければならない（2014年、考古学者が精度が向上した放射性炭素年代測定法を用いて測定したところ、ネアンデルタール人がヨーロッパ全土から消滅したのは、3万9000年から4万1000年前だった）。

相次ぐ新発見——言語の使用からホモ・サピエンスとの交配まで

19世紀の考古学者は、ネアンデルタール人の化石を見て、彼らはわたしたち人間の祖先であり、進化して、人間の遺伝子プールに同化したと考えていた。だが遺伝子を分析したところ、ネアンデルタール人は独自の進化系統であり、その後適応したり別の種に変異したりしたわけではなく、恐竜やマンモスと同じように絶滅したことがわかった。一時、ネアンデルタール人の生息地は、ヨーロッパ北部や地中海地域から東ははるか離れたシベリアまで広がっていた。おそらくは狭い縄張りの中で暮らしていたのだろう。たいていは116平方キロメートル以下の縄張りの中で、ケブカサイ、マンモス、バイソン、ウマ、トナカイ、イノシシなどの大型動物を、穂先が石でできた木の槍を使ってしとめていた。考古学者によれば、歯の摩耗パターンから、食料と生存の面ではネアンデルタール人も性別による役割分担があった証拠はあるが、女性と子どもも狩りに参加して肉の分け前に与っていた可能性は高い。

おおむね、ネアンデルタール人は長い年月を経てもほとんど変化しなかった。考古学的な記録から、最後のネアンデルタール人は、初期のネアンデルタール人と似たような生活を送っていたことがわかっている。食料の大半は大型動物であり、狭い縄張りの中で閉鎖的に暮らし、生きていくために石器をつくる技術と火に頼っていた。だが彼らは、それはそれは長いこと、3万年以上も生きのびた。この事実には当惑せざるを得ない。もしネアンデルタール人が文化と技術の面でそれほど発達していなかったのであれば、どうしてこれだけの長い歳月を生きのびることができたのか。

近年、ネアンデルタール人は言葉や優れた知性をもたない種だったという概念に異を唱えて再考を促す発見が次々と報告されている。

この新しい研究のなかでもとびきり刺激的で重要なのは、現存する数々のネアンデルタール人の石器をめぐる内容だ。これらの道具は、現生人類のようなコンピュータを駆使する天才的な種をもってしても、複製するのは複雑で難しい。ネアンデルタール人の石器作製技法はおおまかに分けてふたつある。片方は簡単、もう片方はひじょうに発達していて、石器工学と命名したほうが正しいほどだ。最も古い前者の技法では、ネアンデルタール人は1個の石を欠いて薄片を落とし、槍の穂先や手斧をつくった。ところが中期旧石器時代になると、ネアンデルタール人の石を削る技術は飛躍的に発達した。薄片が、成果物の副産物ではなく目的になったのだ。

この石器は、発見されたフランスの地名にちなんでルヴァロア石核と呼ばれている。この石器のつくりかたを知っている人間は、世界に数名いる。そのひとりが、アメリカの若手人類学者のメティン・エレンだ。

ある日の朝、エレンはイギリス・コヴェントリーの研究室からスカイプを通じて、パソコンのカメラに向けて大きさと形がマンゴーのような黒い石を掲げた。石の表面は全体にごつごつしていた。どうやら、あらかじめ別の石を使って表面から薄片を削りおとしたようだ。「中期旧石器時代のネアンデルタール人は、こうして薄片を取りのぞいて、石の片側を緩やかな凸形にしたんだ」とエレンが説明した。石がこの凸形になると、石を細工する人間はこの石の端を大きな力で打つ。たった一度の打撃で、石の底が割れて周りが鋭く尖った大きな薄片ができる。この薄片は左右対称で、トルクを減じることができるので、切るときに力が入れやすく、効率もいい。「この薄片には、以前はわからなかったデザインの特徴がある。端は何度も研ぎなおすことができるし、質量の中心がちょうど真ん中にあるので人間工学的にも優れている」とエレンは語った。「彼らは道具を設計していたんだ」

著書『ネアンデルタール人のように考える（*How to Think Like a Neanderthal*）』で、考古学者トマス・ウィンと心理学者フレデリック・クーリッジ（どちらもコロラド大学コロラド・スプリングス校所属）は、石を加工する行為そのものがネアンデルタール人の精神と能力を詳らかにしている、と指摘する。うまく加工できるようになるには、類まれな運動記憶と、気が遠くなるような時間と反復練習が必要だ。この作業の習得の過程は、全体的に階層構造になっており、それぞれの階層は決まった目標とその目標を達成するための技法で構成されている。ネアンデルタール人が身につけたこの技術的思考は、鍛冶職人や木工職人が仕事で用いている現代の技術的思考と何ら変わらない。

実はエレンもピアノとサッカーの名手。聞けば、石の加工を覚えるのは、楽器やスポーツが上達するのと似ているそうだ。「ものすごく真剣に練習して何日か休む。休んでいるあいだに、頭の中でおさらいして、筋肉も回復させる」。彼が石を加工する技術を会得するのに、ざっと1年半かかった。

ルヴァロア石核をつくるには計画と腕前が必要だが、石核を複製するために必要な情報を伝える言語と会話も必要だろう。ネアンデルタール人は、槍と穂先をにかわで接着した。このにかわは、完成まで複数の段階を経なければならず、形状を変化させるときに火を使う。これらの発見が、ネアンデルタール人に対するわたしたちの見方を変えた、とエレンは言う。ネアンデルタール人は知性がなく、適応に失敗した種などではない。明らかに技術を巧みに駆使していた。

今では研究がずいぶんと進んで、ネアンデルタール人のこうした知能が明らかになり、彼らはわたしたちそっくりだったのではと考える研究者もいる。「それもどうだか。たぶん真実は真ん中あたりにあるんじゃないか」とエレンは慎重だ。「だけど進化の観点からすれば、ネアンデルタール人の技術に変化がないというのは、彼らがものすごくすんなり適応したということなんだろう。進歩がないとか適応できないと考えるのではなく、時を経ても変化しないのは、彼らが環境にすっかり適応した結果と見なすべきだ」

論理的には、ネアンデルタール人の認識能力は象徴的思考や宗教的習慣と語りの継承の誕生に結びついたのか、が次の質問になる。わたしたちは長いこと、自分たちの種こそ複雑な進化の頂点だと思ってきた。言語を操り、象徴的思考もできる独自の能力が、他の種とわたしたちとを分けている。これらの資質がわたしたちを人間たらしめているのだ。だが、わたしたちより前に、ネアンデルタール人がこうした能力の一部を備えていたとしたら？

ネアンデルタール人が壁画を描いたとか人工遺物を製作したなどという証拠はないが、これはネアンデルタール人に文化がなかったというよりは、考古学的な記録が歳月の経過に耐えられなかったからだろう。「ネアンデルタール人は、氷河期のヨーロッパに住んでいた。当時はアフリカよりも湿度が高く、雨も多かった。土壌も違う」とエレンが説明した。「こうした要因が束になって、何が残って何が残らなかったかに影響したのだろう」

これまで見つかったものは、いくつか興味深い可能性を指している。考古学者は、ネアンデルタール人が皮膚に塗るために使ったとおぼしき色素の棒「クレヨン」と、彩色して装飾として身につけられていたであろう貝殻を発掘した。スペインのシマ・デ・ラス・パロマスの現場で、考古学者はネアンデルタール人の遺骨5体と一緒にパンサーの足2本を見つけた。儀式によって埋葬された可能性を示すものだ。

ネアンデルタール人には言葉がなかったという意見に対する最大の反論のひとつは、スヴァンテ・ペーボのゲノムマッピング・プロジェクトだ。カリフォルニア大学サンタクルーズ校の古代ゲノム学研究室のエド・グリーンなどの専門家とともに、ペーボはネアンデルタール人にFOXP2遺伝子があったことを突きとめた。かつては人間にしかないと思われていた、会話と言語に直接関係していることで知られている遺伝子だ。ネアンデルタール人の言語能力がどれほど発達していたかはわからないが、言語能力があったことはわかる。ペーボは、ゲノムを分析して別の手がかりも見つけた。現代のヨーロッパ人やアジア人のDNAには、ネアンデルタール人のゲノムが混じっている。進化のどこかの時点で、ネアンデルタール人と人間が交配したのだ。

もともと、ペーボ本人は交配の可能性に懐疑的だった。証拠がなかったからだ。だが、現代人5人のゲノムを比較した結果、彼のチームは、アジア人とヨーロッパ人はＤＮＡの1パーセントから4パーセント程度をネアンデルタール人と共有していることを発見した。今はカリフォルニアの企業23アンド・ミーに100ドル払って頬の内側の細胞を採取して送れば、自分にネアンデルタール人のＤＮＡがどれくらい混ざっているか調べてもらえる（わたしにもネアンデルタール人のＤＮＡが混じっていた。その割合は2・4パーセントだった）。

現生人類が、進化の面で自分たちより劣っているとずっと思っていた種と交配したという発見によって、わたしたちの太古の歴史に関する長年の仮定がひっくり返った。10万年以上前、中東のどこかで、わたしたち人間の祖先とネアンデルタール人が同じような技術をもち、両方の個体群が混ざりあって暮らしていたときに、交配し、子孫は繁殖能力を有し、繁栄した。進化においてこの驚くべき収斂があったという事実は、ネアンデルタール人と人間の祖先のあいだにコミュニケーションがあったという可能性だけでなく、両者の認識能力にも相似点があったというところまで可能性を広げる。

なぜ、ネアンデルタール人は絶滅したのか？　そして復活させるべきか？

傑出した科学者であり作家のスティーヴン・ジェイ・グールドは、進化はまっすぐ一直線に進むものという固定観念を嘆いた。猫背の毛深い霊長類が、猿みたいなネアンデルタール人になり、最終的には直立で文明をもった現生人類になるという固定観念だ。時代が進むにつれて進化したという概念は、小学校で頭に叩きこまれ、進化とは直観的に理解可能な考えかたであり、かつ完全に合理的だと思うようにしこまれる。人間の意識は複雑さにかけては他に類を見ず、決まった進路を描く軌跡の頂点にあるはずだ、と。

だがグールドは古生物学的な証拠から、進化のこの固定観念は大嘘だと信じて疑わなかった。地球上の生命体は、多様性と複雑性が増すにつれて上に伸びていく（そして最終的には人間に行きつく）円錐形のような構成にはなって**いない**と主張した。

グールドの言い分はバージェス頁岩で証明された。1909年に発見されたカナダのブリティッシュコロンビア州にある化石層だ。5億3000年前、無数の海洋生物が現在の石灰岩採石場で化石になり、骨格だけでなく、軟部組織の細かな部分まで完全に残っていた。これらの生物はカンブリア爆発時代に進化した。最初のうちは、地球上の生命体の大々的な多様化が進み、現在の生きもののほぼ全部の祖先が登場した。当初、古生物学者はこれらの化石は既存の分類カテゴリーに当てはまると考えたが、1970年代になると、それがとんでもない間違いだと判明した。バージェス頁岩は、今なお匹敵するものがない唯一無二の解剖構造をいくつも有していた。現代の海に生息する海洋生物すべてを合わせても、それを上回る多様性をもっていたのだ。

グールドが語るように、進化は小さく始まって「継続的に上へ上へと拡大していく」のではなく「初めに多細胞生物が最も多く生息しており、のちの大量絶滅でごく限られた構造だけが残った」と、バージェス頁岩の化石は証明している。[6] 生命のテープを再生すれば、人間がこの大量絶滅の抽選で進化できる確率は限りなくゼロに近かった、とグールドは論じた。

ネアンデルタール人絶滅物語の旧版は、わたしたちの祖先は認識能力と技術が優れていたために、うまいこと気候変動を生きぬいて地球全体に広がった、という筋書きだった。だが、ルヴァロア石核が示すように、ネアンデルタール人の石の加工技術は洗練されており、環境に合わせた道具を製作できた。

「ネアンデルタール人の技術がはたして絶滅に寄与したのか、反対に絶滅の抑止力になったのかを判断するのは至難の業だ」とエレンは言う。「このような主張をする考古学者は危険な問いに足を突っこむことになる」。一体なぜ、ネアンデルタール人は絶滅したのか。

一部の学者は、ネアンデルタール人が最後を迎えたのはイベリア半島の現在のスペインかポルトガルだと考えている。いつ終わるとも知れない極寒の氷河期で、南部は避難場所のような働きをしたのだろう。更新世後期に気候は再び寒冷になっていった。大量にいた動物は移動したか、数が減ったに違いない。そのころ、わたしたちの祖先であるクロマニョン人がヨーロッパに到達して、ネアンデルタール人と同じ縄張りで狩りをしていた。クロマニョン人は投げ槍と釣り針を使っていて、急速にその縄張りを拡大したようだ。

先史時代のヨーロッパでは、ネアンデルタール人がひとりいたら、クロマニョン人は10人いたらしい。「クロマニョン人と直接競争するには、［ネアンデルタール人は］新たな食料を探し、新たな技法を考案しなければならなかった」とトマス・ウィンとフレデリック・クーリッジは書いている。(7)

「どちらもネアンデルタール人の認識能力では、じゅうぶん発達したものではなかった。もしくは、彼らが対応できなかったのは、その認識能力と何ら関係ないのかもしれない。彼らの縄張りは小さくて分散しており、ある縄張りが別の縄張りから孤立してしまうと、仲間と触れあえなくなり、やがて消滅した。これを数千年繰り返して、ネアンデルタール人の人口は回復できないところまで減ってしまった」

実は、わたし自身のミトコンドリアDNAから、母方の祖先がこの歴史の当事者だった可能性があることが明らかになった。研究者の一部は、わたしの遺伝群U5b2a2が、ネアンデルタール人を絶滅させた氷河期にヨーロッパ南部に避難していた狩猟採集民族のひとつだったと見ている。1万5000年前に氷河が後退しはじめると、これら中石器時代の人間が真っ先にヨーロッパ大陸に再び定住した。最終的に、遺伝群U5の子孫は、農民や新しく移ってきた人々に取ってかわられた。現在、この遺伝群の子孫はヨーロッパ人のミトコンドリアDNAのおよそ9パーセントを占める。

グールドは、歴史の性質を新しい視点から把握する影響を理解して掘り下げなければならないと思っていた。彼はこう書いている。「ネアンデルタール人は傍系親族であり、わたしたちがアフリカに出現したときには、おそらくすでにヨーロッパにいた。また、彼らはわたしたちの遺伝的遺産には直接的には何も貢献していない。ということは、わたしたちは本来であればあり得ない、脆い存在であり、アフリカの小さな個体群という不安定な始まりにもかかわらず運よく生きのびられたわけだ。予測可能な地球の傾向の産物ではない。わたしたちは単なる事物であり、歴史の項目であり、一般原則の化身ではない(8)」。わたしたちが生きのびてネアンデルタール人が絶滅するとは、運命で決まっていたのではない。

将来、わたしたちはネアンデルタール人を脱絶滅させるべきだろうか。まともな思考能力がある人間なら、復活したネアンデルタール人は3万年前のネアンデルタール人と似ても似つかない存在になるのは、わかりきっている。わたしたちはゲノムに命を与えるが、人間の子宮という環境――まったく異なる風景と文化は言うに及ばず――は、元のネアンデルタール人とまったく違うものを誕生させる。

だが、ほかの脱絶滅からもそうだが、ネアンデルタール人の脱絶滅から学ぶことが多いこと自体は誰も否定できまい。ネアンデルタール人の脱絶滅がわくわくするのは、スヴァンテ・ペーボが書いているように、歴史のなかでもきわめて根源的な問いに、それまで不可能だった洞察の機会を得られるからだ。「ある種類の人類が登場して、地球全体に広がり、ほかの人類をすべて駆逐して、自分たちはどんどん増えていって生物圏の大半に影響を及ぼすまでになったのは、いったいなぜか[9]」

700年前に消滅した民族が教えてくれること

2014年夏、『サイエンス』誌はドーセット人から採取した古いDNAサンプル169件の遺伝子分析の結果を公表した。

ドーセット人は、700年前に世界から消滅した北極圏の民族だ。カナダ東部とグリーンランドでセイウチやアザラシの猟で生計を立て、シャーマン文化を信奉していたパレオ・エスキモーだった。ドーセット人に何が起こったのか誰も正確には知らない。ほかの北極圏先住民族に同化したのか、それとも死にたえてしまったのか。そこに、今は遺伝子が重要な手がかりを提供してくれる。ドーセットのDNAサンプルで、彼らは4000年にわたり孤立した状態で暮らしていたが、わずか数十年で絶滅したことが判明した。おそらく、近親交配や彼らの資源に影響を及ぼした気候変動によって弱体化したことが原因だ。

ネアンデルタール人のような種の絶滅は、地質学的に大昔の話と思うかもしれないが、20世紀や21世紀にも例はある。2010年には、インドでボー族という古くからの種族の最後の生き残りが死亡した。この種族は、インド東部のアンダマン諸島に6万5000年にわたって住んでいて、先史時代の人間と接触した経験がある、現代人に同化していない最後の種族だと考えられていた。ドーセット人やボー族のように本当に絶滅した例では、彼らがもっていた言葉や世界のとらえかたがそっくり消滅した。

人新世はもっぱら物理的な世界に人間が及ぼす影響によって定義されるが、近代化とグローバリゼーションが世界じゅうのコミュニティを一掃し、一変させるので、非生物的である思想や言語にも影響が出る。近代化は、ある種の異文化同化の渦で、動物でも人間でも、その「存在」を消滅させる。面白いことに、わたしや本書を読んでくださっている読者の大半にも当てはまるだろうが、現代の考えかたは歴史よりも優れているし、歴史のなかで中心的な位置を占めているというのが前提条件であるため、世界にはほかにも異なる存在様式があること、世界について考えるときにほかの方法があることを完全には理解できない。

自然という概念の歴史は、この事実に向ける興味深いレンズとなる。先史時代の民族は、自然に対してどのような思いを抱き、種とどのように関わっていたのか。これに思いを馳せるのは、わたしたちにはとてつもなく難しい。アメリカの哲学者マックス・エルシュレーガーによれば、近代性――ルネッサンスから現代に至る歴史であり、自然と時代を科学、資本主義、ユダヤ・キリスト教文明の視点によって定義していた――が、自然の先史時代の経験を探究しようとするわたしたちの能力の枷になっていた。

だが、十中八九、彼らはそれについて何も考えていなかっただろう。先史時代の人間には、「自然」という概念、自然現象や人間の領域以外の空間という概念がなかった。彼らが世界と築いている関係が二元論的ではなかったのは、ほぼ間違いない。精神的な性質と物理的な性質の境がないため、人間と自然現象の境もない。これらはひと続きだった。

旧石器時代の精神は何にも媒介されず、言語や文化がない状態の意識だった、とエルシュレーガーは述べる。代表作『自然という概念（*The Idea of Wilderness*）』で彼は、先史時代の人間はおそらく「文化の内省的意識が欠如していた。文化とは本能的な行動様式や自然な行動様式ではなく、人間が創始して維持している行動様式だ、と概念としてきちんと理解していなかったのだ。自分たちは動植物や川と森と一体だと、大きなすべてを包みこむ存在（わたしたちはこれを自然のプロセスや野生と呼ぶ）と一体だと、彼らは思っていた」と書いている。[10] 農業革命が始まると、自然とは、人間の生存にとって敵、人間の生存のために戦い、支配すべき対象となった。自然はわたしたちの外側の場所となり、不毛の地、荒れ地、奥地と同義になった。

文明人は、先史時代の人間は理想郷を強く求めていると決めつけて疑わない。理想郷とは、先史時代の人間が移動することも飢えることもなく、気ままな暮らしが送れる贅沢な楽園だ。理想郷は現代世界のカテゴリーと価値観――そう、現代の精神の心理的なプロファイルだ――が絶対条件という前提なので、この議論は脱構築を招く。現代の視点だと、二項対立（批判されても、また経験をもってしても、もちこたえられない）は、太古の文化と現代の文化のあいだに登場し、いわゆる原始人は土地や動物の支配権を、広くは自然の支配権を握りたがっているという言い分の根拠になっている。だが、全部とは言わないまでも、ほとんどの証拠がその解釈を否定しており、旧石器時代の人間は逃げ場としての自然という概念も、追いもとめる対象としての文明という概念もなかったと示している。自分たちの分類方法を用いることをいったんやめてようやく、わたしたちは旧石器時代の人間の心が理解できる。旧石器時代の人間は、人類として成人段階にいるわたしたちに比べたら子どもでしかないという見方は疑わしい。現代人の心は人類の知性が蓄積された産物だという考えも同様だ。

現代の生きかたが客観的に見て優れているという自分たちの頑《かたく》なな信念が、わたしたちに偏見を抱かせる。ネアンデルタール人が自分たちと同じような技術を発達させることがなかったのは、彼らが30万年にわたって維持できる生活様式を見つけたからではなく、知性が欠けていたからだ、とわたしたちが思いこんでいるのも、この信念が原因だろう。現代主義者は、自分たち以外の望ましい人類の存在も定義も想像できない、とエルシュレーガーは論破する。先史時代の人間や原住民のことを過酷な環境にさらされて貧困から抜けだせないのだと見なし、現代人の精神は支配欲というよりは適応面での優越性から生まれたとわたしたちは考えてしまう。

「野生の思考」から見える問題の本質

この現代の優越性に対して真っ向から異議を申したてた人物が、フランスの人類学者クロード・レヴィ＝ストロースだった。原住民は概して原始的だと依然として考えられていた時代の著作『野生の思考』（大橋保夫訳、みすず書房、１９７６年）で、レヴィ＝ストロースは、彼らが実は豊穣で、複雑で、洗練された自然に関する知識体系を有していた証拠を多数提示した。レヴィ＝ストロースにとって、原住民が系統立った観察、そして仮説の検証を長い年月をかけて行ってきたことによって、さまざまな原住民文化が優れた分類システムと分類学を発達させたのは明白だった。原住民は、植物と動物を役に立つから知っているのではなく、原住民が植物と動物についての知識をもっているからこそ、それが彼らにとって有用で興味深いものとなっているのだ、とレヴィ＝ストロースは訴えた。

レヴィ＝ストロースによれば、フィリピンのピグミー族は、４５０種類の植物、75種類の鳥、20種のアリ、そしてヘビ、魚、昆虫はほぼすべて、やすやすと言いあてることができた。フィリピンのピナツボ火山には、名前がつけられた植物が600種類以上ある。
「数千人いるコアウィルテカ先住民が、カリフォルニア南部の砂漠地域の天然資源を使いはたすことはけっしてなかった。現在その地域に住んでいる白人だと数家族しか生活できない量だ」とレヴィ＝ストロースは書いている。「コアウィルテカ先住民は、豊穣の地に暮らしていた。不毛な土地のように見えるが、彼らが知悉していた食用植物は60種類以上、麻薬植物、刺激剤となる植物、薬用植物は28種類あった……」。アメリカ先住民のホピ族は350種類以上、ナヴァホ族は500種類以上の植物を見わけられた。

フランスの民族植物学者はガボンで、隣あっている5つほどの部族から、8000件の植物用語を集めてリストを作成した。この知識は、必ずしも植物専門の人間だけのものではない。成長するにつれて子どももこれらを覚え、その知識が部族全体の所有物となって何世代も受けつがれる。ある民族や種族が絶滅すると、この類いの自然に関する詳しい知識、世界との関係も一緒に消滅する。種が絶滅しても同じことが起こる。

レヴィ＝ストロースは『野生の思考』を1962年に上梓した。だが、それからずいぶん経ったにもかかわらず、「これまでの科学的・技術的功績をもってしても、近代性は進化や文化の進歩の証では必ずしもない」という考えかたに、わたしたちは与《くみ》しない。今あるものの品質や技術が充実したのに、わたしたちが先人たちと比べて、自然に対する理解が深いかどうかといえば、そんなことはない。だが決定的な違いは、その理解のしかただ。21世紀の生態系の問題は、こうした実態を明るみに出したのだ。わたしたちの生活は、ほんの100年前と比べても、自然界から最も隔離されている状態となっている。

地球はかつてわたしたちの歴史、生活の起源であり、生存の源だったが、今や抽象的な概念、わたしたちの日常体験の背景になった。現在、54パーセントの人間は都市部に居住している。世界保健機関によれば、1960年代から3割以上も増えたという。現在、身の回りの動植物に詳しいと自信をもって言える人間はどれくらいいるだろうか。おそらくこれが、種の消失の物語にわたしたちが一瞬しか関心を示さない最たる理由だろう。その価値が、わたしたちには抽象的なのだ。心から気にかけていると主張する人々にしても、種の存在が日々の経験や要求に結びついていることはあるまい。

現代人と自然との関係は、農業革命と一緒に登場した有神論者の世界観に端を発している。神は人類のために地球を創造したのであり、神の僕《しもべ》としてのわたしたちの仕事は、新しいエルサレムの建設、「第二の創造」だ。21世紀には、わたしたちの圧倒的多数が、この信心深さを捨てて、科学主義を信じる世俗的な世界観をもつようになった。だが科学は、わたしたちが自然はどのように作用するのか理解しようとしているときでさえ、わたしたちを自然と距離を置いた観察者という立場にしたててしまうことで、自然と人間とのあいだに入った亀裂を決定的にする。現代の自然保護主義者の多くは、人間と自然の断絶を修復しようとして、大昔に失われた地球との絆を取りもどす新しい生態系の世界観を提唱した。だが、この訴えは、善意から出たものだとしても、やはり根本的にデカルト主義で、自然とは環境であり、人間とは違うものと考える近代精神の一部だ、とエルシユレーガーは反論する。

そこでわたしはこう考えるようになった。自然に関するわたしたちの概念が、現在の生態系の危機の多種多様な根っこの一部だとすれば、哲学が新しい概念を見つけるのを助けてくれるだろうか。ホームズ・ロールストン3世が言ったように、種とは何かという問いは生物学者が答えるべき科学的な問いだが、種に対するわたしたちの義務とは何かという問いは、哲学者が答えるべき倫理的な問いだからだ。

わたしたちは「種」をどう扱えばいいのか?

絶滅の危機に瀕している種のことを知れば知るほど、現在進行中の絶滅という現象を理解することが難しくなる。カエルにせよ、カラスにせよ、サイにせよ、どれもほかに例がなく、複雑で、特定の背景と関わっていて、てっとり早い解決策がない。これらの種を絶滅に追いやった原因の一部は文化的要因だ。政治的、経済的、生物学的な原因もある。たいていは、これらの原因が混じりあい、種と「種をどう救うか」という問題が直面している難題になっている。

「6度目の大絶滅」という表現も、わたしがこの問題を追いかけはじめたときに比べると、いっそう納得がいかない。曖昧でざっくりしすぎている。じっくり検討するためにこの表現を定義しようと狙いを定めても、液体の入ったおもちゃのヘビのように、手から滑って押さえつけておけない感じだ。だがある日、ついに問題のありかがわかった。わたしはずっと「ハイパーオブジェクト」をつかもうとしていたのだ。

ハイパーオブジェクトはあまりに巨大な時間次元・空間次元で、物体《オブジェクト》とは何かという今までの定義のどれにも当てはまらない。非局所的で壮大で、人間では複数の世代に、もっといえば数十億年に及ぶ。はるか遠くの未来まで続いているので、あなたはその末端を見られないし、そもそも実際にそれを「見る」こともできない。わたしたちはある時点でのその側面を目撃するだけだ。地球温暖化はハイパーオブジェクトだ。核放射もエヴァーグレイズ国立公園の生態系もそうだ。進化もハイパーオブジェクトだ。天候も海洋もタイセイヨウセミクジラもそうだ。

ハイパーオブジェクトの特徴のひとつは、異なる部品の相関性だ。これら部品のデータが集まれば集まるほど、全容はわかりにくくなる。だから、大勢の科学者がタイセイヨウセミクジラを理解しようと何十年も消耗しているのだろう。彼らは依然として問うべき新たな質問を次々と見つけているだけだ。

ハイパーオブジェクトの概念は、近年主要メディアによく登場する。たいていは気候変動関係だ。2014年、ハイパーオブジェクトは『ヴォーグ』誌の「今知っておくべき文化のキーワード10」の第1位だった。この概念の発祥がぼんやりとした哲学運動であることを考えると、驚きを禁じ得ない。この言葉は2010年にティモシー・モートンが言いだした。モートンはライス大学の英文学科教授で、哲学、文化、歴史に関する彼の文章は知的興奮を誘う。

2013年、モートンは『ハイパーオブジェクツ――世界終焉後の哲学と生態学（*Hyperobjects: Philosophy and Ecology After the End of the World*）』という本を出した。難解で、学校で哲学を教わっていない人間にとってはときにまごつく内容だ。だがこの本は、わたしたちの現在のありようについて、奇妙ではあるが、多くの人にとってなじみのある驚くべき現実を伝えている。モートンによれば、わたしたちは生態系危機の時代に生きている。そして、この危機によって、ハイパーオブジェクトという現実が明らかになった。地球温暖化や6度目の大絶滅など、ハイパーオブジェクトの一部が、わたしたちの政治能力、知的能力、倫理能力を試しているのだとしても、それが現実なのだ。

この本が出てから1年後、この新しい概念が熱烈に歓迎されているのは、自分たちが経験している現象を表現する言葉がようやく見つかったとみんな安堵しているからではないか、とモートンに訊いてみた。「名前があれば人々が対処するときに役立つ」と彼は認めた。「これはすごく直観的だ。ハイパーオブジェクトは、感じたり触ったりできないけれど、現実だ。ただのデータじゃない。絶滅は見たり触ったりできないけれど、現実だ」。難しいのは、ハイパーオブジェクトはあまりに大きくて複雑なので、わたしたちの頭できちんと理解できないことだ。ハイパーオブジェクトは突然出現したわけではない。一部はずっと前から存在していた。昔と違うのは、今はそれを理解する科学的なツールを人間が獲得したことだ。

モートンの作品は、オブジェクト指向存在論と呼ばれる学派に属している影響が大きい。彼はこの学派の創始者ではないが、熱心な擁護者だ。オブジェクト指向存在論運動が正式に始まったのは2010年、アトランタのジョージア工科大学のシンポジウムだった。そこには、アメリカン大学カイロ校の教授で哲学者のグレアム・ハーマンも出席していた。その10年ほど前に、オブジェクト指向哲学という表現を最初に使った人物だ。

ハーマンによれば、オブジェクト指向存在論の信奉者には、次のふたつの主張が当てはまる。

まず彼らは、ハーマンが言う「異なる尺度の実体」は、宇宙の本源的な事物だと思っている。「異なる尺度の実体」とは物体やオブジェクトの別の言い方にすぎない。存在するものすべてを指している。クオーク、石、木、シロクマ、星、鉛筆、コーラのびん、コンピュータ。

次に彼らは、「これらの実体は、そのつながりのどれかによって、もしくは考えられ得るつながりすべての集合体によってでさえも、けっして使いはたされることはない」と信じているはずだ。このふたつめのオブジェクト指向存在論の教義でハーマンが何を言おうとしているのか理解するには、過去200年の哲学について多少の知識が必要だ。彼の説明では、ドイツの哲学者イマヌエル・カントが、感性と悟性を通じてでしか人間はものごとを経験できない――けっして直接は経験できない――と断言して以来、哲学者は、世界は人間がアクセスできる限りにおいて現実という考えにとりつかれていた。

ところが、オブジェクト指向存在論は、人間がアクセスできようとできなかろうと、オブジェクトは現実だという。オブジェクトは人間との関係性において存在するが、ほかのオブジェクトとの関係性においても存在している。ハーマンはインタビューでこう表現した。「木そのものは、わたしたちと切り離されている。わたしたち人間がとりわけ悲しい有限の存在だからではなく、わたしたち自身がそもそもオブジェクトだからだ。風が木に直接触れる度合いは、わたしが木に触れる度合いと変わらない[11]」

オブジェクト指向存在論が言いたいのは、森の中で木が倒れたら、誰かがそれを見ていようといなかろうと、木は実際に倒れたということだろう、とわたしなりに理解するようになった。モートンの説明によれば、あなたが地球温暖化（これもオブジェクトの一種）を信じていようといなかろうと、海面上昇は実際に起こっている。

わたしが面白いと思ったのは、現代の自然論を批判するための、そして人間中心ではない強力な視点を示唆するための新しいパラダイムの可能性を検討するにあたって、どのように哲学者がオブジェクト指向存在論のアイデアを活かそうとしているか、だ。その大半は、人間と自然との分断という考えを捨てるというものだった。グレアム・ハーマンはいくつかのインタビューで、ブルーノ・ラトゥールの作品を例に挙げている。ラトゥールはフランスの哲学者で、人類がこれまで自然と分かれた領域にいたためしなどないのだから、人新世とは自然が文化に包含されたという意味ではないと訴えた。わたしたちは、他のオブジェクトと関係しているオブジェクトの例にすぎない。どの存在も、現実かどうかは、それ以外の存在と同じだ。

自然なき生態系へ

人間中心ではない領域への新たな関心は、他の学問領域でも窺える。ウィスコンシン大学ミルウォーキー校のニューメディア研究者で、『人間以外の番だ（*The Nonhuman Turn*）』という２０１５年刊行の本の編者であるリチャード・グルーシンは、こう書いた。

21世紀になって直面している主な問題のほぼ全部に、人間以外（気候変動や干ばつに飢饉、バイオテクノロジーや知的財産権にプライバシー、虐殺やテロに戦争）の要素が絡んでいることを考えると、一般的に理解されている人間以外の対象に、未来への関心と資源とエネルギーを向けるのは、現在をおいてほかにないように思われる。人新世という新しいパラダイム（人間を、産業主義以降に気候に支配力を振るっている存在だとしている）でさえ、人間は、今やその意志、信念、欲望とは無関係に、人間以外の要因とまったく同様に、地球における気候学的な力や地理的な力と見なされるべきという認識において、「人間以外の番」という見方の片棒を担いでいる。(12)

モートンにとって、オブジェクト指向存在論は、数千年間にもわたる人間の自然界の支配を定義し、人間以外の実体の価値を貶めていた自然というものの考えを一掃する。彼はこう表現する。「わたしたちが『そっち側の』オブジェクトとしての『母なる自然』を見る行為からどうすれば移れるのだろう。どうすれば、結局は同じことを……『クールで』洗練された方法で進めているにすぎない『改良最新版』を避けられるだろう。すべてがつながっていると悟れば、母なる自然と呼ばれている『そっち側の』単独で物理的に現存するものにしがみついていられない」

人間と自然は別々だという考えかたは、現代の環境主義の言語にもしばしば顔を出す。ビル・マッキベンは『自然の終焉』（鈴木主税訳、河出書房新社、1990年）で「概念や関係も、動物や植物とまったく同じように絶滅することがある。この場合の概念はいわゆる『自然』、隔てられた手つかずの自然、適応はしたが人間とは別世界、その規則にのっとって人間が生まれては死んでいく世界のことだ」と書いている。(13) この意味で、モートンは「自然の終焉」を手放しで歓迎する。彼は自然なき生態系、手つかずの自然など存在せず、あるのは歴史だけとわたしたちが認識する未来を求めている。

自然なき生態系では、わたしたち人間は、存在という会員制組織の入り口に立って中に入っていいものといけないもの、価値があるものとないもの、権利があるものとないものを決める用心棒ではもはやない。「母なる自然とは人間の構成概念で、現実とは何の関係もない」とモートンはわたしに話した。「その起源は中世にまでさかのぼる思考の構成概念だ。それも自然と文化、現代《モダン》の人間とポストモダンの人間を分ける偽の二元法を生みだす有毒な思考の構成概念というだけではない……母なる自然とは、問題を抱える現実の自然だ。そうなってしまったのも、わたしたちが人間以外のものと社会的な空間の境界を定め、実際に地球を破壊したからだ」

わたしはモートンに、自然なき生態系は、人新世における人間工学について考える枠組みと、それが自然か人工的か考える枠組みを提供しているだろうか、と訊いた。すると、「問題を見るのも解決するのも、どちらもその問題の一部だ」という答えが返ってきた。「自然なき生態系では、何でも自然だから好きなことをしていいとか、何でも人工的だからけっして好きなことをしてはならないというふうに問題を考えるのではなく、人間は極端に躊躇している状態だ。よく考えるまでやめておこう。できるだけ多くの生命体に優しい生合成活動を行う方法を見つけよう。ことを急ぐのはやめよう。そしてできれば、地球工学なんぞやめようじゃないか」

現代の環境倫理の目標は、もっと自然について心を配るように人間をしむけることでは断じてない。これは自然保護主義者が、大声で叫べば事態はもっと注目される、もしくはもっと簡単になると思って陥る罠だ。「わたしたちは、森に内在的価値があると証明しようとするのをやめた」と彼は言う。「そのかわりにこう問う。あなたは森が好きですか。森の虜になって、魅了されましたか」

オブジェクト指向存在論は、西洋哲学を進歩させようと努力している哲学者の集団の一派だ。環境政策を考えるのに、はたしてこれが適切か、ましてや適切になる日がいつか来るのかは疑わしい。とはいえ、私見ではあるが、この考えかたの価値のリトマス試験紙となるのが、種について考える際の新しい方法を醸成する可能性だと思う。オブジェクト指向存在論は、種を自律的に存在するオブジェクトと考えよ、とわたしたちに要求するだけでなく、わたしたちが種を体験するのと同じように種もわたしたちを体験するオブジェクトなのだと考えよ、とわたしたちに挑む。そのためには、わたしたちがこの現実を受けいれるだけでなく、種とどう相互作用するか深く考えなければならない。

オブジェクト指向存在論者のなかには、作家で学者のイアン・ボゴストのように、一歩進んで「異邦の現象学」に関与し、どんなに行為が不可解だろうと、思索的だろうと、オブジェクトの経験と内面性を理解しようとすべきと提案する者もいる。カルーサハチ川を泳いで渡るフロリダパンサーになるのはどんな気分だろう。餌を探すタイセイヨウセミクジラになるのは？　キタシロサイの最後の1頭になるのは？　こんなことに思いをめぐらせているうちに湧きあがる驚きこそが、世界の種を尊敬し、思いやる土台となるのかもしれない。

おわりに
――「復活の科学」は人類に何をもたらすのか？

北極圏でノルウェーの北端沿岸部から960キロメートルばかり北上したところに、スヴァールバル諸島という氷と土でできた群島がある。2007年から、ノルウェー政府はスヴァールバルをユネスコの世界遺産にすべく尽力している。彼らは、スヴァールバルこそが、世界で最も管理がゆきとどき、変化を被らずにいる正真正銘の自然の例だと自画自賛する。

この諸島で唯一の有人島にして最大の島がスピッツベルゲン島だ。「例のもの」はそこにある。空港からそう遠くないところに、2008年にノルウェー政府が永久凍土をぶち抜いて3つの部屋をつくった。スヴァールバル世界種子貯蔵庫という地下貯蔵庫だ。世界の農業の遺伝的多様性を代表する種子を何百万粒も保存する。ノルウェー農業食料省によれば、最近スヴァールバルに送付された種子は、大麦575種類、小麦5964種類、テキサス州南部在来種の赤オクラの種子だった。

スピッツベルゲン島の種子貯蔵庫は、現代の生物多様性を冷凍保存する多数の倉庫のひとつにすぎないが、その場所がユニークだ。何世代にもわたって、ノルウェー人はスヴァールバル諸島のことを「地球の果て《アルティマ・トゥーリ》」と呼んできた。この地に、わたしたちはすべての人間の希望を託している。そして、こう願わずにはいられない。わたしたちが環境に与えた負荷の重さのせいで、この地にまで影響が及んだということにならないように、と。

地球の果ての世界種子貯蔵庫《アルティマ・トゥーリ》

わたしはスヴァールバルに行ったことはないが、世界種子貯蔵庫の話を読んだときに、この地のことを知っているのを思いだした。前に『極夜の女（*A Woman in the Polar Night*）』というほとんど知られていない作品を読んだことがあったのだ。

この短編は最初はドイツ語で１９３８年に発表され、その後7か国語に翻訳された。英語版は１９５４年に刊行された。だが、北極圏の旅と探検というジャンルでも、ドイツ以外ではそれほど話題にならなかった。ところが、２０１０年にアラスカ大学出版局とカナダの出版社であるグレイストーン・ブックスが、共同で50年ぶりに英語版を出版した。これは１０００部ほど売れた。わたしも購入したひとりだ。書店で見つけて1冊購入した。『極夜の女』は知名度が低いために、その素晴らしい魅力がじゅうぶんに伝わっていない。この作品は、オーストリア人の画家で妻で母親であるクリスティアーネ・リッターがスヴァールバルで過ごした1年間を描写している。この地で、人里離れた北極圏の自然と触れあった彼女は次第に変化してゆき、「空間の意識」を見いだすに至った。(1)

スヴァールバルに行ったとき、リッターは36歳だった。夫は数年前にヨーロッパの生活をなげうって、猟師兼罠猟師として一足先にスヴァールバルで暮らしていた。彼は、船上で働いていた１９

13年に初めて触れた北極の孤独と美しさに魅了された。彼はオーストリアの妻に手紙を送り、「海と氷の上を進む旅について、動物と素晴らしい自然について、遠く離れた極夜の地で自分の身体が照らされる不思議な状態について(2)」語った。冬季には、太陽は4か月以上姿を見せず、嵐が島々を襲う。会いに来ないか、と夫は妻を誘った。「ここから100キロくらい先の沿岸北東部の端に猟師が住んでいるから、そんなに寂しくならないと思う。彼は年老いたスウェーデン人だ。春になって太陽が再び顔を出して、海とフィヨルドの氷が解けたら、一緒に彼を訪ねよう(3)」。夫の手紙に心を動かされ、「大部な本を人里離れた静かな土地で読み、そして何といっても好きなだけ寝る(4)」つもりで、リッターは夫のもとに行くことにした。

20世紀初めは、自然は女性を受けいれないというのが社会通念だった。北極圏はとくにそうで、極端な気候が女性にとって肉体的にも精神的にもきつすぎると考えられていた。1838年までスヴァールバルに女性が足を踏みいれたことがないというのが一般的な理解で、リッターが移住するまで、スヴァールバルに永住した、もしくは冬のあいだ滞在した女性はいなかった。

リッターは船で1934年7月に到着した。1年のうち、太陽がけっして沈まない時期だ。辺り一帯は薄明かり、水、霧、雨の世界だった。太古の昔、スヴァールバルは赤道の南に位置していたが、大陸移動で北へ北へと押しあげられた。約6000万年前に現在のノルウェー南部の緯度に到達したときは湿地だった。氷河期が数百万年前に始まると、スヴァールバルは現在のような外見になりはじめた。アイルランドくらいの面積で、世界の北端にある陸塊のひとつだ。西には高山がそびえ、群島のほかの島は平坦な湿原、ツンドラ、峡谷、フィヨルド、氷河、氷堆石、そして古代の岩層からなっていた。数十億年前の鉱物を含んでいる岩層もある。

リッターが1年間暮らした家はこぢんまりした小屋で、煤を吐きだす暖房用のストーブがあり、堤防が築かれた海に向かう岬の上に建っていた。「死と腐敗の荒涼とした光景」[5]を織りなす石や動物の骨が小屋をとりまいていた。最初のうち、リッターは殺伐とした環境、日課がない状態を乗りこえられる気がしなかった。「ある1日は次の1日へと溶けていくので、これが今日の終わりなのか、明日なのか、昨日だったのかわからなくなる。いつも明るくて、海はいつもざわめいていて、霧は小屋をめぐる壁になって頑として動かない。わたしたちは空腹になったら食べる。疲れたら寝る」[6]

日課や時計がないという環境が、リッターを前の生活から少しずつ解きはなち、変化しつづける周辺環境に適応した精神状態へと誘《いざな》った。スヴァールバルの自然は手つかずではなかった。１６９９年から１７７８年のあいだに、オランダ人の捕鯨業者によって８５００頭のクジラが殺された。19世紀には、ホッキョククジラが乱獲されて絶滅寸前に追いこまれた。残ったのはごく少数のナガスクジラ、シロイルカ、シャチだけだった。セイウチの個体群はほぼ完全に消滅した。だが、遠く離れた苛酷な環境だからこそ、何年とはいわないまでも、何か月もほかの人間や文明と没交渉でいられる土地だった。

リッターは太陽が消えた10月のある1日を描写した。太陽はそれから１３２日間姿を見せなかった。闇の始まりは人間の気分を決定的に変える、とリッターは書いた。「現象としての世界という現実が消滅し、人間は日課、外界からの刺激を緩やかにすべて失ってゆく」[7]

数週間後、嵐が猛威を振るっていたが、夫は猟に出て不在で、彼女は小屋に独りきりだった。強風が吹きすさび、幅9メートルもの雪のフェンスができて玄関が埋もれてしまった。ランプ用の灯油が切れ、リッターは暗闇に取り残された。嵐の音はあまりに大きく、耳をつんざく轟音だった。それでも、凍死しないよう火を熾すために、外に出て石炭を取ってこなければならない。彼女は雪をかきわけ、漆黒の闇のなかに吹きとばされないよう地べたを這うように進み、石炭を手にして小屋に戻った。

嵐が吹きあれた9日9晩、リッターはこの作業を繰り返した。「しばらくすると両手が震えだした」と彼女は書いている。[8]「小屋の周りを這うようにそろそろと進み、無駄な動きを省き、時間をかけて作業をすべてすませている自分がいた。まるで、外で怒りくるっている神の逆鱗に触れるべからずとでもいうように」

嵐が去るとリッターは別人になっていた。謙虚で、世界に畏怖の念を抱いている。彼女はスキーを持って静謐《せいひつ》な銀世界に出た。

感覚では理解できないが、世界平和の力がわたしを支配する。わたしはちっぽけな存在で、すでにそこにはいないが、無限の空間がわたしを貫いてふくれあがり、海のうねりがわたしという存在を通りすぎていき、かつて個人の意志だったものは、屹立する崖に当たった小さな雲のように消滅する。わたしは、自分をとりまく深い孤独感を意識している。わたしのようなものは何も存在せず、わたしが自己意識を保てそうな側面をもつ生物もない。このあまりに強大な自然のなかで、わたしという存在の限界は消失し、初めて、交流という神の贈り物を感じる。[9]

リッターはこの本で、「聖書の世紀に、人類が砂漠に撤退したように、再び真実を見いだすために[10]」人類はあと数百年もすれば北極圏に行くようになると予想した。真実とは、自然環境における人類発祥という事実であり、存在という強烈な謎によって人間の規模が無になる場所に戻りたいというわたしたちの「どんな理性や記憶よりも強い[11]」憧れだ。わたしたちの意識がじわじわと無限の空間に浸透していくことが、究極的にはわたしたちの救済になる、とリッターは言う。人間の理性を大局的にとらえられるようになる。

彼女の本は、自然と比べたら人間なんてちっぽけな存在だ、ということを喚起させるイメージに満ちている。「小さな石炭[12]」並みの人間対数々の強大な現象という構図で、それらの現象を理解するためにわたしたちが頭と心を精一杯広げているイメージだ。スヴァールバルは、「人間の大きさと永遠の真実のあいだに横たわる計りしれない深い溝[13]」を目撃できると、リッターが教えてくれる場所だ。

〝自然〟の消滅でわたしたちが実際に失うものとは？

だが、さすがのリッターも、その後数十年で、気候変動というかたちで人間が北極圏に及ぼした影響は予測できなかっただろう。また、この世の終わりに備えたスヴァールバルの種子貯蔵庫について、彼女がどう思ったかは推測するしかない。リッターは2000年に103歳で亡くなった。
つい最近まで、スヴァールバルは、北極圏のほかの地域が大きな影響を受けた大規模な気候変動の被害から免れていたように見える。近年の気候変動のせいで夏になると氷床面が97パーセントも解けたお隣のグリーンランドと違い、『ジャーナル・オヴ・ユーロピアン・ジオサイエンシズ・ユニオン』誌の報告によれば、スヴァールバルの気候が1970年代から2012年まで島の表面融解に拍車をかけたということはなかった。[14]だが、これは気候変動の気まぐれのなせるわざかもしれない。この時期に大気循環に変化があり、夏季に北風が島全体に吹いて、気温を抑える働きをした。
ところが、2013年になると状況が一変した。南風が島全体に吹き、史上最高の表面融解を記録した。スヴァールバルで変化が傍若無人に作用している証拠はこれだけではない。バレンツ海から西では巨大な植物プランクトンブルームが秋に出現するようになった。積氷ができるのに以前よりも時間がかかり、太陽光によって海水の温度が上がるからだ。ノルウェー極地研究所の研究者は、ホッキョクグマの行動が変わってきたことに気づいている。1980年代に彼らは、出産のためにスヴァールバル諸島の東にあるコング島まで移動する雌のホッキョクグマを数えはじめた。1980年代半ばには50頭いた。それが2009年は25頭に減り、2012年にはついに5頭になった。「海氷の面積と雌が冬眠する地域に到達する確率は明らかに関連していると見ています」と、研究者ヨン・オースはノルウェー最大の新聞『アフテンポステン』に語った。[15]
わたしもいつか「空間の意識」とリッターが語ったものを体験するために、そして願わくはリッターが見つけた真実の一端を探りに、スヴァールバルを訪れたい。彼女が初めてかの地に上陸したときよりも、真実が複雑になっているのは誰も否定できまい。それには、この世の終わりに備えた種子貯蔵庫と、消滅する動物が同時に関与している。これは、あるひとつの種の物語だ。この種はものすごいスピードで増殖して賢くなったために、好むと好まざるとにかかわらず、自分たちをこの世に送りだした進化のプロセスに影響を与え、究極的にほかの種の運命まで握るようになった。

科学技術は、人間のちっぽけさと永遠の真実のあいだの溝が埋まったかのような錯覚をわたしたちに抱かせる。わたしたちはゲノムを観察し、宇宙の端っこのビッグバンの始まりを特定し、グーグルアースでグランドキャニオンを移動《スクロール》し、動物のクローンを作成することができる。わたしもリッターが暮らしていた小屋のヴァーチャル・ツアーに参加できた。だが、宇宙に対して神話に登場する神のような視点をもったからといって、現代社会に暮らすわたしたちの大半は、文明から離れたらどうやって生きていけばいいのか、わからない。北極圏の夜にたったひとりで直接自然の力と向きあったら、どれくらいすぐに原始的なものへ畏怖の念を再び抱くようになるだろう。その土地とそこに棲む生物、その土地がわたしたちを変える力を救うために、何をすべきなのだろう。

近年、専門家は人新世という画期的な時代が到来したとわたしたちに言いつづけている。気候変動の結果、わたしたちが自然に振るう影響が蔓延し、自然環境そのものが消滅してしまった。地球の陸地の3分の2は人間の活動を支えるために利用されている。野生生物生態学の創始者アルド・レオポルドでさえ、１９３３年にはすでにこの事態を予期し、人間が自然を占有する影響を抑制するのは手遅れだと見ぬいていた。「この国に生息している野生動物は、その生存が経済力次第だという点において、すでに人工的になっている……未来への希望は、人間の占有の影響を抑制することではなく——これはもう手遅れだ——その影響の範囲と、統治する新しい倫理を理解する空気を醸成することにかかっている」[16]

保全の未来では、自然をさらに管理することが求められるのか、または種を堂々と操作するのか、脱絶滅させることになるのか。わたしは、これは人類が野生の地や事物を地球上から消滅させてしまう前にじっくり考えるに値する問いだと思う。人類が支配する風景と気候工学の未来で、わたしたちが実際に失うであろうものは「謙虚さ」だ。わたしたちはいずれ死ぬ、という大事なことを思いださせてくれる能力だ。人間の影響が及ばずに独立している自然と生物が希少になっているが、わたしたち人間は、進化が蓄積した産物ではなく、スティーヴン・ジェイ・グールドが言うような運のいい副産物だったという圧倒的な証拠も希少になってきている。

人間が輝かしい未来を気候工学で創造しようとしていることに大喜びするのではなく、ことさら慎重にならなければならない重要な理由はほかにもある。自然を支配しようとすればするほど、地球上の生物のしくみが驚くほど複雑に互いにつながっていることがわかる。わたしたちは、自分たちが意図せず引きおこすさまざまな結末を予測できないし、自然災害、病気、生態系の消失、さらなる絶滅といった極端な力を発揮するなどもってのほかだ。

最終的に、リスクを正当化するだけの明確で説得力のある倫理的な主張を提示した脱絶滅の例は、ほとんどわたしの耳に入ってきていない。多くは、技術、死にゆく運命、世界の終焉に執着している現代の側面を反映したもののように思える。ときどき、脱絶滅の議論は、進化と絶滅は表裏一体ということを精神的に否定しているのでは、と感じられる。わたしたちが種として生きのびるのを支えるために天然資源を搾取する道を選ぶ以上は、絶滅はわたしたちが進化する代償ということになるのだろう。

地球上に他の種が生きていく余地をわたしたちがつくらない限り、種がどれだけ復活しようと関係ない。これらの種が生きていく場所は、それほど多く残っていないのだから。

謝辞

まず友人のトム・ドゥ・ゼンゴティタに感謝を捧げたい。そう言ったら、彼は天地がひっくり返るくらい驚くだろう。けれど、彼の出版パーティに出席しなかったら、わたしが大学院に入ることもなかったし、彼が本を書いたらどうかと言って自分のエージェントを紹介してくれなかったら、とてもここまでたどりつけなかった。類いまれなるエージェントのミシェル・テスラーにも心からの感謝を。曖昧模糊としたアイデアを取りあげて、わたしがそれに磨きをかけるのに手を貸してくれただけでなく、熱心に励ましてアイデアに深みを与えてくれた。早くからこれらの物語に可能性を見いだし、思慮深く優れた編集力を発揮し、素晴らしいアイデアと温かさを与えてくれたエリザベス・ディセガードにも、深く感謝している。

本書が完成にこぎつけたのは、アルフレッド・P・スローン財団の「科学技術経済に対する市民理解促進プログラム」、なかでもドロン・ウェーバーの多大なる支援のおかげだ。原稿をきちんとまとめてくれたアラン・ブラッドショー、素晴らしい原稿整理能力と忍耐力を備えているビル・ウォーホップとキャロル・マクギルヴレイ、快く助けの手を差しのべてくれたローラ・アッパーソン、カバーデザインを担当してくれたデイヴィッド・バルデオシン・ロトスタインにもお礼申し上げる。

ジャーナリストは、情報源の人々の専門知識と寛大さがなければ、たいしたことはできない。わたしの場合はとくにそうだ。保全の科学と歴史について学んでいるときに、じゅうぶんな指導と援助を受けた。これほど大勢の優れた人々が科学と保全と倫理の大義のために身を捧げているのには頭が下がる。しつこくつきまとうわたしのために時間を割き、気を遣い、熱心に話をしてくれた次の方々に順不同でお礼申し上げる。ビル・ニューマーク、キム・ハウエル、ジェニー・プラムック、アンディ・オーダム、チャールズ・ムスヤ、チェ・ウェルドン、カート・ブールマン、エリック・カッツ、ブライアン・ノートン、ホームズ・ロールストン3世、ブラッド・ホワイト、フィリップ・ヘドリック、デイヴ・オノラト、ダレル・ランド、ネイト・グレーヴ、ローリー・マクドナルド、スティーヴ・ウィリアムズ、クリス・ベルデン、ロッキー・マクブライド、マイケル・キニソン、クレイグ・ストックウェル、マイク・コリヤー、スコット・キャロル、ジョン・ピッティンジャー、ケヴィン・ライス、マウゴジャータ・オズゴ、マイケル・バーカム、アンドリュー・パーシング、ボブ・ケニー、クレイ・ジョージ、ケイティ・ジャクソン、ブレンナ・マクラウド、トム・ピッチフォード、オリヴァー・ライダー、トレイシー・ヘザリントン、ジャネット・チャーネラ、ジョアンナ・ラディン、ジュリー・ファインスタイン、トム・ヴァン・ドゥーレン、スーザン・エリス、ジーン・ローリング、ジュリアン・ドロー、モハメド・ドヨ、ジョージ・チャーチ、ハンク・グリーリー、ベン・ノヴァク、ギャリー・ランドリー、ジョエル・グリーンバーグ、メティン・エレン、ジョン・ガーストル、ピーター・ホークス、クリス・ウェマー、ブライアン・グラトウィック、ティム・ハーマン、ジム・ヘイン、エド・ライル・ティム・モートン。そしてあえてひとり取りあげるならロイ・マクブライドだ。わたしの狙いに対して複雑な思いを抱きながらも、惜しみなく時間を割き、意見を披露してくれた。同じように素晴らしい話と思いを語ってくれたジョージ・アマートにも深い感謝を。ナイロビ在住のケスとフレイザーのスミス夫妻には温かく広い心でもてなしてもらって、本当に嬉しかった。スミス家のスタッフにもよくしてもらったが、なかでもルーシーは、息子のホアキンにハイハイを教えてくれた。

サンドロ・スティルに負うところも大きい。彼の大学院の授業「アイデアを取りあげる」は、わたしが初めてキハンシヒキガエルについて文章を書いた場所というだけでなく、アイデアは正当なジャーナリズムの範疇に入るとあらためて確認できた場所でもあった。わたしがキャリアを築いていく過程で、彼が友情で支えてくれたのはありがたかった。ブルース・ポーターとビリー・ゴータにもお世話になった。報道の方法についてのわたしの知識、とくに火事、暴動、殺人については、すべてふたりから教わった。インスピレーションの源だったマーラ・ジャクシュ、そしてダルエスサラームであれこれお世話になったワーチーラ・サイード、ムーサ・ビンザーイド・フセイン、ケンとモニカのオコス夫妻、マイカ・フィリフォにどうもありがとう《アサンテ・サナ》。ロス・ロバートソンはユーモアにあふれた長年の友人で、サンタクルーズでもてなしてくれた。勇敢な母親であるローラ・スネルグローヴ、メアリー・ケイト・ワイズ、ジャネル・ウィルソン、アリス・タン、サラ・ルピタ・オリヴァーレス、ジェニー・ボーマン、ありがとう。そして固い絆で結ばれたジャーナリスト仲間のダニー・ゴールド、ニール・ムンシ、メアリー・カダヒ、マット・リジアック、ボブ・マクドナルド、ニコラス・フィリップス、ジアンナ・パーマー、アレックス・ハルパリン、デンヴァー・ニックス、ワルツァー・ジャフ、ビル・ファリントンにも感謝を。かけがえのない話し相手であり、心の支えであるケイトリン・ベル・バーネット、リジア・ナヴァロ、デボラ・ジャン・リー、モーガン・ペック、スーザン・フェレイラにもお礼申し上げる。シャネル・エレインとジリアン・キャンベルのおふたりにも大いに感謝している。ホワイトサンズで長距離運転し、赤ん坊の面倒を見てくれたトム・ピーターとエマ・パイパー＝バーケットのおふたり、ありがとう。アンダーソン一家にはサンタフェでの交流ともてなしにお礼申し上げる。

元気で情熱的なマルコム・ワイヤーがいなかったら、人生はこれほど面白くなかったことだろう。アドバイスと無条件の友情にありがとうと言いたい。アンナ・マリアで執筆のために一度ならず二度までも、わたしにとって第二の自宅というべき場所を提供してくれたボブとジャネットのミラー夫妻にも感謝を。ふたりの尽きない思いやりと励ましはありがたかった。

父のロイ・オコナーは、世界に対して子どものような関心をもちつづけていて、それがこの作品の屋台骨になった。感謝してもしきれない。母のキャサリン・ミラーからは、まばゆいほどの優しさと屋外へと出かけていく情熱を教わった。ロバート・ハインツマンは母を大切にしてくれるだけではなく、本書執筆時に要所要所で応援してくれた。シアトルの家族であるジョージ、マーガレット、モーリーン、スラヤのパーカー一家には温かく迎えてもらって感謝している。そしてダブリン在住の大好きな姉のジェーン・オコナーにありったけの愛情と感謝を。ともにこの立派な家系を絶やさないようにしましょうね。

最後にブライアン・パーカーに誰よりも深い愛情と感謝を捧げたい。その広い心と彼ならではの落ちつきのおかげで、本書が誕生した。ふたり一緒の冒険の旅がいつまでも続きますように。

· West, Paige, *Conservation Is Our Government Now: The Politics of Ecology in Papua New Guinea*, Durham: Duke University Press Books, 2006.

· White, Lynn Jr., "The Historical Roots of Our Ecological Crisis," *Environmental Ethics: Readings in Theory and Application*, Belmont: Wadsworth Company, 1998.

· Wiley, E. O., "The Evolutionary Species Concept Reconsidered," *Systematic Biology*, Vol. 27, No. 1, March 1, 1978, doi:10.2307/2412809.

· Williams, Nigel, "Fears Grow for Amphibians," *Current Biology*, Vol. 14, No. 23, December 14, 2004, doi:10.1016/j.cub.2004.11.016.

· Wynn, Thomas, and Frederick L. Coolidge, *How To Think Like a Neandertal*, New York: Oxford University Press, 2011.

· Young, S. P., and E. A. Goldman, "Puma, Mysterious American Cat: Part I: History, Life Habits, Economic Status, and Control," American Wilderness Institution, Washington DC, 1946.

· Zippel, Kevin, Kevin Johnson, Ron Gagliardo, Richard Gibson, Michael McFadden, Robert Browne, Carlos Martinez, and Elizabeth Townsend, "The Amphibian Ark: A Global Community for Ex Situ Conservation of Amphibians," *Herpetological Conservation and Biology*, Vol. 6, No. 3, December 2011.

- Tuck, Robert A., and Robert Grenier, "A 16th-Century Basque Whaling Station in Labrador," *Scientific American*, Vol. 245, No. 5, 1981.
- Umbreit, Andreas Dr., *Svalbard: Spitzbergen, Jan Mayen, Frank Josef Land*, Fifth edition. Buckinghamshire, UK: Bradt Travel Guides, 2013.
- U.S. Fish and Wildlife Service, *Final Environmental Assessment: Genetic Restoration of the Florida Panther*, Gainesville, Florida, December 20, 1994.
- U.S. Seal and the Workshop Participants, *Genetic Management Strategy and Population Viability of the Florida Panther (Felis Concolor Coryi)*, National Zoological Park, Washington, DC and White Oak Plantation Conservation Center, Yulee, Florida: Captive Breeding Specialist Group SSC/IUCN, May 30, 1991.
- Van de Lavoir, Marie-Cecile, Ellen J. Collarini, Philip A. Leighton, Jeffrey Fesler, Daniel R. Lu, William D. Harriman, T. S. Thiyagasundaram, and Robert J. Etches, "Interspecific Germline Transmission of Cultured Primordial Germ Cells." edited by Osman El-Maarri, *PLoS ONE*, Vol. 7, No. 5, e35664, May 21, 2012, doi:l0.1371/journal.pone.0035664.
- Vander Wal, E., D. Garant, M. Festa-Bianchet, and F. Pelletier, "Evolutionary Rescue in Vertebrates: Evidence, Applications and Uncertainty," *Philosophical Transactions of the Royal Society B: Biological Sciences*, Vol. 368, No. 1610, December 3, 2012, doi:10.1098/rstb.2012.0090.
- Van Dooren, T., *Flight Ways: Life and Loss at the Edge of Extinction*, New York: Columbia University Press, 2014.
- ———, "Authentic Crows: Identity, Captivity and Emergent Forms of Life," *Theory, Culture and Society*, March 12, 2015, http://journals.sagepub.com/doi/abs/10.1177/0263276415571941
- ———, "Banking the Forest: Loss, Hope and Care in Hawaiian Conservation," In *Defrost: New Perspectives on Temperature, Time, and Survival*, edited by Joanna Radin and Emma Kowal, forthcoming.
- Walters, Mark Jerome, *Seeking the Sacred Raven: Politics and Extinction on a Hawaiian Island*, Washington, DC: Island Press, 2006.
- Walton, Murray T., "Rancher Use of Livestock Protection Collars in Texas," In *Proceedings of the Fourteenth Vertebrate Pest Conference 1990*, 80, 1990.
- Weidensaul, Scott, *The Ghost with Trembling Wings: Science, Wishful Thinking and the Search for Lost Species*, New York: North Point Press, 2003.
- Weldon, Ché, "Chytridiomycosis, an Emerging Infectious Disease of Amphibians in South Africa," Thesis, North-West University, 2005, http://dspace.nwu.ac.za/handle/10394/860
- Weldon, Ché, Louis H. du Preez, Alex D. Hyatt, Reinhold Muller, and Rick Speare, "Origin of the Amphibian Chytrid Fungus," *Emerging Infectious Diseases*, Vol. 10, No. 12, December 2004, doi:10.3201/eid1012.030804.

doi:10.1111/eva.12214.

・Stewart, G., K. Mengersen, G. M. Mace, J. A. McNeely, J. Pitchforth, and B. Collen, "To Fund or Not to Fund: Using Bayesian Networks to Make Decisions about Conserving Our World's Endangered Species," *Chance: Magazine of the American Statistical Association*, 2013.

・Stockwell, Craig A., Jeffrey S. Heilveil, and Kevin Purcell, "Estimating Divergence Time for Two Evolutionarily Significant Units of a Protected Fish Species," *Conservation Genetics*, Vol. 14, No. 1, February 2013, doi:10.1007/s10592-013-0447-1.

・Stockwell, Craig A., Andrew P. Hendry, and Michael T. Kinnison, "Contemporary Evolution Meets Conservation Biology," *Trends in Ecology & Evolution*, Vol. 18, No. 2, 2003.

・Stockwell, Craig A., and Paul L. Leberg, "Ecological Genetics and the Translocation of Native Fishes: Emerging Experimental Approaches," *Western North American Naturalist*, Vol. 62, No. 1, 2002.

・Stockwell, Craig A., Margaret Mulvey, and Adam G. Jones, "Genetic Evidence for Two Evolutionarily Significant Units of White Sands Pupfish," *Animal Conservation*, Vol. 1, No. 3, August 1, 1998, doi:10.1111/j.1469-1795.1998.tb00031.x.

・Stockwell, Craig A., and Stephen C. Weeks, "Translocations and Rapid Evolutionary Responses in Recently Established Populations of Western Mosquitofish (Gambusia Affinis)," *Animal Conservation*, Vol. 2, No. 02 (1999): 103-10.

・"Surviving Climate Change May Be Genetic According to Trent University Research," *Trent University*, April 25, 2012, http://www.trentu.ca/newsevents/newsDetail.php?newsID=2485

・Swaisgood, Ronald R., and James K. Sheppard, "The Culture of Conservation Biologists: Show Me the Hope!," *BioScience*, Vol. 60, No. 8, September 1, 2010, doi:10.1525/bio.2010.60.8.8.

・Sylvan (formerly Routley), Richard, "Is There a Need for a New, an Environmental, Ethic?," In *XVth World Congress of Philosophy*, No. 1.Varna, Bulgaria: Sofia Press, 1973.

・Thatcher, Cindy A., Frank T. van Manen, and J. D. Clark, "An Assessment of Habitat North of the Caloosahatchee River for Florida Panthers," University of Tennessee and US Geological Survey, Knoxville, TN. Final Report to US Fish and Wildlife Service, Vero Beach, FL, 2006.

・Thomas, Nilsen, "No Ice－No Cubs," *Barents Observer*, June 27, 2012, http://barentsobserver.com/en/nature/no-ice-no-cubs-27-06

・Tonnesen, Gail, "Description of mtDNA Haplogroup U5," *Family Tree DNA*, July 18, 2014, https://www.familytreedna.ocom/public/u5b/default.aspx?section=results.

・"TRAFFIC-Wildlife Trade News－Pioneering Research Reveals New Insights into the Consumers behind Rhino Poaching," *Traffic: The Wildlife Trade Monitoring Network*, September 17, 2013, http://www.traffic.org/home/2013/9/17/pioneering-research-reveals-new-insights-into-the-consumers.html

・Schorger, A. W., *The Chemistry of Cellulose and Wood*, New York: McGraw-Hill, 1926.
・———, "The Great Wisconsin Passenger Pigeon Nesting of 1871," *The Passenger Pigeon: Monthly Bulletin of the Wisconsin Society of Ornithology*, Vol. 1, No. 1, February 1939.
・———, *The Passenger Pigeon: Its Natural History and Extinction*, Madison: University of Wisconsin Press, 1955.
・Schueler, Donald G., *Incident at Eagle Ranch: Predators as Prey in the American West*, Tucson: University of Arizona Press, 1991.
・Seddon, Philip J., Axel Moehrenschlager, and John Ewen, "Reintroducing Resurrected Species: Selecting DeExtinction Candidates," *Trends in Ecology & Evolution*, Vol. 29, No. 3, March 2014, doi:10.1016/j.tree.2014.01.007.
・Seto, Sonia J., "North Atlantic Right Whale DNA," *Right Whale News*, Vol. 17, No. 4, November 2009.
・Shaffer, Mark L., "Minimum Population Sizes for Species Conservation," *BioScience*, Vol. 31, No. 2, February 1, 1981, doi:10.2307/1308256.
・Simpson, George Gaylord, *Tempo and Mode in Evolution*, New York: Columbia University Press, 1944.
・Smith, Thomas B., Michael T. Kinnison, Sharon Y. Strauss, Trevon L. Fuller, and Scott P. Carroll, "Prescriptive Evolution to Conserve and Manage Biodiversity," *Annual Review of Ecology, Evolution, and Systematics*, Vol. 45, No. 1, November 23, 2014, doi:10.1146/annurev-ecolsys-120213-091747.
・Sodikoff, Genese Marie, ed., *The Anthropology of Extinction: Essays on Culture and Species Death*, Bloomington: Indiana University Press, 2011.
・Soulé, Michael E., "Thresholds for Survival: Maintaining Fitness and Evolutionary Potential," *Conservation Biology: An Evolutionary-Ecological Perspective*, Vol. 111, 1980.
・———, "What Is Conservation Biology?," *BioScience*, Vol. 35, No. 11, December 1985. doi:10.2307/1310054.
・———, "The 'New Conservation,'" *Conservation Biology*, Vol. 27, No. 5, October 2013, doi:10.111/cobi.12147.
・Soulé, Michael E, and Bruce A. Wilcox, eds., "Conservation Biology. An Evolutionary-Ecological Perspective," Sunderland: Sinauer Associates, 1980.
・Steiner, Cynthia, "Looking at Alala Genome," San Diego Zoo, *Wildlife Field Notes: Firsthand Experiences With Saving Endangered Species*, December 6, 2013, http://blog.sandiegozooglobal.org/2013/12/06/looking-at-alala-genomes/（2018年3月現在、アクセスできない）
・Stelkens, Rike B., Michael A. Brockhurst, Gregory D. D. Hurst, and Duncan Greig, "Hybridization Facilitates Evolutionary Rescue," *Evolutionary Applications,* Vol. 7, Issue. 10, September 1, 2014,

· Reznick, David A., Heather Bryga, and John A. Endler, "Experimentally Induced Life-History Evolution in a Natural Population," *Nature*, Vol. 346, No. 6282, 1990.

· Rice, Kevin J., and Nancy C. Emery, "Managing Microevolution: Restoration in the Face of Global Change," *Frontiers in Ecology and the Environment*, Vol. 1, No. 9, November 2003, doi: 10.2307/3868114.

· Ridley, Matt, "Counting Species Out," www.rationaloptimist.com, August 27, 2011.

· Ritter, Christiane, *A Woman in the Polar Night*. Fairbanks: University of Alaska Press, 2010.

· Robert, Jason Scott, and Françoise Baylis, "Crossing Species Boundaries," *American Journal of Bioethics*, Vol, 3; No. 3, 2003.

· Rödder, D., J. Kielgast, and S. Lötters, "Future Potential Distribution of the Emerging Amphibian Chytrid Fungus under Anthropogenic Climate Change," *Diseases of Aquatic Organisms*, Vol. 92, No. 3, April 7, 2010, doi:10.3354/dao02197.

· Rolston III, Holmes, *Environmental Ethics: Duties to and Values in the Natural World*, Philadelphia: Temple University Press, 1989.

· ———, "Value in Nature and the Nature of Value," In *Philosophy and the Natural Environment*, edited by Robin Attfield and Andrew Belsey, Royal Institute of Philosophy Supplement, Vol. 36. Cambridge: Cambridge University Press, 1994.

· ———, *Genes, Genesis, and God: Values and Their Origins in Natural and Human History*, Cambridge: Cambridge University Press, 1999.

· ———, "What Is a Gene? From Molecules to Metaphysics," *Theoretical Medicine and Bioethics*, Vol. 27, No. 6, December 2006, doi:10.1007/s11017-006-9022-9.

· Romer, Paul, "For Richer, for Poorer," *Prospect Magazine: The Leading Magazine of Ideas*, February 2010, http://www.prospectmagazine.co.uk/features/for-richer-for-poorer

· Root, Alan, *Ivory, Apes & Peacocks: Animals, Adventure and Discovery in the Wild Places of Africa*, London: Chatto & Windus, 2012.

· Rosen, Rebecca J., "The Climate Is Set to Change 'Orders of Magnitude' Faster Than at Any Other Time in the Past 65 Million Years," *The Atlantic*, August 2, 2013.

· Ryder, O. A., "DNA Banks for Endangered Animal Species," *Science*, Vol. 288, No. 5464, April 14, 2000, doi:10.1126/science.288.5464.275.

· Sagoff, Mark, "On Preserving the Natural Environment," *Yale Law Journal*, Vol. 84, No. 2, December 1974.

· Schaeff, Catherine M., Scott D. Kraus, Moira W. Brown, and Bradley N. White, "Assessment of the Population Structure of Western North Atlantic Right Whales (Eubalaena Glacialis) Based on Sighting and mtDNA Data," *Canadian Journal of Zoology*, Vol. 71, No. 2, February 1, 1993, doi:10.1139/z93-047.

History, New York: St. Martin's Griffin, 1993.（邦訳『屋根裏の恐竜たち』、野中浩一訳、心交社、1991年）

・Proença, Vânia, and Henrique Miguel Pereira, "Comparing Extinction Rates: Past, Present, and Future," In *Encyclopedia of Biodiversity*. Elsevier, 2013.

・Quammen, David, *The Song of the Dodo: Island Biogeography in an Age of Extinction*, New York: Scribner, 1997.（邦訳『ドードーの歌　美しい世界の島々からの警鐘』、鈴木主税訳、河出書房新社、1997年）

・Radin, J., "Latent Life: Concepts and Practices of Human Tissue Preservation in the International Biological Program," *Social Studies of Science*, Vol. 43, No. 4, August 1, 2013, doi:10.1177/0306312713476131.

・Rastogi, Toolika, Moira W. Brown, Brenna A. McLeod, Timothy R. Frasier, Robert Grenier, Stephen L. Cumbaa, Jeya Nadarajah, and Bradley N. White, "Genetic Analysis of 16th-Century Whale Bones Prompts a Revision of the Impact of Basque Whaling on Right and Bowhead Whales in the Western North Atlantic," *Canadian Journal of Zoology*, Vol. 82, No. 10, October 2004, doi:10.1139/z04-146.

・Redford, Kent H., George Amato, Jonathan Baillie, Pablo Beldomenico, Elizabeth L. Bennett, Nancy Clum, Robert Cook, et al., "What Does It Mean to Successfully Conserve a (Vertebrate) Species?," *BioScience*, Vol. 61, No. 1, January 2011, doi:10.1525/bio.2011.61.1.9.

・Reed, D. H., "Albatrosses, Eagles and Newts, Oh My!: Exceptions to the Prevailing Paradigm Concerning Genetic Diversity and Population Viability?: Genetic Diversity and Extinction," *Animal Conservation*, Vol. 13, No. 5, June 1, 2010, doi:10.1111/j.1469-1795.2010.00353.x.

・Regalado, Antonio, "De-Extinction Startup, Ark Corporation, Could Engineer Animals, Humans," *MIT Technology Review*, March 19, 2013, http://www.technologyreview.com/view/512671/a-stealthy-de-extinction-startup/

・———, "Google's New Company Calico to Try to Cheat Death," *MIT Technology Review*, September 18, 2013, http://www.technologyreview.com/view/519456/google-to-try-to-solve-death-lol/.

・*Revised Recovery Plan for the 'Alala (Corvus Hawaiiensis)*, Portland, Oregon: U.S. Fish and Wildlife Service, January 27, 2009.

・Rexer, Lyle, Rachel Klein, Edward O. Wilson, and American Museum of Natural History, *American Museum of Natural History: 125 Years of Expedition and Discovery*, New York: Harry N. Abrams, 1995.

・Reygondeau, Gabriel, and Grégory Beaugrand, "Future Climate-Driven Shifts in Distribution of Calanus Finmarchicus," *Global Change Biology*, Vol. 17, No. 2, February 2011, doi:10.1111/j.1365-2486.2010.02310.x.

among Southern Right Whales (Eubalaena Australis)," *Journal of Heredity*, Vol. 98, No. 2, January 6, 2007, doi:10.1093/jhered/esm005.

- Pershing, Andrew J. and Charles H. Greene, "Climate and the Conservation Biology of North Atlantic Right Whales: Being a Right Whale at the Wrong Time?," Accessed December 4, 2014, http://oceandata.gmri.org/environmentalprediction/docs/FrontiersinEcologyandtheEnvironment_2_29-34.pdf
- Pigliucci, Massimo, "Wittgenstein Solves (Posthumously) the Species Problem," *Philosophy Now*, No. 51, March/April, 2005.
- Pimm, S. L., L. Dollar, and O. L. Bass, "The Genetic Rescue of the Florida Panther," *Animal Conservation*, Vol. 9, No. 2, May 2006, doi:10.1111/j.1469-1795.2005.00010.x.
- Pittenger, John S., and Craig L. Springer, "Native Range and Conservation of the White Sands Pupfish (Cyprinodon Tularosa)," *The Southwestern Naturalist*, Vol. 44, No. 2, June 1999.
- Player, Ian, and Alan Paton, *The White Rhino Saga*, New York: Stein and Day, 1973.
- Pond, David W., and Geraint A. Tarling, "Phase Transitions of Wax Esters Adjust Buoyancy in Diapausing Calanoides Acutus," *Limnology and Oceanography*, Vol. 56, No. 4, 2011, doi: 10.4319/lo.2011.56.4.1310.
- Pounds, J. Alan, "Climate and Amphibian Declines," *Nature*, Vol. 410, No. 6829, April 5, 2001, doi:10.1038/35070683.
- Pounds, J. Alan, Martín R. Bustamante, Luis A. Coloma, Jamie A. Consuegra, Michael P. L. Fogden, Pru N. Foster, Enrique La Marca, et al., "Widespread Amphibian Extinctions from Epidemic Disease Driven by Global Warming," *Nature*, Vol. 439, No. 7073, January 12, 2006, doi:10.1038/nature04246.
- Powell, Alvin, *The Race to Save the World's Rarest Bird: The Discovery and Death of the Po'ouli*, Mechanicsburg, PA: Stackpole Books, 2008.
- Poynton, John C., Kim M. Howell, Barry T. Clarke, and Jon C. Lovett, "A Critically Endangered New Species of Nectophrynoides (Anura: Bufonidae) from the Kihansi Gorge, Udzungwa Mountains, Tanzania," *African Journal of Herpetology*, Vol. 47, No. 2, January 1, 1998, doi: 10.1080/21564574.1998.9650003.
- Pratt, Thane K., Carter T. Atkinson, Paul Christian Banko, James D. Jacobi, and Bethany Lee Woodworth, eds., *Conservation Biology of Hawaiian Forest Birds: Implications for Island Avifauna*, New Haven: Yale University Press, 2009.
- Preston, Christopher J., and Wayne Ouderkirk, eds., *Nature, Value, Duty: Life on Earth with Holmes Rolston, III*, The International Library of Environmental, Agricultural and Food Ethics, Houten: Springer Netherlands, 2010.
- Preston, Douglas J., *Dinosaurs in the Attic: An Excursion into the American Museum of Natural*

1, January 1, 1998, doi:10.2982/0012-8317(1998)87[29:FAFALI]2.0.CO;2.

- ———, *Conserving Biodiversity in East African Forests: A Study of the Eastern Arc Mountains*, New York: Springer Science & Business Media, 2002.
- Norton, Bryan G. "Environmental Ethics and Weak Anthropocentrism," *Environmental Ethics*, Vol. 6, No. 2, 1984, doi:10.5840/enviroethics19846233.
- ———, *Why Preserve Natural Variety?*, Princeton: Princeton University Press, 1990.
- ———, "Epistemology and Environmental Values," *Monist*, Vol. 75, No. 2, April 1992.
- ———, "Why I am Not a Nonanthropocentrist: Callicott and the Failure of Monistic Inherentism," *Environmental Ethics*, Vol. 17, No. 4, 1995, doi:10.5840/enviroethics19951743.
- Norton, Bryan G., Michael Hutchins, Elizabeth F. Stevens, and Terry L. Maple, eds., *Ethics on the Ark*, Washington, DC: Smithsonian Books, 1996.
- Novak, Ben, "Flights of Fancy: A Tiny Tube of Clear Liquid," Project Passenger Pigeon – Memoirs, Stories, Paintings, Poems, http://passengerpigeon.org/flights.html
- ———, "How to Bring Passenger Pigeons All the Way Back," Presentation at the TedX DeExtinction, Washington, DC, March 15, 2013.
- O'Brien, Stephen J., *Tears of the Cheetah: The Genetic Secrets of Our Animal Ancestors*, New York: St. Martin's Griffin, 2005.
- O'Brien, Stephen J., and Ernst Mayr, "Bureaucratic Mischief: Recognizing Endangered Species and Subspecies," *Science*, Vol. 51, No. 4998, March 8, 1991.
- Oelschlaeger, Max, *The Idea of Wilderness: From Prehistory to the Age of Ecology*, New Haven: Yale University Press, 1993.
- Oksanen, Markku, and Helena Siipi, eds., *The Ethics of Animal Re-Creation and Modification: Reviving, Rewilding, Restoring*, New York: Palgrave Macmillan, 2014.
- Ożgo, Małgorzata, "Rapid Evolution and the Potential for Evolutionary Rescue in Land Snails," *Journal of Molluscan Studies*, May 5, 2014, doi:10.1093/mollus/eyu029.
- Palkovacs, Eric P., Michael T. Kinnison, Cristian Correa, Christopher M. Dalton, and Andrew P. Hendry, "Fates beyond Traits: Ecological Consequences of Human-Induced Trait Change," *Evolutionary Applications*, Vol. 5, Mo. 2, February 2012, doi:10.1111/j.1752-4571. 2011.00212.x.
- Palumbi, Stephen R., *The Evolution Explosion: How Humans Cause Rapid Evolutionary Change*, New York: W.W. Norton & Company, 2002.
- Parry, Bronwyn, "The Fate of the Collections: Social Justice and the Annexation of Plant Genetic Resources," In *People, Plants, and Justice: The Politics of Nature Conservation*, ed. Charles Zerner, New York: Columbia University Press, 2000.
- Patenaude, N. J., V. A. Portway, C. M. Schaeff, J. L. Bannister, P. B. Best, R. S. Payne, V. J. Rowntree, M. Rivarola, and C. S. Baker, "Mitochondrial DNA Diversity and Population Structure

Miller, Brian Walenz, et al., "Genetic Diversity and Population Structure of the Endangered Marsupial Sarcophilus Harrisii (Tasmanian Devil)," *Proceedings of the National Academy of Sciences*, Vol. 108, No. 30, July 26, 2011, doi:10.1073/pnas.1102838108.

・Milot, E., H. Weimerskirch, P. Duchesne, and L. Bernatchez, "Surviving with Low Genetic Diversity: The Case of Albatrosses," *Proceedings of the Royal Society B: Biological Sciences*, Vol. 274, No. 1611, March 22, 2007, doi:10.1098/rspb.2006.0221.

・Minard, Anne, "West Nile Devastated Bird Species," *National Geographic News*, May 16, 2007.

・———, "'Reverse Evolution' Discovered in Seattle Fish," *National Geographic News*, May 20, 2008.

・Moore, Michael J., "Rosita Voyage Log," *"Rosita" — Voyage of Discovery*, 2004, whale.wheelock.edu/Rosita/

・Morton, Timothy, *Ecology without Nature: Rethinking Environmental Aesthetics*, Cambridge: Harvard University Press, 2009.

・———, "Here Comes Everything: The Promise of Object-Oriented Ontology," *Qui Parle: Critical Humanities and Social Sciences*, Vol. 19, No. 2, 2011.

・———, "Sublime Objects," *Speculations*, Vol. 2, 2011.

・———, *Hyperobjects: Philosophy and Ecology after the End of the World*, Minneapolis: University of Minnesota Press, 2013.

・Muir, John, and Peter Jenkins, *A Thousand-Mile Walk to the Gulf*, Boston: Mariner Books, 1998.（邦訳『1000マイルウォーク緑へ　アメリカを南下する』、熊谷鉱司訳、立風書房、1994年）

・"Multiplex Automated Genomic Engineering (MAGE): A Machine That Speeds up Evolution Is Revolutionizing Genome Design," *Wyss Institute*, www.wyss.harvard.edu/viewpage/330/

・Myers, Norman, *The Sinking Ark: A New Look at the Problem of Disappearing Species*, Oxford: Pergamon Press, 1979.

・Nagel, Thomas, "What Is It Like to Be a Bat?," *The Philosophical Review*, Vol. 83, No. 4, October 1, 1974, doi:10.2307/2183914.

・National Resource Council, *The Scientific Bases for the Preservation of the Hawaiian Crow*, 1992, http://www.nap.edu/catalog/2023/the-scientific-bases-for-the-preservation-of-the-hawaiian-crow

・Nelson, Barney, ed., *God's Country or Devil's Playground: The Best Nature Writing from the Big Bend of Texas*, Austin: University of Texas Press, 2002.

・Neumann, Thomas W., "Human-Wildlife Competition and the Passenger Pigeon: Population Growth from System Destabilization," *Human Ecology*, Vol. 13, No. 4, December 1985, doi:10.1007/BF01531152.

・Newmark, W. D., "Forest Area, Fragmentation, and Loss in the Eastern Arc Mountains: Implications for the Conservation of Biological Diversity," *Journal of East African Natural History*, Vol. 87, No.

・Mayr, Ernst, "What Is a Species, and What Is Not?," *Philosophy of Science*, Vol. 63, No. 2, June 1996.

・McBride, Roy T., *The Mexican Wolf (Canis Lupus Baileyi): A Historical Review and Observations on Its Status and Distribution: A Progress Report to the U.S. Fish and Wildlife Service*, U.S. Fish and Wildlife Service, 1980.

・———, "Three Decades of Searching South Florida for Panthers," Presented at the Proceedings of The Florida Panther Conference, Fort Myers, Florida, November 1, 1994.

・McCabe, Robert A., "A. W. Schorger: Naturalist and Writer," *The Passenger Pigeon*, Vol. 55, No. 4, Winter 1993.

・McCarthy, Cormac, *The Crossing*, New York: Alfred A. Knopf, 1994.（邦訳『越境』、黒原敏行訳、ハヤカワepi文庫、2009年他）

・McCarthy, Michael A., Colin J. Thompson, and Stephen T. Garnett, "Optimal Investment in Conservation of Species," *Journal of Applied Ecology*. Vol. 45, No. 5, October 1, 2008, doi:10.1111/j.1365-2664.2008.01521.x.

・McKibben, Bill, *The End of Nature*, New York: Random House Trade Paperbacks, 2006.（邦訳『自然の終焉　環境破壊の現在と近未来』、鈴木主税訳、河出書房新社、1990年）

・McLeod, B. A., Moira W. Brown, Michael J. Moore, W. Stevens, Selma H. Barkham, Michael Barkham, and B. N. White, "Bowhead Whales, and Not Right Whales, Were the Primary Target of 16th-to 17th-Century Basque Whalers in the Western North Atlantic," *Arctic*, Vol. 61, No. 1, 2008.

・McLeod, Brenna A., Moira W. Brown, Timothy R. Frasier, and Bradley N. White, "DNA Profile of a Sixteenth Century Western North Atlantic Right Whale (Eubalaena Glacialis)," *Conservation Genetics*, Vol. 11, No. 1, February 2010, doi:10.1007/s10592-009-9811-6.

・Meinzer, Oscar Edward, and Raleigh Frederick Hare, *Geology and Water Resources of Tularosa Basin, New Mexico*, Vol. 343. Washington, DC: United States Geological Survey, Department of the Interior, 1915.

・Melville, Herman, *Moby Dick: Or the Whale*, London: Modern Library, 1992.（邦訳『白鯨』、富田彬訳、角川文庫、2015年他）

・Milledge, Simon A. H., "Illegal Killing of African Rhinos and Horn Trade, 2000-2005: The Era of Resurgent Markets and Emerging Organized Crime," *Pachyderm*, No. 43, 2007.

・Miller, Claire, "Great Barrier Reef 'on Ice,'" *Frontiers in Ecology and the Environment*, Vol.10, No. 2, March 2012.

・Miller, Robert Rush, and Anthony A. Echelle, "Cyprinodon Tularosa, a New Cyprinodontid Fish from the Tularosa Basin, New Mexico," *The Southwestern Naturalist*. Vol. 19, No. 4, January 20, 1975, doi:10.2307/3670395.

・Miller, Webb, Vanessa M. Hayes, Aakrosh Ratan, Desiree C. Petersen, Nicola E. Wittekindt, Jason

セスできない）
・Light, Andrew, and Holmes Rolston III, eds., *Environmental Ethics: An Anthology,* Malden: Wiley-Blackwell, 2002.
・Lippsett, Lonny, "Diving into the Right Whale Gene Pool," *Oceanus Magazine*, Vol. 44, No. 3, December 3, 2005.
・Lopez, Barry, *Arctic Dreams*, New York: Vintage, 2001.（邦訳『極北の夢』、石田善彦訳、草思社、1993年）
・MacPhee, R. D. E., *Extinctions in Near Time*, New York: Springer Science & Business Media, 1999.
・Maehr, David, *The Florida Panther: Life and Death of a Vanishing Carnivore*, Washington, DC: Island Press, 1997.
・Maehr, D.S., P. Crowley, J. J. Cox, M. J. Lacki, J. L. Larkin, T. S. Hoctor, L. D. Harris, and P. M. Hall, "Of Cats and Haruspices: Genetic Intervention in the Florida Panther. Response to Pimm et al. (2006)," *Animal Conservation*, Vol. 9, No. 2, May 2006, doi:10.1111/j.1469-1795. 2005.00019.x.
・Mann, Charles C., "Unnatural Abundance," *The New York Times*, November 25, 2004, opinion section.
・Marchant, Jo, "Evolution Machine: Genetic Engineering on Fast Forward," *New Scientist*, Issue 2818, June 27, 2011.
・Martinelli, Lucia, Markku Oksanen, and Helena Siipi, "De-Extinction: A Novel and Remarkable Case of Bio-Objectification," *Croatian Medical Journal*, Vol. 55, No. 4, August 2014, doi:10.3325/cmj.2014.55.423.
・Martínez-Moreno, Jorge, Rafael Mora, and Ignacio de la Torre, "The Middle-to-Upper Palaeolithic Transition in Cova Gran (Catalunya, Spain) and the Extinction of Neanderthals in the Iberian Peninsula," *Journal of Human Evolution*, Vol. 58, No. 3, March 2010, doi:10.1016/j.jhevol.2009.09.002.
・Marzluff, John M., Tony Angell, and Paul R. Ehrlich, *In the Company of Crows and Ravens,* New Haven: Yale University Press, 2007.
・Matthiessen, Peter, *Wildlife in America*, New York: Penguin Books, 1978.（邦訳『北米大陸の野生』、早川麻百合訳、東京書籍、1994年）
・———, *The Peter Matthiessen Reader,* Edited by McKay Jenkins. New York: Vintage, 2000.
・———, *The Snow Leopard*, New York: Penguin Classics, 2008.（邦訳『雪豹』、芹沢高志訳、ハヤカワ文庫NF、2006年他）
・———, *African Silences*, New York: Vintage, 2012.
・Matthiessen, Peter, and Maurice Hornocker, *Tigers in the Snow*, New York: North Point Press, 2001.

294X.2005.02664.x.
・Kaplan, Matt, *The Science of Monsters: The Origins of the Creatures We Love to Fear*, New York: Simon and Schuster, 2013.
・Katz, Eric, *Nature as Subject*, Lanham: Rowman & Littlefield Publishers, 1996.
・Katz, Eric, and Andrew Light, eds., *Environmental Pragmatism*, London: Routledge, 1996.
・Kautz, Randy, Robert Kawula, Thomas Hoctor, Jane Comiskey, Deborah Jansen, Dawn Jennings, John Kasbohm, et al., "How Much Is Enough? Landscape-Scale Conservation for the Florida Panther," *Biological Conservation*, Vol. 130, No. 1, June 2006, doi:10.1016/j. biocon.2005.12.007.
・Kosek, Jake, *Understories: The Political Life of Forests in Northern New Mexico*, Durham: Duke University Press Books, 2006.
・Kouba, Andrew J., Rhiannon E. Lloyd, Marlys L. Houck, Aimee J. Silla, Natalie Calatayud, Vance L.Trudeau, John Clulow, et al., "Emerging Trends for Biobanking Amphibian Genetic Resources: The Hope, Reality and Challenges for the Next Decade," *Biological Conservation*, Vol. 164, August 2013, doi:10.1016/j.biocon.2013.03.010.
・Kraus, Scott D., and Rosalind M. Rolland, *The Urban Whale: North Atlantic Right Whales at the Crossroads*, Cambridge, MA: Harvard University Press, 2010.
・Krisch, Joshua A., "New Study Offers Clues to Swift Arctic Extinction," *The New York Times*, August 28, 2014.
・Lang, C., X. Fettweis, and M. Erpicum, "Stable Climate and Surface Mass Balance in Svalbard over 1979-2013 despite the Arctic Warming," *The Cryosphere*, Vol. 9, No. 1 (January 8, 2015): 83-101, doi: 10.5194/tc-9-83-2015.
・Lee, S., K. Zippel, L. Ramos, and J. Searle, "Captive-Breeding Programme for the Kihansi Spray Toad Nectophrynoides Asperginis at the Wildlife Conservation Society, Bronx, New York," *International Zoo Yearbook*, Vol.40, No. 1,July 1, 2006, doi:10.1111/j.1748-1090.2006.00241.x.
・Leopold, Aldo, *A Sand County Almanac*, New York: Ballantine Books, 1986.（邦訳『野性のうたが聞こえる』、新島義昭訳、森林書房、1986年）
・———, *Game Management*, Madison: University of Wisconsin Press, 1987.
・Lestel, Dominique. "The Withering of Shared Life through the Loss of Biodiversity," *Social Science Information*, Vol. 52, No. 2, June 1, 2013, doi:10.1177/0539018413478325.
・Lévi-Strauss, Claude, *The Savage Mind*, Chicago: University of Chicago Press, 1966.（邦訳『野生の思考』、大橋保夫訳、みすず書房、1976年）
・Levy, Sharon, *Once and Future Giants: What Ice Age Extinctions Tell Us About the Fate of Earth's Largest Animals*, Oxford: Oxford University Press, 2011.
・Lieberman, Alan, "Alala Egg That Changed the Future," Hawaiian Birds, San Diego Zoo, January 8, 2013, http://blogs.sandiegozoo.org/2013/01/08/alala-egg-changed-future/（2018年3月現在、アク

· He, Fangliang, and Stephen P. Hubbell, "Species-Area Relationships Always Overestimate Extinction Rates from Habitat Loss," *Nature*, Vol. 473, No. 7347, May 19, 2011, doi:10.1038/nature09985.
· Hendry, A. P., and M. T. Kinnison, "An Introduction to Microevolution: Rate, Pattern, Process," *Genetica*, Vol. 112-113, November 1, 2001, doi:10.1023/A:1013368628607.
· ———, "The Pace of Modern Life: Measuring Rates of Contemporary Microevolution," *Evolution*, Vol. 53, No. 6, December 1999.
· ———, "The Pace of Modern Life II: From Rates of Contemporary Microevolution to Pattern and Process," *Genetica*, Vol. 112-113, 2001, doi:10.1023/A:1013375419520.
· Hey, Jody, *Genes, Categories, and Species: The Evolutionary and Cognitive Cause of the Species Problem*, Oxford: Oxford University Press, 2001.
· Hickey, Joseph J., "In Memoriam: Arlie William Schorger," *The Auk*, Vol. 90, July 1973.
· Hillman Smith, Kes, and Fraser Smith, "Conservation Crises and Potential Solutions: Example of Garamba National Park Democratic Republic of Congo," Presented at the Second World Congress of the International Ranger Federation, Costa Rica, September 25, 1997.
· Holmberg, Tora, Nete Schwennesen, and Andrew Webster, "Bio-Objects and the Bio-Objectification Process," *Croatian Medical Journal*, Vol. 52, No. 6 (December 2011): 740-42, doi:10.3325/cmj.2011.52.740.
· Hostetler, Jeffrey A., David P. Onorato, Deborah Jansen, and Madan K. Oli, "A Cat's Tale: The Impact of Genetic Restoration on Florida Panther Population Dynamics and Persistence," *Journal of Animal Ecology*, Vol. 82, No. 3, May 2013, doi:10.1111/1365-2656.12033.
· Hunter Clark, ed., *The Life and Letters of Alexander Wilson*, Vol. 154. Philadelphia: Memoirs of the American Philosophical Society 1983.
· Iliadis, Andrew. "Interview with Graham Harman (2)." *Figure/Ground: An Open-Source, ParaAcademic, Inter-Disciplinary Collaboration*, October 2, 2013, http://figureground.org/interview-with-graham-harman-2/
· Johnson, Phillip, "The Extinction of Darwinism: Review of 'Extinction: Bad Gene or Bad Luck' by David M. Raup," *The Atlantic*, February 1992, http://www.arn.org/docs/johnson/raup.htm
· Johnson, W. E., D. P. Onorato, M. E. Roelke, E. D. Land, M. Cunningham, R. C. Belden, R. McBride, et al., "Genetic Restoration of the Florida Panther," *Science*, Vol. 329, No. 5999, September 24, 2010, doi:l0.1126/science.1192891.
· Kaliszewska, Zofia A., Jon Seger, Victoria J. Rowntree, Susan G. Barco, Rafael Benegas, Peter B. Best, Moira W. Brown, et al., "Population Histories of Right Whales (Cetacea: Eubalaena) Inferred from Mitochondrial Sequence Diversities and Divergences of Their Whale Lice (Amphipoda: Cyamus)," *Molecular Ecology*, Vol. 14, No. 11, October 2005, doi:10.1111/j.1365-

of the National Academy of Sciences of the United States of America, Vol. 91, No. 15, July 19, 1994.

・Greenberg, Joel, *A Feathered River Across the Sky: The Passenger Pigeon's Flight to Extinction*, New York: Bloomsbury, 2014.

・Greene, Charles H., Andrew J. Pershing, Robert D. Kenney, and Jack W. Jossi, "Impact of Climate Variability on the Recovery of Endangered North Atlantic Right Whales," *Oceanography*, Vol 16, No. 4, 2003.

・Grenier, Robert, "The Basque Whaling Ship from Red Bay, Labrador: A Treasure Trove of Data on Iberian Atlantic Shipbuilding Design and Techniques in the Mid-16th Century," In *Trabalhos de Arqueologia 18 — Proceedings. International Symposium on Archaeology of Medieval and Modern Ships of Iberian-Atlantic Tradition. Hull Remains, Manuscripts and Ethnographic Sources: A Comparative Approach*, ed., Francisco Alves, Lisbon: Centro Nacional de Arqueologia Nautica e Subaquatica/Academia de Marinha, 1998.

・Grusin, Richard, ed., *The Nonhuman Turn*, Minneapolis: University of Minnesota Press, 2015.

・Halliday, T. R., "The Extinction of the Passenger Pigeon Ectopistes Migratorius and Its Relevance to Contemporary Conservation," *Biological Conservation*, Vol. 17, 1980.

・Hambler, Clive, Peter A. Henderson, and Martin R. Speight, "Extinction Rates, ExtinctionProne Habitats, and Indicator Groups in Britain and at Larger Scales," *Biological Conservation*, Vol. 144, No. 2 (February 2011), doi:10.1016/j.biocon.2010.09.004.

・Harman, Graham, *Guerrilla Metaphysics: Phenomenology and the Carpentry of Things*, Chicago: Open Court, 2005.

・Harrison, K. David, *When Languages Die: The Extinction of the World's Languages and the Erosion of Human Knowledge*, Oxford: Oxford University Press, 2008.

・Heatherington, Tracey, "From Ecocide to Genetic Rescue: Can Technoscience Save the Wild?," In *The Anthropology of Extinction: Essays on Culture and Species Death*, edited by Genese Marie Sodikoff, Bloomington and Indianapolis: Indiana University Press, 2012.

・Hedrick, Philip W., "Gene Flow and Genetic Restoration: The Florida Panther as a Case Study," *Conservation Biology*, Vol, 9, No. 5, October 1, 1995, doi:10.1046/j.1523-1739.1995.90509 88.x-i1.

・Hedrick, Philip W., and Richard Fredrickson, "Genetic Rescue Guidelines with Examples from Mexican Wolves and Florida Panthers," *Conservation Genetics*, Vol. 11, No. 2, April 2010, doi:10.1007/s10592-009-9999-5.

・Hedrick, P. W., and R. J. Fredrickson, "Captive Breeding and the Reintroduction of Mexican and Red Wolves," *Molecular Ecology*, Vol. 17, No. 1, January 2008, doi:10.1111/j.1365-294X.2007.03400.x.

・Frankham, Richard, Jonathan D. Ballou, and David A. Briscoe, *Introduction to Conservation Genetics*, 2nd edition, Cambridge: Cambridge University Press, 2010.（邦訳『保全遺伝学入門』、西田睦監訳、髙橋洋、山崎裕治、渡辺勝敏訳、文一総合出版、2017年）
・Frankham, Richard, Jonathan D. Ballou, Michele R. Dudash, Mark D. B. Eldridge, Charles B. Fenster, Robert C. Lacy, Joseph R. Mendelson, Ingrid J. Porton, Katherine Ralls, and Oliver A. Ryder, "Implications of Different Species Concepts for Conserving Biodiversity," *Biological Conservation*, Vol. 153, September 2012, doi:10.1016/j.biocon.2012.04.034.
・Franklin, I. R., and R. Frankham, "How Large Must Populations Be to Retain Evolutionary Potential?," *Animal Conservation*, Vol. 1, No. 1, February 1998, doi:10.1017/S1367943098211103.
・Frasier, T. R., P. K. Hamilton, M. W. Brown, L.A. Conger, A. R. Knowlton, M. K. Marx, C. K. Slay, S. D. Kraus, and B. N. White, "Patterns of Male Reproductive Success in a Highly Promiscuous Whale Species: The Endangered North Atlantic Right Whale," *Molecular Ecology*, Vol. 16, No. 24, December 2007, doi:10.1111/j.1365-294X.2007.03570.x.
・Friedrich Ben-Nun, Inbar, Susanne C. Montague, Marlys L. Houck, Ha T. Tran, Ibon Garitaonandia, Trevor R. Leonardo, Yu-Chieh Wang, et al., "Induced Pluripotent Stem Cells from Highly Endangered Species," *Nature Methods*, Vol. 8, No. 10. September 4, 2011, doi:10.1038/nmeth.1706.
・Fujiwara, Masami, and Hal Caswell, "Demography of the Endangered North Atlantic Right Whale," *Nature*, Vol. 414, No. 6863, November 29, 2001, doi:10.1038/35107054.
・Genome 10K Community of Scientists, "Genome 10K: A Proposal to Obtain Whole-Genome Sequence for 10,000 Vertebrate Species," *Journal of Heredity*, Vol. 100, No. 6, November 1, 2009, doi:10.1093/jhered/esp086.
・Ghiselin, Michael T., "A Radical Solution to the Species Problem," *Systematic Biology*, Vol. 23, No. 4, December 1, 1974, doi:10.1093/sysbio/23.4.536.
・Gingerich, P. D., "Quantification and Comparison of Evolutionary Rates," *American Journal of Science*, Vol. 293-A, January 1, 1993, doi:10.2475/ajs.293.A.453.
・Gonzalez, Andrew, Ophélie Ronce, Regis Ferriere, and Michael E. Hochberg, "Evolutionary Rescue: An Emerging Focus at the Intersection between Ecology and Evolution," *Philosophical Transactions of the Royal Society B: Biological Sciences*, Vol. 368, No. 1610, January 19, 2013, doi:10.1098/rstb.2012.0404.
・Gould, Stephen Jay, *An Urchin in the Storm: Essays about Books and Ideas*, New York: W. W. Norton & Company, 1988.（邦訳『嵐のなかのハリネズミ』、渡辺政隆訳、早川書房、1991年）
・———, *Wonderful Life: The Burgess Shale and the Nature of History*, New York: W.W. Norton & Company, 1990.（邦訳『ワンダフル・ライフ　バージェス頁岩と生物進化の物語』、渡辺政隆訳、ハヤカワ文庫NF、2000年他）
・———, "Tempo and Mode in the Macroevolutionary Reconstruction of Darwinism," *Proceedings*

Favoured Races in the Struggle for Life, London: W. Clowes and Sons, 1859.（邦訳『種の起源』、渡辺政隆訳、光文社古典新訳文庫、2009年他）

・Day, J. J., J. L. Bamber, P. J. Valdes, and J. Kohler, "The Impact of a Seasonally Ice Free Arctic Ocean on the Temperature, Precipitation and Surface Mass Balance of Svalbard," *The Cryosphere*, Vol. 6, No. 1, January 10, 2012, doi:10.5194/tc-6-35-2012.

・Delord, Julien, "Can We Really Re-Create an Extinct Species by Cloning?," In *The Ethics of Animal Re-Creation and Modification: Reviving, Rewilding, Restoring*, edited by Markku Oksanen and Helena Siipi, New York: Palgrave Macmillan, 2014.

・DeSalle, Rob, and George Amato, "The Expansion of Conservation Genetics," *Nature Reviews Genetics*, Vol. 5, No. 9, September 2004, doi:10.1038/nrg1425.

・Dolin, Eric Jay, *Leviathan: The History of Whaling in America*, New York: W.W. Norton & Company, 2008.（邦訳『クジラとアメリカ～アメリカ捕鯨全史』、北條正司、松吉明子、櫻井敬人訳、原書房、2014年）

・Eldredge, Niles, *Reinventing Darwin: Great Evolutionary Debate*, London: Weidenfeld & Nicolson, 1995.（邦訳『ウルトラ・ダーウィニストたちへ　古生物学者から見た進化論』、新妻昭夫訳、シュプリンガー・フェアラーク東京、1998年）

・Elliot, Robert, "Faking Nature," *Inquiry*, Vol. 25, No. 1, January 1, 1982, doi:10.1080/00201748208601955.

・Fiege, Mark, *The Republic of Nature: An Environmental History of the United States*, Reprint edition, Seattle: University of Washington Press, 2013.

・Fisher, Diana O., and Simon P. Blomberg, "Correlates of Rediscovery and the Detectability of Extinction in Mammals," *Proceedings of the Royal Society of London B: Biological Sciences*, Vol. 278, No. 1708 (April 7, 2011), doi:10.1098/rspb.2010.1579.

・Fisher, Matthew C., and Trenton W. J. Garner, "The Relationship between the Emergence of Batrachochytrium Dendrobatidis, the International Trade in Amphibians and Introduced Amphibian Species," *Fungal Biology Reviews*, Vol. 21, No. 1, February 2007, doi:10.1016/j. fbr.2007.02.002.

・Fitch, W. M., and F. J. Ayala, "Tempo and Mode in Evolution," *Proceedings of the National Academy of Sciences of the United States of America*, Vol. 91, No. 15, July 19, 1994.

・Fletcher, Amy L., "Mendel's Ark: Conservation Genetics and the Future of Extinction," *Review of Policy Research*, Vol. 25, No. 6, 2008, doi: 10.1111/j.1541-1338.2008.00367 _1.x.

・Folch, J., M. J. Cocero, P. Chesné, J. L. Alabart, V. Domínguez, Y. Cognié, A. Roche, et al., "First Birth of an Animal from an Extinct Subspecies (Capra Pyrenaica Pyrenaica) by Cloning," *Theriogenology*, Vol. 71, No. 6, April 1, 2009, doi:10.1016/j.theriogenology.2008.11.005.

・Frankel, Otto H., "Genetic Conservation: Our Evolutionary Responsibility," *Genetics*, Vol. 78, No. 1, 1974.

doi:10.2982/0012-8317(1998)87[37:FIOTEA] 2.0.CO;2.

・Callicott, J. Baird, *Beyond the Land Ethic: More Essays in Environmental Philosophy*, Albany: State University of New York Press, 1999.

・———, "Rolston on Intrinsic Value: A Deconstruction," *Environmental Ethics*, Vol. 14, No. 2, 1992, doi:10.5840/enviroethics199214229.

・Carroll, Scott P., and Charles W. Fox, eds., *Conservation Biology: Evolution in Action*, Oxford, UK, and New York: Oxford University Press, 2008.

・Carroll, S. P., P. S. Jorgensen, M. T. Kinnison, C. T. Bergstrom, R. F. Denison, P. Gluckman, T. B. Smith, S. Y. Strauss, and B. E. Tabashnik, "Applying Evolutionary Biology to Address Global Challenges," *Science*, Vol. 346, No. 6207, October 17, 2014, doi:10.1126/ science.1245993.

・Chernela, Janet, "A Species Apart: Ideology, Science, and the End of Life," In *The Anthropology of Extinction: Essays on Culture and Species Death*, edited by Genese Marie Sodikoff, Bloomington: Indiana University Press, 2012.

・Church, George M., and Ed Regis, *Regenesis: How Synthetic Biology Will Reinvent Nature and Ourselves*, New York: Basic Books, 2014.

・Cole, Timothy V. N., Philip Hamilton, Allison Glass Henry, Peter Duley, Richard M. Pace, Bradley N. White, and Tim Frasier, "Evidence of a North Atlantic Right Whale Eubalaena Glacialis Mating Ground," *Endangered Species Research*, Vol. 21, No. 1, July 3, 2013, doi:10.3354/esr00507.

・Collins, James P., and Andrew Storfer, "Global Amphibian Declines: Sorting the Hypotheses," *Diversity and Distributions*, Vol. 9, No. 2, March 1, 2003, doi:10.1046/j.1472-4642.2003.00012.x.

・Collyer, Michael L., Jeffrey S. Heilveil, and Craig A. Stockwell, "Contemporary Evolutionary Divergence for a Protected Species Following Assisted Colonization," *PLoS ONE*, Vol. 6, No. 8, e22310, August 31, 2011, doi:10.1371/journal.pone.0022310.

・Collyer, Michael L., James M. Novak, Craig A. Stockwell, and M. E. Douglas, "Morphological Divergence of Native and Recently Established Populations of White Sands Pupfish (Cyprinodon Tularosa)," *Copeia*, No. 1, 2005.

・Corthals, Angelique, and Rob Desalle, "An Application of Tissue and DNA Banking for Genomics and Conservation: The Ambrose Monell Cryo-Collection (AMCC)," *Systematic Biology*, Vol. 54, No. 5, October 1, 2005, doi:10.1080/10635150590950353.

・Costello, M. J., R. M. May, and N. E. Stork, "Can We Name Earth's Species Before They Go Extinct?," *Science*, Vol. 339, No. 6118, January 25, 2013, doi:10.1126/science.1230318.

・Craig Pittman, "Saga of Florida Panther Is 'Sordid Story,'" *Tampa Bay Times*, April 16, 2010, http://www.tampabay.com/news/environment/wildlife/saga-of-florida-panther-is-sordid-story/1087965 (2018年3月現在、アクセスできない)

・Darwin, Charles, *On the Origin of Species by Means of Natural Selection, or the Preservation of*

Haven: Yale University Press, 2000.（邦訳『鳥たちに明日はあるか　景観生態学に学ぶ自然保護』、黒沢令子訳、文一総合出版、2003年）

・Avant, Deborah D., *The Market for Force: The Consequences of Privatizing Security*, Cambridge, UK, and New York: Cambridge University Press, 2005.

・Barkham, Selma Huxley, "The Basque Whaling Establishments in Labrador 1536-1632: A Summary," *Arctic*, Vol. 37, No. 4, December 1984.

・Barrow, Mark V. Jr., *Nature's Ghosts: Confronting Extinction from the Age of Jefferson to the Age of Ecology*, First edition. Chicago and London: University of Chicago Press, 2009.

・Bass, Rick, *The Ninemile Wolves*, Boston: Mariner Books, 2003.（邦訳『帰ってきたオオカミ』、南昭夫訳、晶文社、1997年）

・Bell, Michael A., and Windsor E. Aguirre, "Contemporary Evolution, Allelic Recycling, and Adaptive Radiation of the Threespine Stickleback," *Evolutionary Ecology* Research, Vol. 15, 2013.

・Biermann, Christine, and Becky Mansfield, "Biodiversity, Purity, and Death: Conservation Biology as Biopolitics," *Environment and Planning D: Society and Space*, Vol. 32, No. 2, 2014, doi:10.1068/d13047p.

・Blockstein, D. E., "Lyme Disease and the Passenger Pigeon?," *Science*, Vol. 279, No. 5358, March 20, 1998, doi:10.11 26/science.279.5358.1831c.

・Bogost, Ian, *Alien Phenomenology, or What It's Like to Be a Thing*, Minneapolis: University of Minnesota Press, 2012.

・Brand, Stewart, *Whole Earth Discipline: Why Dense Cities, Nuclear Power, Transgenic Crops, Restored Wildlands, and Geoengineering Are Necessary*, New York: Penguin Books, 2010.

・Brown, David E., ed., *The Wolf in the Southwest: The Making of an Endangered Species*, Silver City, NM: High Lonesome Books, 2002.

・Bruce, Donald, and Ann Bruce, *Engineering Genesis: Ethics of Genetic Engineering in NonHuman Species*, New York: Routledge, 2014.

・Bryant, Levi R., *The Democracy of Objects*, Ann Arbor: Open Humanities Press/Michigan Publishing, University of Michigan Library, 2011.

・Bucher, Enrique H., "The Causes of Extinction of the Passenger Pigeon," *Current Ornithology*, Vol. 9, Dennis M. Power, ed., New York: Plenum Press, 1992.

・Burgess, N. D., T. M. Butynski, N. J. Cordeiro, N. H. Doggart, J. Fjeldså, K. M. Howell, F. B. Kilahama, et al., "The Biological Importance of the Eastern Arc Mountains of Tanzania and Kenya," *Biological Conservation*, Vol. 134, No. 2, January 2007, doi:10.1016/j.biocon.2006.08.015.

・Burgess, N. D., J. Fjeldså, and R. Botterweg, "Faunal Importance of the Eastern Arc Mountains of Kenya and Tanzania," *Journal of East African Natural History*, Vol. 87, No. 1, January 1, 1998,

参考文献

・Adams, Douglas, and Mark Carwardine, *Last Chance to See*, Reprint edition, New York: Ballantine Books, 1992.（邦訳『これが見納め　絶滅危惧の生きものたち、最後の光景』、安原和見訳、みすず書房、2011年）

・Agapow, Paul-Michael, Olaf R. P. Bininda-Emonds, Keith A. Crandall, John L. Gittleman,Georgina M. Mace, Jonathon C. Marshall, and Andy Purvis, "The Impact of Species Concept on Biodiversity Studies," *The Quarterly Review of Biology*, Vol. 79, No. 2, June 2004, doi:10.1086/383542.

・Aguilar, A., "A Review of Old Basque Whaling and Its Effect on the Right Whales (Eubalaena Glacialis) of the North Atlantic," *Report of the International Whaling Commission* (Special Issue), Vol. 10, 1986.

・Alexander, Helen K., Guillaume Martin, Oliver Y. Martin, and Sebastian Bonhoeffer.,"Evolutionary Rescue: Linking Theory for Conservation and Medicine." *Evolutionary Applications*, Vol. 7, Issue 10, December 2014, doi:10.1111/eva.12221.

・Allendorf, Fred W., Paul A. Hohenlohe, and Gordon Luikart, "Genomics and the Future of Conservation Genetics," *Nature Reviews Genetics*, Vol. 11, No. 10, October 2010, doi:10.1038/nrg2844.

・Allendorf, Fred W., Robb F. Leary, Paul Spruell, and John K. Wenburg, "The Problems with Hybrids: Setting Conservation Guidelines," *Trends in Ecology & Evolution*, Vol.16, No. 11 (2001).

・Alvarez, Ken, *Twilight of the Panther: Biology, Bureaucracy and Failure in an Endangered Species Program*, Sarasota: Myakka River Publishing, 1993.

・Amato, George D., "Species Hybridization and Protection of Endangered Animals," *Science*, Vol. 253, No. 5017, 1991.

・Amato, George, Howard C. Rosenbaum, and Rob DeSalle, *Conservation Genetics in the Age of Genomics*, New York: Columbia University Press, 2009.

・Anthes, Emily, *Frankenstein's Cat: Cuddling Up to Biotech's Brave New Beasts*, New York: Scientific American/Farrar, Straus and Giroux, 2014.（邦訳『サイボーグ化する動物たち　ペットのクローンから昆虫のドローンまで』、西田美緒子訳、白揚社、2016年）

・Arch, Victoria S., Corinne L. Richards-Zawaki, and Albert S. Feng, "Acoustic Communication in the Kihansi Spray Toad (Nectophrynoides Asperginis): Insights from a Captive Population," *Journal of Herpetology*, Vol. 45, No. 1, March 1, 2011, doi:10.1670/10-084.1.

・Askins, Robert A., *Restoring North America's Birds: Lessons from Landscape Ecology*, New

11. 同上, 211.

12. 同上, 109.

13. 同上, 136

14. C. Lang, X. Fettweis, and M. Erpicum, "Stable Climate and Surface Mass Balance in Svalbard over 1979-2013 despite the Arctic Warming," *The Cryosphere* 9, no. 1 (January 8, 2015): 83. doi:10.5194/tc-9-83-2015.

15. Nilsen Thomas, "No Ice − No Cubs." *Barentsobserver*, June 27, 2012, http://barentsobserver.com/en/nature/no-ice-no-cubs-27-06

16. Aldo Leopold, *Game Management,* Madison, University of Wisconsin Press, 1987, xviii.

– Harvard Professor Seeks Mother for Cloned Cave Baby," *Daily Mail*, January 20, 2013, http://www.dailymail.co.uk/news/article-2265402/Adventurous-human-woman-wanted-birth-Neanderthal-man-Harvard-professor.html

5. Svante Pääbo, "Neanderthals Are People, Too," *New York Times*, April 24, 2014, http://www.nytimes.com/2014/04/25/opinion/neanderthals-are-people-too.html
6. Stephen Jay Gould, *Wonderful Life: The Burgess Shale and the Nature of History,* New York: W. W. Norton, 1990, 233.（邦訳『ワンダフル・ライフ　バージェス頁岩と生物進化の物語』、渡辺政隆訳、ハヤカワ文庫NF、2000年他）
7. Thomas Wynn and Frederick L. Coolidge, *How To Think Like a Neandertal* (New York: Oxford University Press, 2011), 187.
8. Gould, *Wonderful Life*, 233.（邦訳『ワンダフル・ライフ　バージェス頁岩と生物進化の物語』、渡辺政隆訳、ハヤカワ文庫NF、2000年他）
9. Pääbo, "Neanderthals Are People, Too."
10. Max Oelschlaeger, *The Idea of Wilderness: From Prehistory to the Age of Ecology,* New Haven: Yale University Press, 1993, 11.
11. Andrew Iliadis, "Interview with Graham Harman (2)," *Figure/Ground: An Open-Source, Para-Academic, Inter-Disciplinary Collaboration*, October 2, 2013, http://figureground.org/interview-with-graham-harman-2/
12. Richard Grusin, ed., *The Nonhuman Turn,* Minneapolis: University of Minnesota Press, 2015, vii.
13. Bill McKibben, *The End of Nature,* New York: Random House Trade, 2006, 41.（邦訳『自然の終焉　環境破壊の現在と近未来』、鈴木主税訳、河出書房新社、1990年）

おわりに

1. Christiane Ritter, *A Woman in the Polar Night,* 1938; repr., Fairbanks: University of Alaska Press, 2010, 202.
2. 同上, 12.
3. 同上。
4. 同上。
5. 同上, 30.
6. 同上, 41.
7. 同上, 110.
8. 同上, 94.
9. 同上, 98.
10. 同上, 102.

28. 同上。
29. Jay Odenbaugh, "Hubris and Naturalness," (conference presentation at "De-Extinction: Ethics, Law & Politics," Stanford University, California, May 31, 2013), https://www.law.stanford.edu/event/2013/05/31/de-extinction-ethics-law-politics（2018年3月現在、アクセスできない）
30. "Justice, Hubris, and Moral Issues," (conference presentation, "De-Extinction: Ethics, Law & Politics," Stanford University, California, May 31, 2013), https://www.law.stanford.edu/event/2013/05/31/de-extinction-ethics-law-politics（2018年3月現在、アクセスできない）
31. 同上。
32. Schorger, "Great Wisconsin Passenger Pigeon Nesting of 1871," 23.
33. Schorger, *Passenger Pigeon*, vii.
34. 同上。
35. 同上, 229.
36. 同上, 223.
37. Enrique H. Bucher, "The Causes of Extinction of the Passenger Pigeon," Current *Ornithology*, volume 9 (New York: Plenum Press, 1992), 2.
38. Aldo Leopold, *A Sand County Almanac,* New York: Ballantine Books, 1986, 118.（邦訳『野性のうたが聞こえる』、新島義昭訳、森林書房、1986年）
39. Eric Katz, *Nature as Subject* (Lanham, Maryland: Rowman & Littlefield, 1996), xxv.
40. Marie-Cecil Van de Lavoir et al., "Interspecific Germline Transmission of Cultured Primordial Germ Cells," *PLoS ONE* 7, no. 5 (May 21, 2012): e35664, doi:10.1371/journal.pone.0035664.
41. Ben Novak, "How to Bring Passenger Pigeons All the Way Back," March 15, 2013, Revive & Restore, Long Now Foundation, accessed December 6, 2014, http://reviverestore.org/events/tedxdeextinction/
42. Charles C. Mann, "Unnatural Abundance," Opinion sec., *New York Times*, November 25, 2004.

第8章　もう一度"人類の親戚"に会いたくて

1. L. Sprague de Camp, "The Gnarly Man," *Modern Classics of Fantasy*, edited by Gardner Dozois, New York: St. Martin's Press, 1997, 26.
2. "George Church Explains How DNA Will Be Construction Material of the Future," *Spiegel Online*, January 18, 2013, http://www.spiegel.de/international/zeitgeist/george-church-explains-how-dna-will-be-construction-material-of-the-future-a-877634.html
3. George M. Church and Ed Regis, *Regenesis: How Synthetic Biology Will Reinvent Nature and Ourselves,* New York: Basic Books, 2014, 137.
4. Allan Hall and Fiona Macrae, "Wanted: 'Adventurous Woman' to Give Birth to Neanderthal Man

10. 同上, 208.
11. Mark V. Barrow Jr., *Nature's Ghosts: Confronting Extinction from the Age of Jefferson to the Age of Ecology* (Chicago: University of Chicago Press, 2009), 127.
12. Schorger, *Passenger Pigeon*, 230.
13. William Beebe, *The Bird: Its Form and Function* (1906; repr., Ulan Press, 2012), 17.
14. 同上, 18.
15. George Landry, "The Final Tale of a Passenger Pigeon Named 'George,'" Exotic Dove website, accessed September 2013, http://www.exoticdove.com/P_pigeon/George.html
16. Ben Novak, "Flights of Fancy: A Tiny Tube of Clear Liquid," Project Passenger Pigeon, n.d., http://passengerpigeon.org/flights.html
17. Ryan Phelan, "About TEDxDeExtinction and TED," Revive & Restore, Long Now Foundation, accessed December 6, 2014, http://reviverestore.org/events/tedxdeextinction/about/
18. "What 'Genetic Rescue' Means," Revive & Restore, Long Now Foundation, accessed December 6, 2014, http://reviverestore.org/events/tedxdeextinction/about/
19. Stewart Brand, "Transcript of 'The Dawn of de-Extinction. Are You Ready?,'" TED, March 2013, accessed December 6, 2014, https://www.ted.com/talks/stewart_brand_the_dawn_of_de_extinction_are_you_ready/transcript
20. "Frequently Asked Questions," Revive & Restore, Long Now Foundation, accessed December 6, 2014, http://reviverestore.org/faq/
21. Antonio Regalado, "De-Extinction Startup, Ark Corporation, Could Engineer Animals, Humans," *MIT Technology Review*, March 19, 2013, http://www.technologyreview.com/view/512671/a-stealthy-de-extinction-startup/
22. Antonio Regalado, "Google's New Company Calico to Try to Cheat Death," MIT *Technology Review*, September 18, 2013, http://www.technologyreview.com/view/519456/google-to-try-to-solve-death-lol/
23. Peter Matthiessen, *The Peter Matthiessen Reader*, ed. Mckay Jenkins, New York: Vintage, 2000, 7.
24. George M. Church and Ed Regis, *Regenesis: How Synthetic Biology Will Reinvent Nature and Ourselves,* New York: Basic Books, 2014, 140.
25. 同上, 143.
26. 著者によるジョエル・グリーンバーグのインタビュー、2013年7月15日。
27. Jamie Rappaport Clark, "Politics of De-Extinction," (conference presentation, "De-Extinction: Ethics, Law & Politics," Stanford Law School, California, May 31, 2013), https://www.law.stanford.edu/event/2013/05/31/de-extinction-ethics-law-politics（2018年3月現在、アクセスできない）

1990), 260.

21. George Amato, "Moving Toward a More Integrated Approach," In *Conservation Genetics in the Age of Genomics*, edited by George Amato, Howard C. Rosenbaum, Rob DeSalle, and Oliver A. Ryder, New York: Columbia University Press, 2009, 36.
22. Walters, *Seeking the Sacred Raven*, 110.

第6章　そのサイ、絶滅が先か、復活が先か

1. Ian Player, *The White Rhino Saga*, 1st edition, New York: Stein and Day, 1973, 17.
2. Julien Delord, "Can We Really Re-Create an Extinct Species by Cloning?," In *The Ethics of Animal Re-Creation and Modification: Reviving, Rewilding, Restoring*, edited by Markku Oksanen and Helena Siipi, New York: Palgrave Macmillan, 2014, 28.
3. Alan Root, *Ivory, Apes & Peacocks: Animals, Adventure and Discovery in the Wild Places of Africa,* London: Chatto & Windus, 2012, 259.
4. Douglas Adams and Mark Carwardine, *Last Chance to See,* repr., New York, Ballantine Books, 1992, 84.（邦訳『これが見納め　絶滅危惧の生きものたち、最後の光景』安原和見訳、みすず書房、2011年）
5. Kes Smith, ed., *Garamba: Conservation in Peace and War* (Dr Kes Hillman Smith, 2015).
6. Alan Root, *Ivory, Apes & Peacocks: Animals, Adventure and Discovery in the Wild Places of Africa,* London: Chatto & Windus, 2012, 299.

第7章　リョコウバトの復活は近い？

1. Clark Hunter, ed., *The Life and Letters of Alexander Wilson*, Vol. 154 (Philadelphia: Memoirs of the American Philosophical Society, 1983), 100.
2. 同上, 106.
3. 同上, 269.
4. A. W. Schorger, *The Passenger Pigeon: Its History and Extinction,* Caldwell, NJ: Blackburn Press, 2004, 11.
5. A. W. Schorger, "The Great Wisconsin Passenger Pigeon Nesting of 1871," *Passenger Pigeon: Monthly Bulletin of the Wisconsin Society of Ornithology* 1, no. 1 (February 1939): 31.
6. Schorger, *Passenger Pigeon*, 54.
7. 同上, 189.
8. 同上。
9. 同上, 225.

4. Janet Chernela, "A Species Apart: Ideology, Science, and the End of Life," In *The Anthropology of Extinction: Essays on Culture and Species Death*, ed. Genese Marie Sodikoff (Bloomington and Indianapolis: Indiana University Press, 2012), 30.
5. Professor George Amato, Professor Howard C. Rosenbaum, and Professor Rob DeSalle, *Conservation Genetics in the Age of Genomics,* New York: Columbia University Press, 2009, 61.
6. Lyle Rexer et al., Carl E. Akeley. *In Brightest Africa* (Garden City: Doubleday, 1923), 229.
7. Holmes Rolston III, *Genes, Genesis, and God: Values and Their Origins in Natural and Human History* (Cambridge, UK: Cambridge University Press, 1999), 42.
8. Andrea Johnson, "Preserving Hawaiian Bird Cell Lines," *Animals & Plants (blog)*, San Diego Zoo, November 7, 2008, http://blogs.sandiegozoo.org/2008/11/07/preserving-hawaiian-bird-cell-lines/（2018年3月現在、アクセスできない）
9. 同上。
10. US Fish and Wildlife Service, "Revised Recovery Plan for the 'Alala (*Corvus hawaiiensis*)," Portland, Oregon, January 27, 2009. http://www.fws.gov/pacific/ecoservices/documents/Alala_Revised_Recovery_Plan.pdf
11. Mark Jerome Walters, *Seeking the Sacred Raven: Politics and Extinction on a Hawaiian Island*, 2nd ed., Washington D. C.: Island Press, 2006, 52.
12. 同上, 145.
13. Thom van Dooren, "Authentic Crows: Identity, Captivity and Emergent Forms of Life," *Theory, Culture and Society*, March 12, 2015, http://journals.sagepub.com/doi/abs/10.1177/0263276415571941
14. 同上。
15. Thom van Dooren, "Banking the Forest: Loss, Hope and Care in Hawaiian Conservation," In *Defrost: New Perspectives on Temperature, Time, and Survival*, edited by Joanna Radin and Emma Kowal, forthcoming.
16. 同上。
17. Thom van Dooren, *Flight Ways: Life and Loss at the Edge of Extinction* (New York: Columbia University Press, 2014), 142.
18. "The Future of the Frozen Ark," *The Frozen Ark: Saving the DNA of Endangered Species*. http://www.frozenark.org/future-frozen-ark. accessed December 6, 2014（2018年3月現在、アクセスできない）
19. Tracey Heatherington, "From Ecocide to Genetic Rescue: Can Technoscience Save the Wild?," In The Anthropology of Extinction: Essays on Culture and Species Death, ed. Genese Marie Sodikoff (Bloomington and Indianapolis: Indiana University Press, 2012), 40.
20. Bryan G. Norton, *Why Preserve Natural Variety?* (Princeton, NJ: Princeton University Press,

15. 同上, 5.

16. Richard Frankham, Jonathan D. Ballou, and David A. Briscoe, *Introduction to Conservation Genetics*, 2nd ed. Cambridge, UK; New York: Cambridge University Press, 2010, 119.

17. A. P. Hendry and M. T. Kinnison, "The Pace of Modern Life: Measuring Rates of Contemporary Evolution," *Evolution: International Journal of Organic Evolution* 53, no. 6 (1999): 1650.

18. Craig A. Stockwell, Andrew P. Hendry, and Michael T. Kinnison, "Contemporary Evolution Meets Conservation Biology," *Trends in Ecology & Evolution* 18, no. 2 (2003): 99.

第4章　1334号という名のクジラの謎

1. Philip K. Hamilton, Amy R. Knowlton, and Marilyn K. Marx, "Right Whales Tell Their Own Stories: The Photo-Identification Catalog," In *The Urban Whale: North Atlantic Right Whales at the Crossroads*, ed. Scott D. Kraus and Rosalind M. Rolland, (Cambridge, MA: Harvard University Press, 2007), 96.

2. Frederick W. True, "The Whalebone Whales of the Western North Atlantic, Compared with Those Occuring in European Water; With Some Observations on the Species of the North Pacific," In *Smithsonian Contributions To Knowledge*, Vol. 33, (Washington, DC: The Smithsonian Institution, 1904), 22.

3. E. Milot, H. Weimerskirch, P. Duchesne and L. Bernatchez, "Surviving with Low Genetic Diversity: The Case of Albatrosses," *Proceedings of the Royal Society B: Biological Sciences* 274, no. 1611 (March 22, 2007): 785, doi:10.1098/rspb.2006.0221.

4. Herman Melville, *Moby Dick: Or the Whale* (London: Modern Library, 1992), 396.（邦訳『白鯨』、富田彬訳、角川文庫、2015年他）

5. Charles H. Greene et al., "Impact of Climate Variability on the Recovery of Endangered North Atlantic Right Whales," *Oceanography* 16, no. 4 (2003): 100, doi.org/10.5670/oceanog.2003.16.

6. 同上, 102.

第5章　聖なるカラスを凍らせて

1. Fred W. Allendorf, Paul A. Hohenlohe, and Gordon Luikart, "Genomics and the Future of Conservation Genetics," *Nature Reviews Genetics* 11, no. 10 (October 2010), 697, doi:10.1038/nrg2844.

2. L. T. Evans, "Sir Otto Frankel: Biographical Memoirs," *Australian Academy of Science*, 1999.

3. Otto H. Frankel, "Genetic Conservation: Our Evolutionary Responsibility," *Genetics* 78, no. 1 (1974): 54.

18. Murray T. Walton, "Rancher Use of Livestock Protection Collars in Texas," In Proceedings of the Fourteenth Vertebrate Pest Conference 1990, 80, 1990., 277.

19. Rick Bass, *The Ninemile Wolves,* 1992; repr., Boston: Mariner Books, 2003, 79.（邦訳『帰ってきたオオカミ』、南昭夫訳、晶文社、1997年）

第3章　たった30年で進化した「砂漠の魚」

1. Charles Darwin, *The Origin of Species by Means of Natural Selection, or the Preservation of Favoured Races in the Struggle for Life*, 6th Edition, New York: Cambridge University Press, 2009, 12.（邦訳『種の起源』、渡辺政隆訳、光文社古典新訳文庫、2009年他）

2. Ernst Mayr, "What Is a Species, and What Is Not?," *Philosophy of Science* 63, no. 2 (June 1996): 262.

3. Paul-Michael Agapow et al., "The Impact of Species Concept on Biodiversity Studies," *Quarterly Review of Biology* 79, no. 2 (June 2004): 161, doi:10.1086/383542.

4. 同上, 161.

5. E. O. Wiley, "The Evolutionary Species Concept Reconsidered," *Systematic Biology* 27, no. 1 (March 1, 1978): 17–26, doi:10.2307/2412809.

6. Niles Eldredge, *Reinventing Darwin: Great Evolutionary Debate,* London: Weidenfeld & Nicolson, 1995, 95.

7. Charles Darwin, *On the Origin of Species by Means of Natural Selection, or the Preservation of Favoured Race in the Struggle for Life,* London: W. Clowes and Sons, 1859, 280.（邦訳『種の起源』、渡辺政隆訳、光文社古典新訳文庫、2009年他）

8. 同上, 84.

9. 同上, 84.

10. David A. Reznik, Heather Bryga, and John A. Endler, "Experimentally Induced Life-History Evolution in a Natural Population," *Nature* 346, no. 6282 (1990): 357.

11. Oscar Edward Meinzer and Raleigh Frederick Hare, *Geology and Water Resources of Tularosa Basin, New Mexico*, 343, Washington, DC: United States Geological Survey, Department of the Interior, 1915, 23.

12. 同上, 23.

13. Michael L. Collyer et al., "Morphological Divergence of Native and Recently Established Populations of White Sands Pupfish (Cyprinodon tularosa)," *Copeia* 2005, no. 1 (2005), 9.

14. Michael L. Collyer, Jeffrey S. Heilveil, and Craig A. Stockwell, "Contemporary Evolutionary Divergence for a Protected Species Following Assisted Colonization," *PLoS ONE*, no. 6(8): e22310, doi:10.1371/journal.pone.0022310 (August 2011), 6.

第2章　保護区で「キメラ」を追いかけて

1. Boston Society of Natural History, *Proceedings of the Boston Society of Natural History*, vol. 28 (Ulan Press, 2011), 235.
2. Donald G. Schueler, *Incident at Eagle Ranch: Predators as Prey in the American West,* Tucson: University of Arizona Press, 1991, 177.
3. Roy T. McBride, The Mexican Wolf (Canis Lupus Baileyi): A Historical Review and Observations on Its Status and Distribution: A Progress Report to the U.S. Fish and Wildlife Service, U.S. Fish and Wildlife Service, 1980, 33.
4. 同上, 33.
5. 同上, 33.
6. Roy T. McBride, "Three Decades of Searching South Florida for Panthers," (presentation at the Proceedings of the Florida Panther Conference, Fort Myers, Florida, November 1, 1994), http://www.panthersociety.org/decades.html（2018年3月現在、アクセスできない）
7. 同上。
8. Craig Pittman, "Young Florida Panther Shot Dead on Big Cypress Preserve," *Tampa Bay Times*, December 9, 2013, http://www.tampabay.com/news/environment/wildlife/panther-shot-dead-on-big-cypress- preserve/2156228（2018年3月現在、アクセスできない）
9. David Maehr, *The Florida Panther: Life and Death of a Vanishing Carnivore,* Washington, DC: Island Press, 1997, xi.
10. 同上。
11. U.S. Fish and Wildlife Service, *Final Environmental Assessment: Genetic Restoration of the Florida Panther*, Gainesville, Florida, December 20, 1994, 5.
12. 同上, 5.
13. David Maehr, *The Florida Panther: Life and Death of a Vanishing Carnivore,* Washington, DC: Island Press, 1997, 204.
14. 同上, 204.
15. Fred W. Allendorf, Paul A. Hohenlohe, and Gordon Luikart, "Genomics and the Future of Conservation Genetics," *Nature Reviews Genetics* 11, no. 10 (October 2010): 697-709, doi:10.1038/nrg2844.
16. Stephen J. O'Brien and Ernst Mayr, "Bureaucratic Mischief: Recognizing Endangered Species and Subspecies," *Science* 251, no. 4998 (March 8, 1991): 1187 (2).
17. Matt Kaplan, *The Science of Monsters: The Origins of the Creatures We Love to Fear,* New York: Scribner, 2013, 34.

49. Malden, MA: Wiley-Blackwell, 2002.

6. 同上, 52.

7. 環境倫理学における内在的価値の議論と背景に関しては J. Baird Callicott, "Rolston on Intrinsic Value: A Deconstruction," *Environmental Ethics* 14, no. 2 (1992): 129–43, doi:10.5840/enviroethics199214229参照。

8. John Muir and Peter Jenkins, *A Thousand-Mile Walk to the Gulf*, Boston: Mariner Books, 1998, 136.（邦訳『1000マイルウォーク緑へ　アメリカを南下する』、熊谷鉱司訳、立風書房、1994年）

9. J. Baird Callicott, "Rolston on Intrinsic Value: A Deconstruction," *Environmental Ethics* 14, no. 2 (1992): 129–43, doi:10.5840/enviroethics199214229., 129.

10. Holmes Rolston III, "Value in Nature and the Nature of Value," In *Philosophy and the Natural Environment*, edited by Robin Attfield and Andrew Belsey :13–30, Royal Institute of Philosophy Supplement. University of Wales, Cardiff: Cambridge University Press, 1994, 29.

11. Holmes Rolston III, "PL: 345 Environmental Ethics," Fall 2002, http://lamar.colostate.edu/~rolston/345-SYL.htm.（2018年3月現在、アクセスできない）

12. Stephen Jay Gould, *An Urchin in the Storm: Essays About Books and Ideas,* New York: W. W. Norton, 1988, 21.（邦訳『嵐のなかのハリネズミ』、渡辺政隆訳、早川書房、1991年）

13. 同上, 21.

14. Holmes Rolston III, "Value in Nature and the Nature of Value," In *Philosophy and the Natural Environment*, edited by Robin Attfield and Andrew Belsey :13–30, Royal Institute of Philosophy Supplement. University of Wales, Cardiff: Cambridge University Press, 1994, 21.

15. "World Charter for Nature, 48th Plenary Meeting," United Nations A/RES/37/7, October 28, 1982, http://www.un.org/documents/ga/res/37/a37r007.htm

16. "Preamble," Convention on Biological Diversity, June 5, 1992, http://www.cbd.int/convention/articles/default.shtml?a=cbd-00

17. J. Baird Callicott, *Beyond the Land Ethic: More Essays in Environmental Philosophy,* Albany: State University of New York Press, 1999, 42.

18. Bryan G. Norton, "Epistemology and Environmental Values," *Monist*, April, 1992, 224.

19. John Lemons, "Nature Diminished or Nature Managed: Applying Rolston's Environmental Ethics in National Parks," In *Nature, Value, Duty: Life on Earth with Holmes Rolston, III*, edited by Christopher J. Preston and Wayne Ouderkirk, Springer Netherlands, 2010, 212.

20. Michael Soulé, "The 'New Conservation,'" *Conservation Biology* 27, no. 5 (October, 2013): 895–97, doi:10.111/cobi.12147.

21. 著者のタンザニアでの現場メモ、2010年。

注記

はじめに

1. Kent H. Redford et al., "What Does It Mean to Successfully Conserve a (Vertebrate) Species?," *BioScience* 61, no. 1 (January 2011): 39–48, doi:10.1525/bio.2011.61.1.9.
2. Ronald R. Swaisgood and James K. Sheppard, "The Culture of Conservation Biologists: Show Me the Hope!," *BioScience* 60, no. 8 (September, 2010): 626–30, doi:10.1525/bio.2010.60.8.8.
3. Fangliang He and Stephen P. Hubbell, "Species-Area Relationships Always Overestimate Extinction Rates from Habitat Loss," *Nature* 473, no. 7347 (May 19, 2011): 368–71, doi:10.1038/nature09985.
4. M. J. Costello, R. M. May, and N. E. Stork, "Can We Name Earth's Species Before They Go Extinct?," *Science* 339, no. 6118 (January 25, 2013): 413, doi:10.1126/science.1230318.
5. Robert M. Buckley, Patricia Clarke Annez, and Michael Spence, eds. *Urbanization and Growth,* The World Bank, 2008, http://elibrary.worldbank.org/doi/book/10.1596/978-0-8213-7573-0
6. James A. Schaefer, "Long-Term Range Recession and the Persistence of Caribou in the Taiga," *Conservation Biology* 17, no. 5 (2003): 1435.
7. Robert Elliot, "Faking Nature," *Inquiry* 25, no. 1 (January 1, 1982): 81–93, doi:10.1080/00201748208601955.

第1章　カエルの箱舟《アーク》の行方

1. Ekono Energy, *Kihansi Hydroelectric Project Environmental Assessment*, Environmental Assessment. Kihansi Hydroelectric Project. Nordic Development Fund, July 31, 1991.
2. Paul Romer, "For Richer, for Poorer," *Prospect Magazine*, February 2010, http://www.prospectmagazine.co.uk/features/for-richer-for-poorer
3. "Endangered Species | Laws & Policies | Endangered Species Act," Signed into law, December 28, 1973. U.S. Fish and Wildlife Service, http://www.fws.gov/endangered/laws-policies/
4. Bryan G. Norton, *Why Preserve Natural Variety?,* Princeton, N. J.: Princeton University Press, 1990, 195.
5. Richard Sylvan (Routley), "Is There a Need for a New, an Environmental, Ethic?," In *Environmental Ethics: An Anthology*, edited by Andrew Light and Holmes Rolston III, 1 edition,

［著者］
M・R・オコナー（M. R. O'Connor）
ジャーナリスト。2008年、コロンビア大学ジャーナリズムスクール修了。現地取材でアフガニスタン、ハイチ、スリランカにも赴いた。
『ニューヨーカー』、『アトランティック』、『ウォール・ストリート・ジャーナル』、『フォーリン・ポリシー』、『スレート』、『ノーチラス』等に寄稿。初の著書となる本書は、アルフレッド・P・スローン財団の支援を得て執筆。
2016年にマサチューセッツ工科大学のナイト・サイエンス・ジャーナリズム・フェロー。ニューヨーク・ブルックリン在住。

［訳者］
大下英津子（おおした・えつこ）
翻訳者。上智大学外国語学部英語学科卒業、ニューヨーク大学ギャラティンスクール修士課程修了（アジア系アメリカ女性作家文学専攻）。『火成岩』（文渓堂）、「シーラ」「ポンペイ再び」（『アメリカ新進作家傑作選2007』所収、DHC）を翻訳。翻訳協力多数。

絶滅できない動物たち
——自然と科学の間で繰り広げられる大いなるジレンマ

2018年9月26日　第1刷発行
2022年6月2日　第5刷発行

著　者——M・R・オコナー
訳　者——大下英津子
発行所——ダイヤモンド社
〒150-8409　東京都渋谷区神宮前6-12-17
https://www.diamond.co.jp/
電話／03･5778･7233（編集）　03･5778･7240（販売）

装丁･本文レイアウト— 松昭教（bookwall）
写真———— アマナイメージズ
校正———— 鷗来堂
製作進行—— ダイヤモンド・グラフィック社
印刷———— 勇進印刷（本文）・加藤文明社（カバー）
製本———— ブックアート
編集担当—— 廣畑達也

ISBN 978-4-478-06731-4